高等院校"十二五"规划教材

数据库技术及应用教程

（第2版）

A TUTORIAL OF DATABASE TECHNOLOGY AND APPLICATION

(2nd edition)

田绪红 ◆ 主　编

郭玉彬 ◆ 副主编

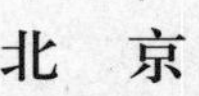

人 民 邮 电 出 版 社

北 京

图书在版编目（C I P）数据

数据库技术及应用教程 / 田绪红主编. -- 2版. --
北京 : 人民邮电出版社, 2015.9（2020.8重印）
高等院校“十二五”规划教材
ISBN 978-7-115-39914-4

Ⅰ. ①数… Ⅱ. ①田… Ⅲ. ①数据库系统－高等学校
－教材 Ⅳ. ①TP311.13

中国版本图书馆CIP数据核字(2015)第165639号

内 容 提 要

本书主要介绍数据库的基本理论与基本方法，并结合 Access 详细介绍了数据库的具体操作。全书共分 12 章，内容包括数据库系统概述，关系数据库，Access 数据库管理系统，表的操作，数据库设计，数据查询、关系数据库标准语言 SQL、数据库应用开发技术、VBA 程序设计，网上书城信息管理系统综合实例，数据库安全与管理，数据库技术新进展等。

本书强调了基本概念的准确性，基本原理的正确性，并通过实际数据库应用的例子，详细介绍了数据库的设计原理与步骤。

本书既可作为高等学校非计算机专业数据库技术课程的教材，也可作为计算机爱好者的自学用书。

◆ 主　　编　田绪红
　副 主 编　郭玉彬
　责任编辑　武恩玉
　执行编辑　许金霞
　责任印制　沈　蓉　彭志环

◆ 人民邮电出版社出版发行　　北京市丰台区成寿寺路 11 号
　邮编　100164　　电子邮件　315@ptpress.com.cn
　网址　http://www.ptpress.com.cn
　三河市祥达印刷包装有限公司印刷

◆ 开本：787×1092　1/16
　印张：15.5　　　　2015 年 9 月第 2 版
　字数：405 千字　　2020 年 8 月河北第10次印刷

定价：36.00 元

读者服务热线：(010)81055256　印装质量热线：(010)81055316
反盗版热线：(010)81055315

前 言

近年来，信息技术得到飞速发展，云计算、物联网、大数据、互联网+等新的概念与技术不断涌现，并且极大地改变了人们的学习方式、工作方式和生活方式。这些新的技术及应用都离不开数据库技术，同时数据库技术本身也在不断地发展，如近年出现的 NoSQL 数据库技术等。因此，对于高等学校的大学生，学习数据库的基本原理与方法，掌握一定数据库设计、开发与使用技术非常必要。

本书是在“数据库技术及应用教程”（第 1 版）基础上改编而成。第 1 章介绍数据库基础理论，第 2 章介绍关系数据库基础。这两章主要进行了一些文字上的修改，内容基本与上一版相同。第 3 章介绍 Access 2010 相对之前版本的改进，包括功能区、宏、安全策略、IntelliSense 表达式生成技术、与 SharePoint 密切结合的工作模式等。第 4 章介绍表的概念和操作方法，与之前版本相比，Access 2010 对表的操作更简捷、方便。第 5 章 数据库设计步骤与方法，对表述方式进行了调整。第 6 章介绍 Access 数据库中的查询设计，针对 Access 2010 进行全面改写。第 7 章介绍 SQL 关系数据库标准语言。Access 2010 没有增加新的 SQL 特性，所以本章只进行文字修改。第 8 章删除菜单和工具栏相关内容，以适应 Access 2010 的新结构。Access 2010 的窗体、报表和宏等比之前版本强大，本章重点介绍了这些元素的创建和使用方法。第 9 章 VBA 功能没有太大变化，但窗体及控件都变漂亮了，调用更加灵活方便。第 10 章主要以“网上书城信息管理系统”为例介绍了设计数据库应用系统的主要内容。本章使用 Access 2010 进行重新实现，利用 2010 版新功能特性简化了部分 VBA 程序。第 11 章介绍数据库的安全策略。Access 2010 安全策略发生了较大变化，主要包括：访问密码与数据加密功能合并提高数据安全性，信任中心可对系统安全性进行整体设置，信任位置等设置简化用户操作。备份、恢复、数据打包、签名、分发策略更方便实用。第 12 章结合当前数据库发展趋势，增加了对数据库主要发展方向，如 NoSQL、物联网数据库、大数据技术等的简单介绍。

本书既可作为高等学校非计算机专业数据库技术课程的教材，也可作为计算机爱好者的自学用书。

本书由华南农业大学计算机科学与工程系“数据库技术及应用教程”教材编写组集体编写完成。全书由田绪红、郭玉彬负责改版编写。马莎参与了第 1 章与第 2 章部分内容的编写。肖克辉参与了第 8 章、第 9 章与第 10 章部分内容编写。涂淑琴参与了第 4-12 章的校对工作。全书由田绪红统稿。

由于编者水平有限，书中难免有不足之处，欢迎广大读者批评指正。

编 者

2015 年 6 月

目 录

第 1 章 数据库系统概述

21 世纪是一个信息化的社会，随着信息管理水平的不断提高，信息已成为企业的重要财富和资源。信息的载体是各式各样的数据，包括文字、数字、图形、图像、声音、视频等。基于计算机的数据库技术能够有效地存储和组织大量的数据，而基于数据库技术的计算机系统就被称为数据库系统。作为信息系统核心和基础的数据库技术得到越来越广泛的应用，它不仅已成为管理信息系统（Management Information System，MIS）、办公自动化系统（Office Automation System，OAS）、医院信息系统（Hospital Information System，HIS）、计算机辅助设计与计算机辅助制造（Computer Aided Design/Computer Aided Manufacture，CAD/CAM）的核心，而且已经和通信技术紧密地结合起来，成为电子商务、电子政务及其他各种现代信息处理系统的核心。对于一个国家来说，数据库的建设规模、数据库信息量的大小和使用频度已成为衡量这个国家信息化程度的重要标志。

本章将介绍与数据库系统有关的基础知识，包括数据库技术的发展，数据库系统的概念、特点、组成，数据模型等内容。

1.1 数据管理技术的产生和发展

数据库技术是在 20 世纪 60 年代兴起的一种数据处理技术。数据库的英文是 Database，拆开来看，Data 的中文意思是数据，Base 的中文意思是基地，所以从通俗意义上来讲，数据库可以理解为存储数据的仓库。在了解数据库系统基本概念之前，让我们先从数据管理技术的产生和发展过程来认识数据是如何进行处理的。从数据处理的演变过程，不难看出数据库技术的历史地位和发展前景。

1.1.1 人工管理阶段

人工管理阶段出现在 20 世纪 50 年代中期以前，当时计算机主要用于科学与工程计算。除硬件设备外没有任何软件可用，用户只能直接在裸机上操作，数据处理采用批处理方式。在这一管理方式下，用户的应用程序与数据不可分割，当数据有所变动时程序则随之改变，程序与数据之间不具有独立性；另外，各程序之间的数据不能相互传递，缺少共享性，各应用程序之间存在大量的重复数据，我们称为数据冗余。因而，这种管理方式既不灵活，也不安全，编程效率很低。

在人工管理阶段，应用程序与数据之间是一一对应的关系，如图 1.1 所示。

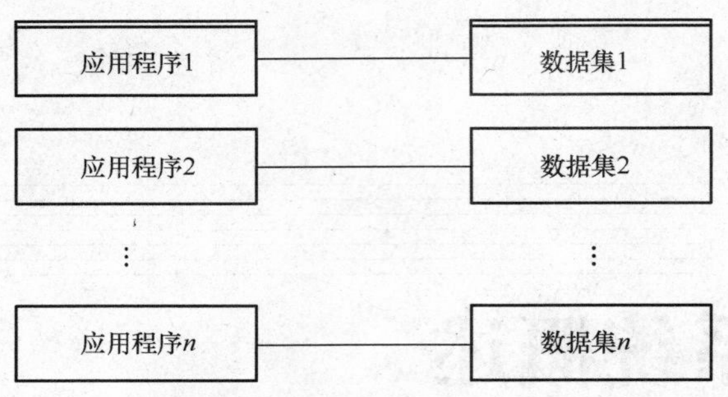

图 1.1　人工管理阶段应用程序与数据之间的对应关系

1.1.2　文件管理阶段

文件管理阶段出现在 20 世纪 50 年代后期至 20 世纪 60 年代中期，当时出现了大容量存储设备，操作系统也已经诞生，而且操作系统中有了专门的数据管理软件，称为文件管理系统，即把有关的数据组织成一种文件，这种数据文件可以脱离应用程序而独立存在，由一个专门的文件系统实施统一管理。文件管理系统是一个独立的系统软件，它是应用程序与数据文件之间的一个接口，数据处理不仅采用批处理方式，而且能够联机实时处理。

在这一管理方式下，应用程序通过文件管理系统对数据文件中的数据进行加工处理，应用程序和数据之间具有一定的独立性。但是，一旦数据的结构改变，就必须修改应用程序；反之，一旦应用程序的结构改变，也必然引起数据结构的改变，因此，应用程序和数据之间的独立性差。另外，数据文件仍高度依赖于其对应的应用程序，不能被多个程序所用，数据文件之间不能建立任何联系，因而数据的共享性仍然较差，冗余量大。

在文件管理阶段，应用程序与数据之间的对应关系如图 1.2 所示。

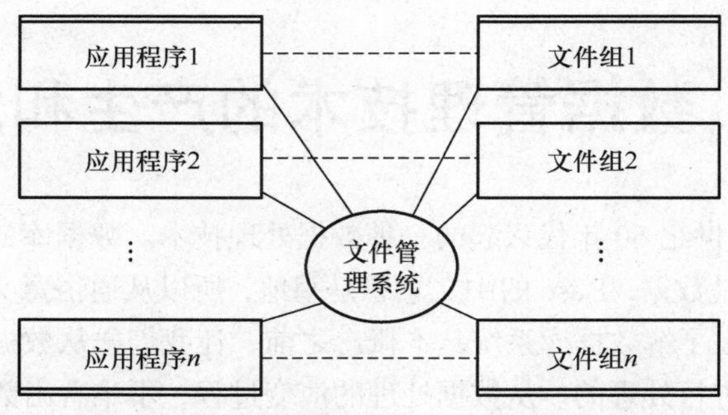

图 1.2　文件系统阶段应用程序与数据之间的对应关系

1.1.3　数据库管理阶段

数据库管理阶段出现在 20 世纪 60 年代后期，由于计算机需要处理的数据量急剧增长，同时为了克服文件管理方式的不足，数据库管理技术应运而生。数据库管理技术的主要目的是有效地管理和存取大量的数据资源，它可以对所有的数据实行统一规划管理，形成一个数据中心，构成一个数据仓库，使数据库中的数据能够满足所有用户的不同要求，供不同用户共享。我们将为数据库的建立、使用和维护而配置的软件称为数据库管理系统。

在这一管理方式下，应用程序不再只与一个孤立的数据文件相对应，而是通过数据库管理系统实现逻辑文件与物理数据之间的映射，这样应用程序对数据的管理和访问不但灵活方便，而且应用程序与数据之间完全独立，使程序的编制质量和效率都有所提高；另外，由于数据文件间可以建立关联关系，数据的冗余大大减少，数据共享性显著增强。

根据数据存放地点的不同，我们又将数据库管理阶段分为集中式数据库管理阶段和分布式数据库管理阶段。20 世纪 70 年代以前，数据库多数是集中式的，随着计算机网络技术的发展，数据库从集中式发展到了分布式。分布式数据库把数据库分散存储在网络的多个结点上，彼此用通信线路连接。

数据库管理阶段应用程序与数据之间的对应关系可用图 1.3 表示。

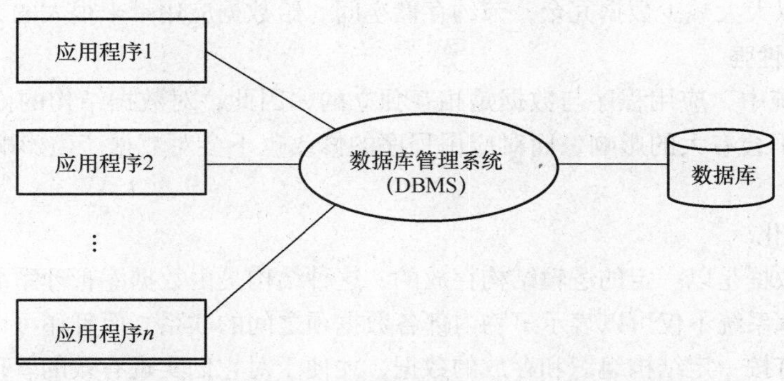

图 1.3　数据库系统阶段应用程序与数据之间的对应关系

1.2　数据库系统

1.2.1　基本概念

数据、数据库、数据库管理系统和数据库系统是与数据库技术密切相关的 4 个基本概念。

1. 数据

描述事物的符号记录称为数据（Data）。描述事物的符号可以是数字，也可以是文字、图形、图像、声音等。数据有多种表现形式，它们都可以经过数字化后存入计算机。

2. 数据库

数据库（Database，DB）是存储在计算机存储设备上，结构化的相关数据的集合。它不仅存放数据，而且还存放数据之间的联系。数据库中的数据是以文件的形式存储在存储介质上的，它是数据库系统操作的对象和结果。

3. 数据库管理系统

数据库管理系统（Database Management System，DBMS）是位于用户与操作系统之间的帮助用户建立、使用和管理数据库的数据管理软件。用户使用的各种数据库命令以及应用程序的执行，都要通过数据库管理系统来统一管理和控制。数据库管理系统还承担着数据库的维护工作，按照数据库管理员规定的要求，保证数据库的安全性和完整性。数据库管理系统通常可实现数据定义、数据操纵、数据控制和数据通信 4 种功能。

4. 数据库系统

数据库系统（Database System，DBS）是指在计算机系统中引入数据库后构成的系统，除必要的计算机软硬件外，主要包括数据库、数据库管理系统（及其开发工具）、应用系统、数据库管理员和用户等。应当指出的是，数据库的建立、使用和维护等工作只靠一个 DBMS 是远远不够的，还要有专门的人员来完成，这些人员称为数据库管理员（Database Administrator，DBA）。

1.2.2　数据库系统的特点

数据库系统主要有如下特点。

1. 数据共享性好

数据共享是数据库系统最重要的特点。数据库中的数据能够被多个用户、多个应用程序所共享。数据共享可以大大减少数据冗余，节约存储空间，给数据应用带来很大的灵活性。

2. 数据独立性强

在数据库系统中，应用程序与数据是相互独立的，因此，对数据结构的修改不会对应用程序产生影响或者不会有大的影响，而对应用程序的修改也不会对数据产生影响或者不会有大的影响。

3. 数据结构化

数据库中的数据是以一定的逻辑结构存放的，这种结构是由数据库管理系统所支持的数据模型决定的。数据库系统不仅可以表示事物内部各数据项之间的联系，而且还可以表示事物和事物之间的联系。只有按一定结构组织和存放的数据，才便于对它们实现有效的管理。

4. 统一的数据控制功能

由于多个用户可以同时使用同一个数据库，因此必须提供必要的数据安全保护措施，包括安全性控制措施、完整性控制措施和并发操作控制措施等。

1.2.3　数据库系统的组成

数据库系统主要由 5 部分组成：数据库、数据库管理系统及相关软件、数据库管理员、数据库应用系统和用户。数据库系统可以用图 1.4 表示。

1. 数据库

在一个数据库系统中，可以根据需要创建多个数据库，并且数据库中的数据通常可以被多个用户共享。

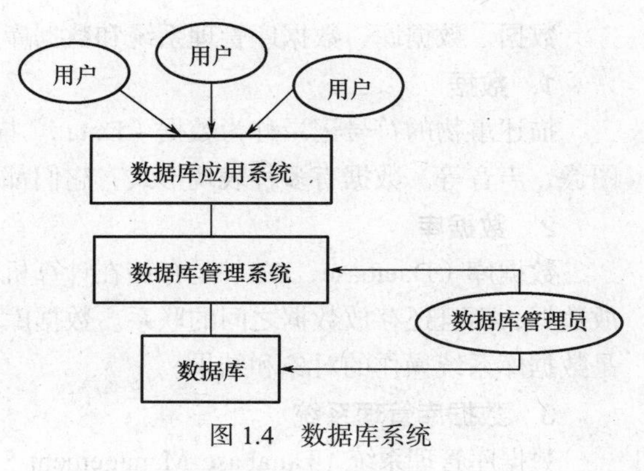

图 1.4　数据库系统

2. 数据库管理系统及相关软件

数据库管理系统是整个数据库系统的核心，它可以对数据库进行集中统一的管理。除了数据库管理系统之外，一个数据库系统还必须有其他相关软件的支持，如操作系统、编译系统、应用软件开发工具等。

3. 数据库管理员

数据库管理员是对整个数据库系统进行全面维护和管理的人员。

4. 数据库应用系统

数据库应用系统（Database Application System，DBAS）是利用数据库系统资源开发的面向某一类实际应用的应用软件，如学生成绩管理系统、人事工资管理系统、产品销售管理系统等。

5. 用户

用户也称最终用户，他们可以通过应用系统的用户接口使用数据库。

1.2.4　数据库系统的抽象级别

DBMS 中的数据被描述为逻辑模式、物理模式和外模式三级抽象，如图 1.5 所示。

（1）逻辑模式：描述存储在数据库中数据的逻辑结构，包括数据对象信息（如学生和老师的信息）以及数据对象之间的联系信息（如选课信息）。逻辑模式设计不是想当然的，获得好的逻辑模式的过程称为数据库设计。本书第 5 章将讨论数据库设计。

（2）物理模式：描述逻辑模式在磁盘等二级存储设备上是如何实际存储的。

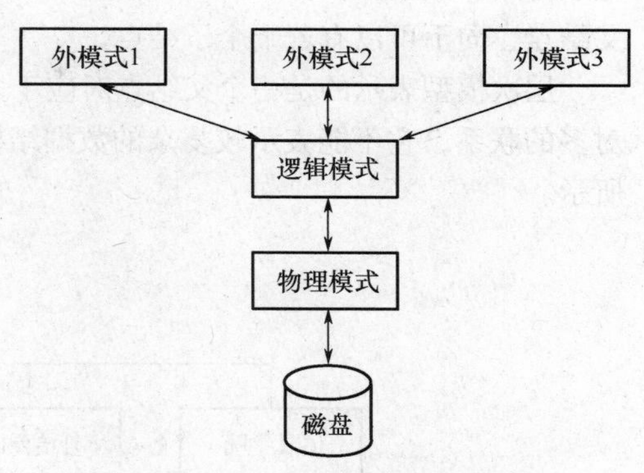

图 1.5　DBMS 中的抽象级别

（3）外模式：为终端用户的需求而设计。任何给定的数据库只有一个逻辑模式和一个物理模式，但它可以有多个外模式。我们可以通过视图实现每一个外模式对应一个用户组。

1.3　数 据 模 型

数据模型是企业或信息系统中数据特征的抽象。从理论上讲，数据模型是指反映事物与事物之间联系的数据组织结构和形式。任何一个数据库管理系统都是基于某种数据模型的。根据模型应用的不同目的，可以将这些模型划分为两类，它们分属于两个不同的层次。第一类是概念模型，它是按用户的观点来对数据和信息建模，主要用于数据库设计。第二类是逻辑模型和物理模型，主要用于 DBMS 的实现。逻辑模型主要包括层次模型（Hierarchical Model）、网状模型（Network Model）、关系模型（Relational Model）、面向对象模型（Object Oriented Model）和对象关系模型（Object Relational Model）等。物理模型是对数据最底层的抽象，它描述数据在磁盘上的存储方式和存取方法。一般用户则不需考虑物理模型的细节。本节主要介绍逻辑模型。

1.3.1　基本组成

数据模型所描述的内容包括 3 个部分：数据结构、数据操作和数据约束。

（1）数据结构：数据模型中的数据结构主要描述数据的类型、内容、性质以及数据间的联系等。数据结构是数据模型的基础，数据操作和约束都建立在数据结构上。不同的数据结构具有不同的操作和约束。

（2）数据操作：数据模型中的数据操作主要描述在相应数据结构上的操作类型和操作方式。数据库主要有检索和更新（包括插入、删除、修改）两大类操作。

（3）数据约束：数据模型中的数据约束主要描述数据结构内数据间的语法、词义联系及它们之间的制约和依存关系，以及数据动态变化的规则，以保证数据的正确、有效和相容。

1.3.2　层次模型

层次模型用树形结构来表示实体[①]与实体之间的联系。在这种模型中，记录类型为结点，由

① 实体的概念详见第 5 章第 5.3.1 节。

根结点、父结点和子结点构成。层次模型像一棵倒置的树，根结点在上，层次最高，子结点在下，逐层排列。其主要特征是：有且只有一个无双亲的根结点；根结点以外的子结点，向上仅有一个父结点，向下可以有若干个子结点。

层次模型表示的是一个父结点对应于多个子结点，而一个子结点只能对应于一个父结点的一对多的联系，它不能表示较复杂的数据结构，但却简单、直观、处理方便、算法规范，如图 1.6 所示。

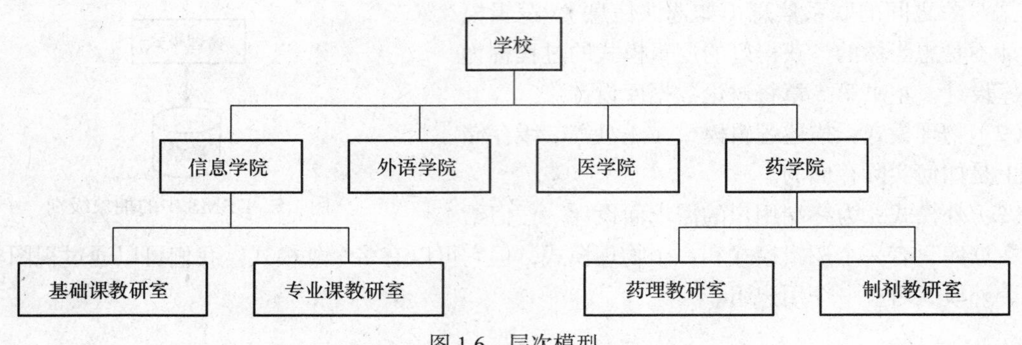

图 1.6　层次模型

1.3.3　网状模型

网状模型用网状结构表示实体与实体之间的联系。在这种模型中，记录类型为结点，由结点与结点之间的相互关联构成，网状模型是层次模型的扩展，表示多个从属关系的层次结构，呈现一种交叉关系的网络结构。其主要特征是：允许有一个以上的结点无双亲结点，至少有一个结点有多于一个的双亲结点。

网状模型在概念上和结构上都比较复杂，实现的算法也难以规范化，但这种数据模型可以表示较复杂的数据结构，如图 1.7 所示。

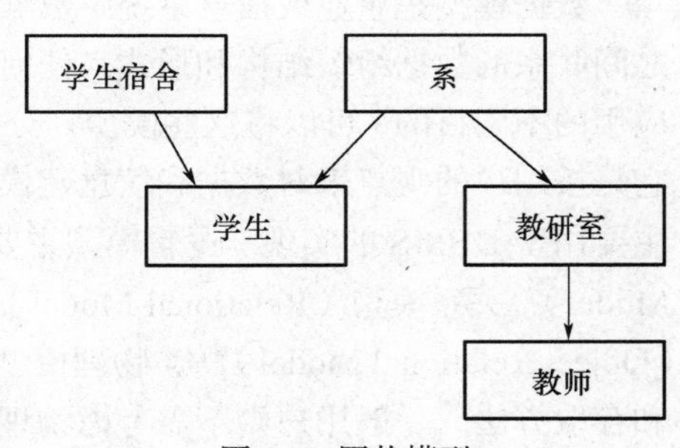

图 1.7　网状模型

1.3.4　关系模型

关系模型是目前最重要的一种数据模型。关系数据库系统采用关系模型作为数据的组织方式。20 世纪 80 年代以来，计算机厂商新推出的数据库管理系统几乎都支持关系模型，非关系系统的产品也大都加上了关系接口。数据库领域当前的研究工作也都是以关系方法为基础，因此本书的重点也将放在关系数据库上。

关系模型是用二维表结构来表示实体与实体之间的联系的。在这种模型中，一个二维表就是一个关系，它是以关系数学理论为基础的，二维表不仅能够描述实体本身，而且还能反映实体之间的联系。其主要特征是：关系中每一数据项不可再分，是最基本的单位；每一竖列属性相同，列数根据需要而设，且各列的顺序是任意的；每一行由一个事物的诸多属性构成，行数根据需要而定，且各行的顺序是任意的。

关系模型（如表 1.1 所示）有很强的数据表达能力和坚实的数学理论，而且结构单一，数据操作方便，最易被用户接受，应用也最为广泛。

表 1.1　　关系模型

学　号	姓　名	性　别	出生年月	籍　贯	班级编号
050101	张三秋	男	1986-6-9	广东	111
050102	王五	男	1986-8-8	江苏	110
050103	李玉	女	1985-9-12	湖南	115
050104	黄国度	男	1986-8-13	广东	120

以关系模型建立的关系数据库是目前应用最为广泛的数据库，本书所要介绍的 Access 就是一种基于关系模型的数据库管理系统。

关系数据模型具有以下优点。

- 关系模型与非关系模型不同，它是建立在严格的数学概念基础上。
- 关系模型的概念单一。无论实体还是实体之间的联系都用关系表示。对数据的检索结果也是关系（即表）。所以其数据结构简单、清晰，用户易懂、易用。
- 关系模型的存取路径对用户透明，从而具有更高的数据独立性，更好的安全保密性，简化了程序员的工作和数据库开发创建的工作。

关系数据模型诞生以后发展迅速，深受用户的喜爱。

1.3.5　面向对象模型

20 世纪 80 年代以来，面向对象的方法和技术在计算机各个领域，包括程序设计语言、软件工程、信息系统设计、计算机硬件设计等方面都产生了深远的影响，也促进了数据库中面向对象数据模型的研究和发展。

在对象数据模型中，每个对象都有一个唯一不变的标识符，称为对象标识符，它独立于对象的实际值。对象在创建时系统就分配给它一个对象标识符，在对象的整个生命周期，对象标识符的值都不会变化。形式上，一个对象是一个形如（oid,val）的二元组，其中 oid 为对象标识符，val 是一个值，val 可以取简单值，也可以取复杂值。其中复杂值包括引用值、元组值、集合值。例如，描述 Employer Joe 的对象可能看起来如下：

```
(#00032, [ SSN: 111-22-3333,
           Name: Joe,
           PhoneN: { "13654327320","02085283546"},
           Employee: {#00045, #00007} ] )
```

#00032 表示描述 Joe 这个老板的数据对象的对象标识符，其余的部分是该对象的值。注意，Employee 属性的值是表述 Joe 的员工对象的对象标识符集合。这里，Joe 是一个简单值，#00045 是一个引用值，#00032 对象在方括号中的所有值是一个元组值，{"13 654 327 320"，"02 085 283 546"}是一个集合值。

1.3.6　对象关系模型

为了更安全地实现从传统关系数据库向对象数据库的转化，20 世纪 90 年代出现了以对象关系模型为基础的数据库系统。对象关系模型与对象模型的主要区别在于：对于前者，每个对象实例的顶层结构总是元组，而对于后者，每个对象的顶层结构可以是任意类型的值。对象关系模型与传统关系模型的区别在于，在传统关系模型中元组只能取简单值，而在对象关系模型中元组可以为任意值。

小 结

本章首先阐述了数据库技术的产生和发展，从人工管理到数据库系统，标志着数据管理技术的飞跃。接着介绍了数据库系统的基本概念、特点和组成，数据库系统三级模式保证了数据库系统具有较高的逻辑独立性和物理独立性。最后介绍了数据模型的组成，数据模型是数据库系统的核心和基础。本章对数据库模型发展经历的层次模型、网状模型、关系模型、面象对象模型和对象关系模型做了简单的介绍，在下一章将重点介绍关系模型。

习 题

1. 使用数据库有什么好处？
2. 试述文件系统和数据库系统的区别和联系。
3. 试述数据库系统的特点。
4. 数据库管理系统的功能是什么？
5. 数据库系统的主要组成部分是什么？
6. 有几种常用的数据模型？它们主要的特征是什么？

第2章 关系数据库

关系数据库应用数学方法来处理数据库中的数据。1970 年 E.F.Codd 在美国计算机学会会刊《Communication of the ACM》上发表的题为“A Relational Model of Data for Shared Data Banks”的论文，开创了数据库系统的新纪元。40 多年来，关系数据库系统的研究和开发取得了辉煌的成就。关系数据库从实验室走向社会，成为最重要、应用最广泛的数据库系统，因此，关系数据模型的原理、技术和应用十分重要，是数据库课程的重点。本章讲解关系数据库中的重要概念，包括关系模型和关系代数。

2.1 关系数据模型的基本概念

关系数据库系统是支持关系模型的数据库系统。

关系模型由数据结构、关系操作和完整性约束 3 部分组成。

1. 数据结构

关系模型的数据结构非常单一。在关系模型中，现实世界的实体以及实体间的各种联系均用关系来表示。在用户看来，关系模型中数据的逻辑结构是一张二维表。现在以表 2.1 为例，介绍关系模型中的一些术语。

表 2.1　“学生”关系

学　号	姓　名	性　别	出生年月	籍　贯	班级编号
050101	张三秋	男	1986-6-9	广东	111
050102	王五	男	1986-8-8	江苏	110
050103	李玉	女	1985-9-12	湖南	115
050104	黄国度	男	1986-8-13	广东	120

（1）关系（Relation）：一个关系对应通常说的一张表，如表 2.1 所示的这张学生信息表。

（2）元组（Tuple）：表中的一行即为一个元组。

（3）属性（Attribute）：表中的一列即为一个属性，给每一个属性起一个名称即属性名。如表 2.1 有 6 列，对应 6 个属性（学号、姓名、性别、出生年月、籍贯和班级编号）。

（4）键（Key）：又称码，是关系模型中的一个重要概念，分为以下几种。

① 超键（Super Key）：能唯一标识元组的属性或属性集。

② 候选键（Candidate Key）：如果一个属性或属性集能唯一标识元组，且又不含多余的属性

或属性集，那么该属性或属性集称为关系模式的候选键。因此，候选键是超键的子集。

③ 主键（Primary Key）：在一个关系模式中，正在使用的候选键或由用户特别指定的某一候选键，可称为关系模式的主键。

④ 外键（Foreign Key）：如果关系 R 中某个属性或属性集是其他关系模式的主键，那么该属性或属性集是 R 的外键。

候选键、主键和外键也称为候选码、主码和外码。表 2.1 所示的关系中，“学号”属性可以确定某一个学生。在没有重名的情况下，“姓名”属性也可以确定某一个学生。因此，“学号”属性、“姓名”属性都是 “学生”关系的候选键，也可以从两个候选键中选出一个作为主键。

（5）域（Domain）：属性的取值范围，如人的年龄一般为 1 ~ 150 岁，大学生年龄属性的域是（14 ~ 38 岁），性别的域是（男，女），籍贯的域是所有省份名称的集合。

（6）分量（Component）：元组中的一个属性值。

（7）关系模式（Relational Schema）：即关系的结构，一般表示为：

```
关系名（属性 1，属性 2，…，属性 n）
```

例如，上面的关系可用如下关系模式描述：

```
学生（学号，姓名，性别，出生年月，籍贯，班级编号）
```

根据上面的论述，可以给出关系数据库（Relational Data Base）的定义：由若干个关系或二维表彼此关联组成的数据库。其中，关系之间是通过一个关系的候选键或主键与另一个关系的外键建立关联的。

现有“学生”关系和“选课”关系，如表 2.1 和表 2.2 所示。

表 2.2 “选课”关系

学 号	课程编号	教师编号	成 绩
050101	03001	30011	88
050101	03333	30004	81
050101	03356	30011	98
050101	03357	30001	78
050101	03360	30012	85
050102	03001	30011	80
050102	03333	30004	78
050102	03356	30011	86
050102	03357	30001	88
050103	03001	30011	83
050103	03356	30004	76
050103	03360	30012	86
050104	03001	30011	86
050104	03356	30004	91
050104	03360	30012	81

若表 2.1“学生”关系和表 2.2“选课”关系之间建立“一对多”联系，就要通过“学生”关系中的“学号”属性候选键（或主键）与“选课”关系中的外键“学号”建立关联。

2. 关系操作

关系模型中常用的关系操作包括查询和更新两大部分。其中，查询包括选择（Select）、投影（Project）、连接（Join）、除（Divide）、并（Union）、交（Intersection）、差（Difference）；更新操作包括插入（Insert）、删除（Delete）、更新（Update）。查询的表达能力是其中最主要的部分。

关系操作的特点是集合操作方式，即操作的对象和结果都是集合。这种操作方式也称为一次一集合（Set-at-a-Time）的方式。相应地，非关系数据模型的数据操作方式则为一次一记录（Record-at-a-Time）的方式。

早期的关系操作能力通常用代数方式或逻辑方式来表示，分别称为关系代数和关系演算。关系代数是用对关系的运算来表达查询要求的方式。关系演算是用谓词来表达查询要求的方式。关系演算又可分为元组关系演算和域关系演算。关系代数、元组关系演算和域关系演算3种语言在表达能力上是完全等价的。有关关系代数的内容将在下一节做详细介绍。

3. 完整性约束

关系模型允许定义3类完整性约束：实体完整性、参照完整性和用户自定义的完整性。其中实体完整性和参照完整性是关系模型必须满足的完整性约束条件，应该由关系系统自动支持。用户自定义的完整性是应用领域需要遵循的约束条件，体现了具体领域中的语义约束。

（1）实体完整性

实体完整性是对关系中元组的唯一性约束，也就是对主键的约束，即关系的主键不能是空值（Null）且不能有相同的值。

设置实体完整性约束后，当主键值为Null（空）时，关系中的元组就无法确定，这在实际的数据库应用系统中是无意义的；当主键值相同时，关系中就自然会有重复元组出现，这就违背了关系模型的规则，因此这种现象是不允许的。

在关系数据模型中，一个关系只能有一个主键，关系数据库系统一般会自动进行实体完整性检查。

例 2.1 对“学生”关系设置实体完整性约束，若确定“学号”为主键，则设置“学号”属性对应的属性值不能为Null，而且属性值不能重复，若不满足此条件，就违反了关系的实体完整性，如表2.3所示。

表2.3 违反实体完整性约束的例子

学号	姓名	性别	出生年月	籍贯	班级编号
050101	张三秋	男	1986-6-9	广东	111
050102	王五	男	1986-8-8	江苏	110
Null	李玉	女	1985-9-12	湖南	115
050104	黄国度	男	1986-8-13	广东	120
050105	杜全文	男	1987-1-15	湖北	111
050106	刘德华	男	1987-5-8	广东	111
050105	陆珊玉	女	1986-8-9	广东	112
050108	陈晓丽	女	1985-8-14	广东	115
050109	王青	男	1986-1-25	广东	120
050110	梁英华	男	1987-5-23	湖南	110

关系中学号的属性值不能是Null，且学号050105不能重复

（2）参照完整性

参照完整性是对关系数据库中建立关联的关系间数据参照引用的约束，也就是对外键的约束。准确地说，参照完整性是指关系中的外键必须是另一个关系的主键（或候选键）的有效值，或者是 Null。

例 2.2 在学生信息管理系统数据库中，“学生”关系与“选课”关系是“一对多”的关联关系，若“学生”关系的“学号”为主键，那么“选课”关系的“学号”则为外键，要想使“学生”和“选课”两个关系满足参照完整性约束，“选课”关系中的“学号”必须是“学生”关系中“学号”的有效值，否则不满足关系参照完整性约束，如表 2.4 所示。

表 2.4 违反参照完整性约束的例子

学号	姓名	…
050101	张三秋	…
050102	王五	…
050103	李玉	…
050104	黄国度	…
050105	杜全文	…
050106	刘德华	…
…	…	…

学号	课程编号	教师编号	成绩
050101	03001	30011	88
050101	03333	30004	81
050102	03001	30011	80
050102	03333	30001	78
050103	03356	30012	76
20050103	03360	30011	86
050104	03001	30004	86
…	…	…	…

学号不能为无效值

（3）用户自定义完整性

用户自定义完整性是用户自行定义的删除约束、更新约束、插入约束。

例 2.3 在对“学生”关系进行插入数据操作时，限制“姓名”属性不能为 Null，“性别”为（男，女）值中之一，若不满足此限定条件，就违反了自定义完整性约束，如表 2.5 所示。

表 2.5 违反自定义完整性约束的例子

学号	姓名	性别	出生年月	籍贯	班级编号
050101	张三秋	男	1986-6-9	广东	111
050102	王五	男	1986-8-8	江苏	110
050103	Null	女	1985-9-12	湖南	115
050104	黄国度	男	1986-8-13	广东	120
050105	杜全文	男	1987-1-15	湖北	111
050106	刘德华	Null	1987-5-8	广东	111
050107	陆珊玉	女	1986-8-9	广东	112
050108	陈晓丽	女	1985-8-14	广东	115
050109	Null	男	1986-1-25	广东	120
050110	梁英华	男	1987-5-23	湖南	110

关系中姓名的属性值不能是 Null，且性别为(男，女)值之一

从表 2.5 可以看出，自定义设置完整性约束后，将形成对“学生”关系的插入约束，这实质上也是对关系中属性的约束，它确定关系结构中某属性的约束条件。

关系完整性约束是关系设计的一个重要内容，关系的完整性要求关系中的数据及具有关联的

数据间必须遵循一定的制约和依存关系，以保证数据的正确性、有效性和相容性。其中，实体完整性约束和参照完整性约束是关系模型必须满足的完整性约束条件。

关系数据库管理系统为用户提供了完备的实体完整性自动检查功能，也为用户提供了设置参照完整性约束、用户自定义完整性约束的环境和手段。通过系统自身以及用户定义的约束机制，用户就能够充分地保证关系的准确性、完整性和相容性。

2.2 关系代数

关系代数是一种抽象的查询语言，是关系数据操纵语言的一种传统表达方式。它是用对关系的运算来表达查询的。

任何一种运算都是将一定的运算符作用于一定的运算对象上，得到预期的运算结果，所以运算对象、运算符、运算结果是运算的 3 大要素。

关系代数的运算对象是关系，运算结果亦为关系。关系代数用到的运算符包括 4 类：集合运算符、专门的关系运算符、算术运算符和逻辑运算符。

关系代数的运算按运算符的不同可分为传统的集合运算和专门的关系运算两类。

其中，传统的集合运算将关系看成元组的集合，其运算是从关系的“水平”方向即行的角度来进行的。而专门的关系运算不仅涉及行还涉及列。比较运算符和逻辑运算符是用来辅助专门的关系运算符进行操作的。

2.2.1 传统的集合运算

传统的集合运算是二目运算，包括并、差、交、笛卡儿积 4 种运算。

1. 并

设关系 R 和关系 S 具有相同的元数 n（即两个关系都有 n 个属性），且相应的属性取自同一个域，则关系 R 和关系 S 的并（Union）由属于 R 或属于 S 的元组组成。其结果仍为 n 元的关系。记为 $R \cup S$。形式定义如下：

$$R \cup S \equiv \{t \mid t \in R \vee t \in S\}$$

其中，t 是元组变量，R 和 S 的元数相同。两个关系的并运算是将两个关系中的所有元组构成一个新关系。并运算要求两个关系属性的性质必须一致且并运算的结果要消除重复的元组。

例 2.4　有第 1 学期课程和第 2 学期课程两个关系（见表 2.6），要将两个关系合并为一个关系，可用并运算实现。

表 2.6　关系代数的并运算

课程编号	课程名	学时
03001	大学英语	64
03333	高等数学	60
03356	计算机基础	60
03360	数据库应用	64

（a）第 1 学期课程

课程编号	课程名	学时
03002	马克思主义	56
03351	程序设计	56
03357	VB 程序设计	64

（b）第 2 学期课程

课程编号	课程名	学时
03001	大学英语	64
03333	高等数学	60
03356	计算机基础	60
03360	数据库应用	64
03002	马克思主义	56
03351	程序设计	56
03357	VB 程序设计	64

（c）并运算结果

2. 差

设关系 R 和关系 S 具有相同的元数 n，且相应的属性取自同一个域，则关系 R 和 S 的差（Difference）由属于 R 而不属于 S 的所有元组组成。其结果仍为 n 元的关系，记为 $R—S$。形式定义如下：

$$R-S\equiv\{t \mid t\in R\wedge t \in S\}$$

其中，t 是元组变量，R 和 S 的元数相同。

例 2.5 有成绩大于 60 的学生学号和成绩大于 90 的学生学号两个关系，求成绩小于或等于 90 且成绩大于 60 的学生。这个任务可以用差运算来完成（见表 2.7）。

表 2.7 关系代数的差运算

学 号
050101
050104
050106
050107

（a）成绩大于 60 的学生

学 号
050104
050107

（b）成绩大于 90 的学生

学 号
050101
050106

（c）差运算结果

3. 交

设关系 R 和关系 S 具有相同的元数 n（即两个关系都有 n 个属性），而且相应的属性取自同一个域。关系 R 和 S 的交（Intersection）记为 $R\cap S$，结果仍为 n 元的关系，由既属于 R 又属于 S 的元组组成。形式定义如下：

$$R\cap S\equiv\{t \mid t\in R\wedge t\in S\}$$

其中，t 是元组变量，R 和 S 的元数相同。关系的交可以由关系的差来表示，即：

$$R\cap S\equiv R-(R-S) \quad 或 \quad R\cap S\equiv S-(S-R)$$

例 2.6 假设有“广东”籍贯的学生和“男”学生两个表，如表 2.8（a）、（b）所示，要求检索广东的男学生。这个检索可以用交操作来实现。结果如表 2.8（c）所示。

表 2.8 关系代数的交运算

学 号	姓 名
050101	张三秋
050104	黄国度
050106	刘德华
050107	陆珊玉
050108	陈晓丽

（a）广东籍贯的学生

学 号	姓 名
050101	张三秋
050102	王五
050104	黄国度
050105	杜全文

（b）男学生

学 号	姓 名
050101	张三秋
050104	黄国度

（c）新关系（S1∩S2）

4. 笛卡儿积

设关系 R 和关系 S 的元数分别为 r 和 s。定义 R 和 S 的笛卡儿积（Cartesian Product）$R\times S$ 是一个（$r+s$）元的元组集合，每个元组的前 r 个分量（属性值）来自 R 的一个元组，后 s 个分量是 S 的一个元组，记为 $R\times S$。形式定义如下：

$$R\times S\equiv\{t \mid t=<t^r,t^s>\wedge t^r\in R\wedge t^s\in S\}$$

其中，t^r、t^s 中 r、s 为上标，分别表示有 r 个分量和 s 个分量。若 R 有 n 个元组，S 有 m 个元组，

则 $R \times S$ 有 $n \times m$ 个元组。

例 2.7 在学生和必修课程两个关系上，产生选修关系：要求每个学生必须选修所有必修课程。这个选修关系可以用两个关系的笛卡儿积运算来实现，如表 2.9 所示。

表 2.9 关系代数的笛卡儿积运算

学号	姓名
050101	张三秋
050102	王五
050103	李玉

（a）学生关系

课程编号	课程名	学分
03352	数据结构	4
03356	计算机基础	3
03333	高等数学	4

（b）课程关系

学号	姓名	课程编号	课程名	学分
050101	张三秋	03352	数据结构	4
050101	张三秋	03356	计算机基础	3
050101	张三秋	03333	高等数学	4
050102	王五	03352	数据结构	4
050102	王五	03356	计算机基础	3
050102	王五	03333	高等数学	4
050103	李玉	03352	数据结构	4
050103	李玉	03356	计算机基础	3
050103	李玉	03333	高等数学	4

（c）学习关系

例 2.8 在表 2.10 中，表（a）与表（b）分别所示为具有 3 个属性列的关系 R 和 S。则表（c）为关系 R 与 S 的并，表（d）为关系 R 与 S 的交，表（e）为关系 R 和 S 的差，表（f）为关系 R 和 S 的笛卡儿积。

表 2.10 集合运算举例

R

A	B	C
a_1	b_1	c_1
a_1	b_2	c_2
a_2	b_2	c_1

（a）

S

A	B	C
a_1	b_2	c_2
a_1	b_3	c_2
a_2	b_2	c_1

（b）

$R \cup S$

A	B	C
a_1	b_1	c_1
a_1	b_2	c_2
a_2	b_2	c_1
a_1	b_3	c_2

（c）

$R \cap S$

A	B	C
a_1	b_2	c_2
a_2	b_2	c_1

（d）

$R-S$

A	B	C
a_1	b_1	c_1

（e）

$R \times S$

$R.A$	$R.B$	$R.C$	$S.A$	$S.B$	$S.C$
a_1	b_1	c_1	a_1	b_2	c_2
a_1	b_1	c_1	a_1	b_3	c_2
a_1	b_1	c_1	a_2	b_2	c_1
a_1	b_2	c_2	a_1	b_2	c_2
a_1	b_2	c_2	a_1	b_3	c_2
a_1	b_2	c_2	a_2	b_2	c_1
a_2	b_2	c_1	a_1	b_2	c_2
a_2	b_2	c_1	a_1	b_3	c_2
a_2	b_2	c_1	a_2	b_2	c_1

（f）

2.2.2 专门的关系运算

专门的关系运算包括选择、投影、连接、除等。下面给出这些关系运算的定义。

1．选择

选择（Selection）操作是根据某些条件对关系进行水平分割的过程，即选择符合条件的元组。条件用命题公式F表示，F中的运算对象是常量或属性名，运算符分为算术比较运算符（<、≤、>、≥、=、≠，这些符号统称为θ符）和逻辑运算符两种（∧、∨、¬）。

关系 R 关于公式F的选择操作用 $\sigma_F(R)$ 表示，形式定义如下：

$$\sigma_F(R)=\{t\mid t\in R\wedge F(t)=\text{true}\}$$

其中，σ为选择运算符，$\sigma_F(R)$ 表示从 R 中挑选满足公式F的元组所构成的关系。

例2.9 已知学生表S如表2.1所示，对学生表进行选择操作：列出所有男同学的基本情况。选择的条件是：性别='男'。用关系代数表示为：$\sigma_{性别='男'}$（学生），结果如表2.11所示。

表2.11 关系代数的选择运算

学 号	姓 名	性别	出生年月	籍 贯	班级编号
050101	张三秋	男	1986-6-9	广东	111
050102	王五	男	1986-8-8	江苏	110
050104	黄国度	男	1986-8-13	广东	120

2．投影

投影（Projection）操作是对一个关系进行垂直分割，消去某些列，并重新安排列的顺序，再删去重复元组的过程。

设关系 R 是 k 元关系，R 在其分量 $A_{i_1},\cdots,A_{i_m}$（$m\leqslant k, i_1,\cdots,i_m$ 为1到 k 之间的整数）上的投影用 $\pi_{i_1,\cdots,i_m}(R)$ 表示，它是从 R 中选择若干属性列组成的一个 m 元元组的集合，形式定义如下：

$$\pi_{i_1,\cdots,i_m}(R)\equiv\{t\mid t=<t_{i_1},\cdots,t_{i_m}>\wedge<t_1,\cdots,t_k>\in R\}$$

例2.10 已知教师表如表2.12所示，对教师表进行投影操作。

表2.12 教师关系表

教 师 编 号	姓 名	性 别	职 务	教研室编号
30001	王莉	女	助教	j123
30002	李小鹏	男	副教授	j123
30004	张琦	男	讲师	j135
30008	宋自远	男	副教授	j132
30009	孙东南	男	副教授	j123

（1）列出所有教师的教师编号、姓名、职务。关系代数表示为：

$$\Pi_{教师编号，姓名，职务}（教师）$$

结果如表2.13所示。

（2）列出教师表中的所有职务，关系代数表示为：

$$\Pi_{职务}（教师）$$

结果如表2.14所示。

注意　由于投影的结果消除了重复元组，因而结果只有 3 个元组。

表 2.13　例 2.10（1）投影运算结果

教师编号	姓　名	职　务
30001	王　莉	助　教
30002	李小鹏	副教授
30004	张　琦	讲　师
30008	宋自远	副教授
30009	孙东南	副教授

表 2.14　例 2.10（2）投影运算结果

职　务
助　教
讲　师
副教授

3. 连接

连接（Join）也称为 θ 连接。它是从两个关系的笛卡儿积中选取属性间满足一定条件的元组。记作：

$$R \underset{A\theta B}{\bowtie} S = \left\{ \left\langle t_r, t_s \right\rangle \middle| t_r \in R \wedge t_s \in S \wedge t_r[A]\theta t_s[B] \right\}$$

其中，A 和 B 分别为 R 和 S 上可比较的属性组（对应），θ 是比较运算符。连接运算从 R 和 S 的笛卡儿积 $R \times S$ 中选取 R 关系在 A 属性组上的值与 S 关系在 B 属性组上的值满足比较关系 θ 的元组。

连接运算中有两种最为重要也最为常用的连接，一种是等值连接（EquiJoin），另一种是自然连接（Natural Join）。

θ 为“=”的连接运算称为等值连接。它是从关系 R 与 S 的笛卡儿积中选取 A、B 属性值相等的那些元组，即等值连接为：

$$R \underset{A=B}{\bowtie} S = \left\{ \left\langle t_r, t_s \right\rangle \middle| t_r \in R \wedge t_s \in S \wedge t_r[A] = t_s[B] \right\}$$

自然连接是一种特殊的等值连接。它要求两个关系中进行比较的分量是相同的属性组，并且在结果中把重复的属性列去掉。即若 R 和 S 具有相同的属性组 B，则自然连接可记作：

$$R \bowtie S = \left\{ \left\langle t_r, t_s \right\rangle \middle| t_r \in R \wedge t_s \in S \wedge t_r[B] = t_s[B] \right\}$$

一般的连接操作是从行的角度进行运算，自然连接还需要取消重复列，所以它是同时从行和列的角度进行运算的。

例 2.11　设表 2.15（a）和（b）分别为关系 R 和关系 S，表 2.15（c）为一般连接 $R \underset{C<E}{\bowtie} S$ 的结果，表 2.15（d）为等值连接 $R \underset{R.B=S.B}{\bowtie} S$ 的结果，表 2.15（e）为自然连接 $R \bowtie S$ 的结果。

两个关系 R 和 S 在做自然连接时，选择两个关系在公共属性上值相等的元组构成新的关系。此时，关系 R 中某些元组有可能在 S 中不存在公共属性上值相等的元组，从而造成 R 中这些元组在操作时被舍弃了。同样，S 中某些元组也可能被舍弃。例如，表 2.15 所示的自然连接中，R 中的第 4 个元组，S 中的第 5 个元组都被舍弃掉了。

例 2.12　在表 2.16 中，表（a）、表（b）、表（c）分别是选课关系、课程关系和教师关系（为简洁起见，每个关系只列出部分属性）。则表（d）是“选课 $\underset{\text{选课.课程编号=课程.课程编号} \wedge \text{选课.成绩} \geq 85}{\bowtie}$ 课程”的运算结果，表（e）是“选课 $\underset{选课.课程编号=课程.课程编号}{\bowtie}$ 课程”的运算结果，表（f）是“选课 $\bowtie$ 课程”的运算结果。

表2.15　　例2.11 连接运算实例

R

A	B	C
a_1	b_1	5
a_1	b_2	6
a_2	b_3	8
a_2	b_4	12

（a）关系 R

S

B	E
b_1	3
b_2	7
b_3	10
b_3	2
b_5	2

（b）关系 S

$R \underset{c<E}{\bowtie} S$

A	$R.B$	C	$S.B$	E
a_1	b_1	5	b_2	7
a_1	b_1	5	b_3	10
a_1	b_2	6	b_2	7
a_1	b_2	6	b_3	10
a_2	b_3	8	b_3	10

（c）一般连接

$R \underset{R.B=S.B}{\bowtie} S$

A	$R.B$	C	$S.B$	E
a_1	b_1	5	b_1	3
a_1	b_2	6	b_2	7
a_2	b_3	8	b_3	10
a_2	b_3	8	b_3	2

（d）等值连接

$R \bowtie S$

A	B	C	E
a_1	b_1	5	3
a_1	b_2	6	7
a_2	b_3	8	10
a_2	b_3	8	2

（e）自然连接

表2.16　　例2.12 连接运算实例

学号	课程编号	教师编号	成绩
050102	03001	30011	80
050102	03333	30004	78
050101	03001	30011	88
050101	03356	30001	98
050105	03001	30011	81
050105	03357	30001	86

（a）选课

课程编号	课程名	学时
03001	大学英语	64
03333	高等数学	60
03356	计算机基础	60
03357	VB 程序设计	64

（b）课程

教师编号	姓名	职务
30001	王莉	助教
30004	张琦	讲师
30011	刘慧英	讲师

（c）教师

学号	选课.课程编号	教师编号	成绩	课程.课程编号	课程名	学时
050101	03001	30011	88	03001	大学英语	64
050101	03356	30001	98	03356	计算机基础	60
050105	03357	30001	86	03357	VB程序设计	64

（d）选课 $\underset{选课.课程编号=课程.课程编号\wedge 选课.成绩\geq 85}{\bowtie}$ 课程

学号	选课.课程编号	教师编号	成绩	课程.课程编号	课程名	学时
050102	03001	30011	80	03001	大学英语	64
050102	03333	30004	78	03333	高等数学	60

续表

学号	选课.课程编号	教师编号	成绩	课程.课程编号	课程名	学时
050101	03001	30011	88	03001	大学英语	64
050101	03356	30001	98	03356	计算机基础	60
050105	03001	30001	81	03001	大学英语	64
050105	03357	30001	86	03357	VB 程序设计	64

（e）选课 $\underset{\text{选课. 课程编号=课程. 课程编号}}{\bowtie}$ 课程

学号	课程编号	成绩	课程名	学时	教师编号
050102	03001	80	大学英语	64	30011
050102	03333	78	高等数学	60	30004
050101	03001	88	大学英语	64	30011
050101	03356	98	计算机基础	60	30001
050105	03001	81	大学英语	64	30011
050105	03357	86	VB 程序设计	64	30001

（f）选课 $\bowtie$ 课程

下面给出几个综合应用多种关系代数进行查询的例子，设学生信息管理系统数据库中包含表 2.16 表（a）、表（b）、表（c）3 个表。

例 2.13 查询选修了课程编号为“03001”或者“03356”的学生的学号。

$$\Pi_{\text{学号}}\left(\sigma_{\text{课程编号='03001'}}(\text{选课})\cup\sigma_{\text{课程编号='03356'}}(\text{选课})\right)$$

例 2.14 查询学号为“050102”的学生选修了，而学号为“050101”的学生没有选修的课程编号。

$$\Pi_{\text{课程编号}}\left(\sigma_{\text{学号='050102'}}(\text{选课})-\sigma_{\text{学号='050101'}}(\text{选课})\right)$$

例 2.15 查询给学号为“050102”的学生上过课的所有教师的姓名和他们的职务。

$$\Pi_{\text{姓名, 职务}}\left(\sigma_{\text{学号='050102'}}(\text{选课})\bowtie\text{教师}\right)$$

小结

关系数据库是本书的重点。本章主要介绍了关系数据模型，其主要包括数据结构、关系操作和完整性约束 3 部分，同时还介绍了用关系代数表达集合运算和关系运算的方法。学完这一章后，学生应理解关系数据库中的“表”的概念，掌握用代数方式对这一数据结构进行操作的方法。

习题

1. 试述关系模型的 3 个组成部分。
2. 说明它们之间的联系和区别：超键、候选键、主键、外键。

3. 试比较实体完整性和参照完整性的区别和联系。

4. 设有关系 R 和 S 如例 2.11（a）和（b）。计算：

（1）$\Pi_{A,B}(R)$

（2）$\delta_{A=a1}(R)$

（3）$\Pi_{A,B}(\delta_{A=a1}(R))$

（4）$(\delta_{A=a1}(R)) \bowtie S$

（5）$\Pi_{A,B,E}(R \bowtie S)$

（6）$\Pi_{A,B,E}(\delta_{E=3}(R \bowtie S))$

5. 用关系代数表示下面的每个查询，数据表为例 2.12 中的（a）、（b）、（c）所示。

（1）列出职称为“讲师”的所有教师。

（2）列出成绩大于 80 分学生的学号。

（3）列出王莉所教学生的学号。

（4）列出教“高等数学”老师的编号。

（5）列出同时选修了课程编号为“03001”和“03356”的学生的学号。

（6）列出是刘慧英的学生而不是王莉的学生的学号。

第3章 Access 数据库管理系统

Microsoft Access 2010 是 Microsoft Office 2010 系列应用软件的一个重要组成部分，是目前最普及的关系数据库管理软件之一。Access 2010 相对以前的 Access 版本做了许多的改进，其通用性和实用性大大增强，集成性和网络性也更加强大。

3.1 Access 简介

3.1.1 Access 功能及特性

Access 2010 是桌面型数据库管理系统软件，它提供了一组功能强大、完善的控件工具其主要包括数据库基本框架、表的创建、查询创建和使用、可视化窗体的创建与使用、报表创建与输出、模块及宏的使用等，其用户界面友好、操作方便快捷。它为初学者提供多种操作向导，方便其创建或使用数据库解决方案，轻松编辑、组织、访问共享信息，如小型企业、公司部门开发人员利用它来制作处理数据的桌面系统及编写中小型数据库管理系统程序。

专业的应用程序开发人员可以使用 Access 2010 开发 Web 应用程序，可利用 ASP 技术在互联网信息服务（Internet Information Services，IIS）的运行模式，编写 C/S（Client/Server）结构或 B/S（Browser/Server）结构的数据库应用程序。

Access 2010 支持多种数据格式，其中包括可扩展标记语言（XML）、对象连接与嵌入（Object Linking and Embedding，OLE）、开放式数据库连接（Open DataBase Connectivity，ODBC）、信息共享和文档协作服务等。在数据库中，能导入、导出和链接多种其他数据源。例如，Microsoft Excel 电子表格、ODBC 数据源、FoxPro、Microsoft SQL Server 数据库及其他数据源中的表，都能最大限度地利用企业数据，将其他数据合并到 Access 解决方案中。

另外，Access 2010 的界面外观新颖、友好、易学易用、接口灵活，是比较典型的新一代桌面数据库管理系统。Access 2010 设计风格与 Microsoft Windows 7、Microsoft Windows 8 一致，并利用 Backstage 视图、IntelliSense 等技术优化界面风格，简化用户查找和使用表、查询、窗体或报表等数据库对象的操作步骤。

与之前的 Access 相比，Access 2010 版具有如下特点。

1. 界面友好、易操作

与 Access 2003 相比，Access 2010 使用功能区替换了菜单的功能。功能区的设置简化了用户寻找及使用各项功能的方式，加快了用户使用常用命令的速度。另外，用户还可自定义 Access 2010

的工作环境，打造个性化的体验。Access 2010 还利用智能感知（IntelliSense）技术简化了表达式生成器。它提供的快速信息、工具提示与自动完成等功能，有助于减少输入错误、节省死背表达式名称和语法的时间，方便用户使用。同时，Access 2010 还改进了宏设计工具，用户可以更轻松地建立、编辑并自动化执行数据库逻辑。新的宏设计工具可提高效率、减少程序代码撰写错误，并且轻松整合复杂逻辑，建立起稳固的应用程序。

2. 方便数据共享

首先，Access 2010 支持动态数据交换开放数据库互联（Open DataBase Connectivity，ODBC）、动态数据交换（Dynamic Data Exchange，DDE）和对象的连接和嵌入（Object Link Embed，OLE）功能，允许用户在数据表中嵌入位图、声音、Excel 表格、Word 文档等格式的数据。其次，Access 2010 提供多种数据共享功能，允许多种格式数据的导入、链接访问，并与报表功能整合，通过改良的「设定格式化的条件」功能与计算工具，建立起丰富、动态化、富含视觉效果的报表。

3. 简化安全设置

Access 2010 提供改进的安全模型，有助于简化安全性设置及使用已启用安全性设置的数据库。Access 2010 将口令密码与数据库加密技术融合，使用同一密钥完成数据库口令和加密设置。另外，Access 使用信任中心集中进行数据库安全设置并评估数据库系统的安全性，减少各类警告信息。

4. SharePoint 高速在线以及离线应用

与 Access 2007 相比，Access 2010 与 SharePoint 的结合更为密切。当一个 Access Web 应用程序处于 SharePoint 在线模式时，数据表直接连接在 SharePoint List 上面；脱机时，数据则自动地缓存在本地；重新联机时，Access 自动与 SharePoint List 同步信息，且只上传或下载变动的数据，同步过程迅速快捷。

5. 走向网络

Access 设计与网络应用设计结合，方便 Access 用户能通过互联网使用的数据库应用程序进行设计。同时，Access 2010 开启了很多新领域，如调研数据整理、点评数据汇总等。

3.1.2 Access 的安装

1. 安装环境

Access 2010 是 Office 2010 套件的一部分，因此它对运行环境的要求与 Office 套件相同。Access 2010 运行在中文 Windows 9x/NT/XP/2000 或 Windows 7、Windows 8 等 Windows 系列的操作系统之上。它对计算机硬件的配置没有特别要求，表 3.1 给出了 Office 2010 与其他版本对硬件系统的最低要求。

表 3.1　Office 系列安装要求

组件	Office 2003	Office 2007	Office 2010
计算机和处理器	233MHz	500MHz	500MHz
内存（RAM）	128MB	256MB	256MB
硬盘	400MB	2GB	3GB
显示	800 像素 × 600 像素	1024 像素 × 768 像素	1024 像素 × 576 像素

2. 安装方法

Access 2010 是 Office 2010 组件中的一个重要组成部分，因此当安装 Office 2010 时，也就安装了 Access 2010。

操作步骤如下。

（1）将 Office 2010 系统光盘放到 CD-ROM 驱动器中，自动运行安装程序。

（2）输入用户信息和 CDKey。

（3）选择安装方式（典型安装或自定义安装）。

（4）确定安装路径。

在安装过程中，还要按操作步骤回答安装程序所提出的各种问题，选择相应的选项，完成安装过程。

一旦 Microsoft Office 2010 安装完毕，Access 2010 将被安装到 Windows 的程序组文件夹中。

3.1.3　Access 的集成环境

启动 Access 集成环境的操作步骤如下。

选择“开始”→“程序”→“Microsoft Access”命令，进入 Access 2010 系统的主界面，如图 3.1 所示。

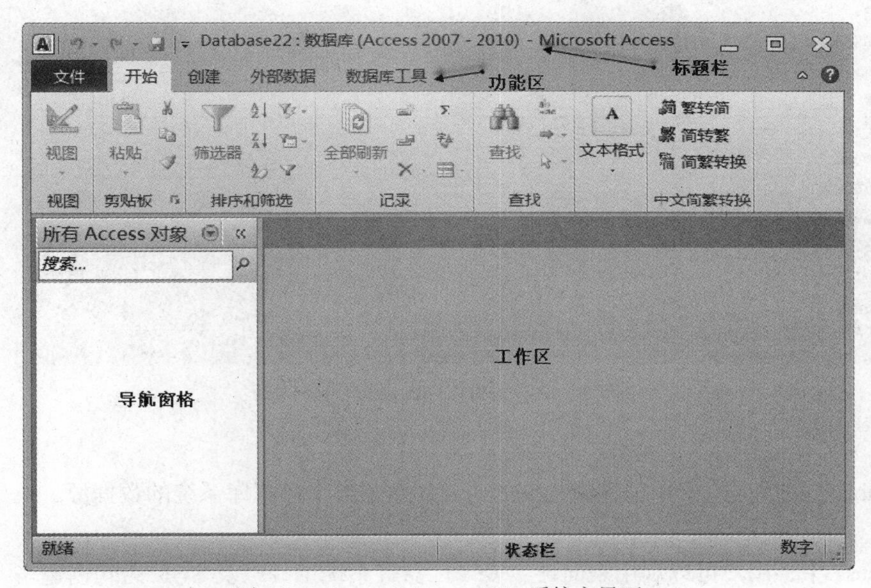

图 3.1　Microsoft Access 2010 系统主界面

Access 2010 用户界面由标题栏、功能区、导航窗格、工作区和状态栏组成。标题栏位于窗体最上方，显示 Access 图标、快速访问工具栏和打开数据库名称、版本等信息。功能区取代了传统的菜单和工具栏，包含“文件”“开始”“创建”“外部数据”“数据库工具”等选项卡，每个选项卡中又分组存放各个选项。功能区还提供上下文选项卡，以便用户根据需要提供正确的工具。例如，当设计报表时，上下文选项卡出现在功能区上，用户可在其中选择自己所需要的工具。新的 Backstage 视图取代了传统的“文件”菜单。导航窗格用于分类显示所有数据对象。工作区用于显示正在操作的数据库对象，它是用户完成各种操作的工作区域。状态栏位于窗体底部，用于显示状态信息。在打开一个数据库对象时，状态栏最右边会显示视图切换按钮，用户可将当前操作数据对象的显示模式修改为“数据表视图”“数据透视表视图”“设计视图”或“数据透视图视图”。

3.1.4 Access 数据库对象

Access 2010 数据库中包含了表、查询、窗体、报表、宏页和模块等数据库对象。在“数据库”窗口左侧面板对象组中提供了与之对应的对象图标，这些图标提供了直接访问数据库中各种对象的功能。例如，在图 3.2 所示的“数据库”窗口中，显示了“学生信息管理系统”数据库中包含的所有表的列表。如果要查看“学生信息管理系统”数据库中所有可用窗体的列表，可单击“窗体”图标，这时，Access 将列出该数据库中存储的所有窗体的名称。

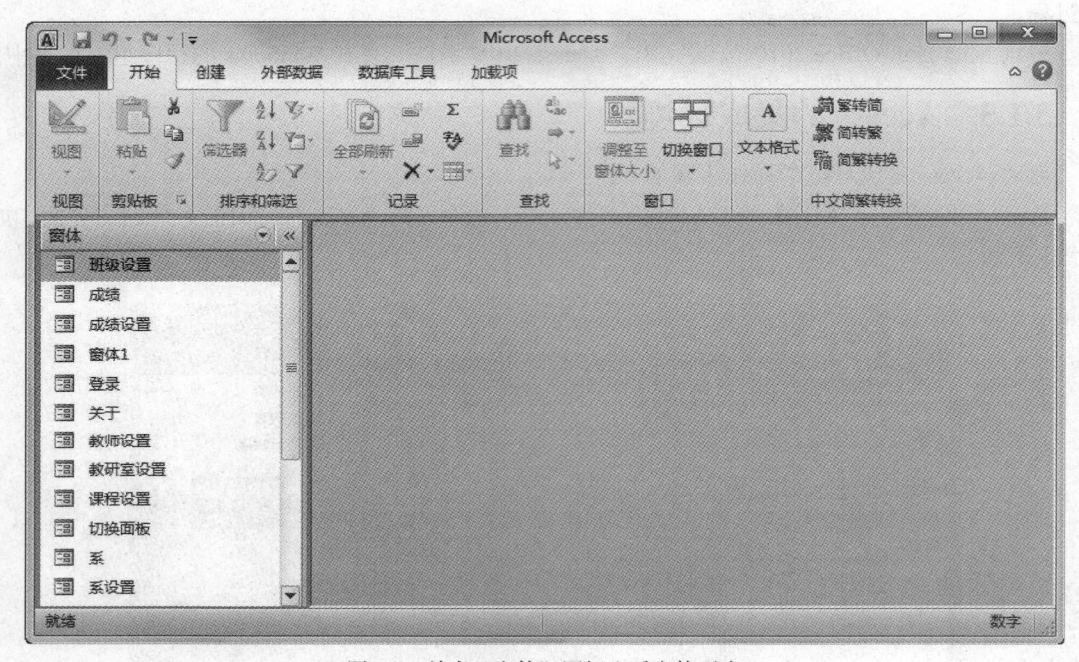

图 3.2 单击“窗体”图标查看窗体列表

1. 表

表（Table）是数据库中用来存储数据的对象。它是整个数据库系统的数据源，也是其他对象的基础。

在 Access 中，用户可以利用表向导、表设计器等系统工具以及 SQL 语句创建表，然后将各种不同类型的数据输入表中。在表操作环境中，用户可以对各种不同类型的数据进行维护、加工、处理等操作。图 3.3 所示为利用设计器创建表的工作窗口。图 3.4 所示为利用表的数据视图维护表中数据的工作窗口。

2. 查询

查询（Query）也是一个表，它是以表为基础数据源的虚表。查询可以作为表加工处理后的结果，它是一个或多个表的相关信息的“视图”，还可以是数据库中其他数据库对象的数据来源。

在 Access 中，查询具有极其重要的地位，利用不同的查询，可以方便、快捷地浏览数据库中的数据；同时，利用查询还可以实现数据的统计分析与计算等操作，特别是它可以作为窗体和报表的来自多表的数据源。

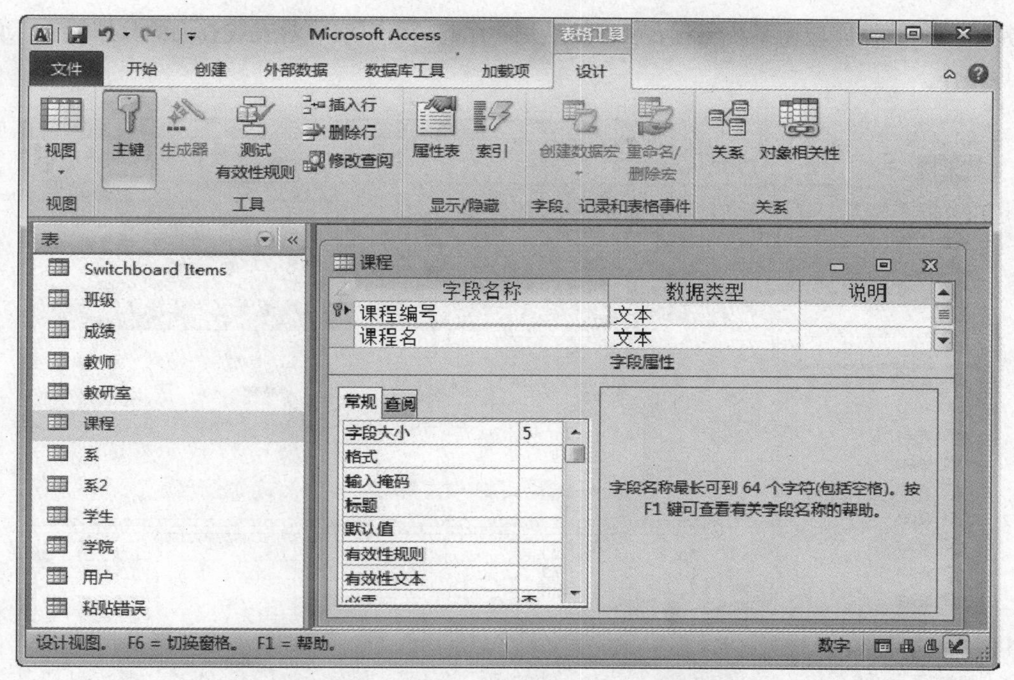

图 3.3　表设计器

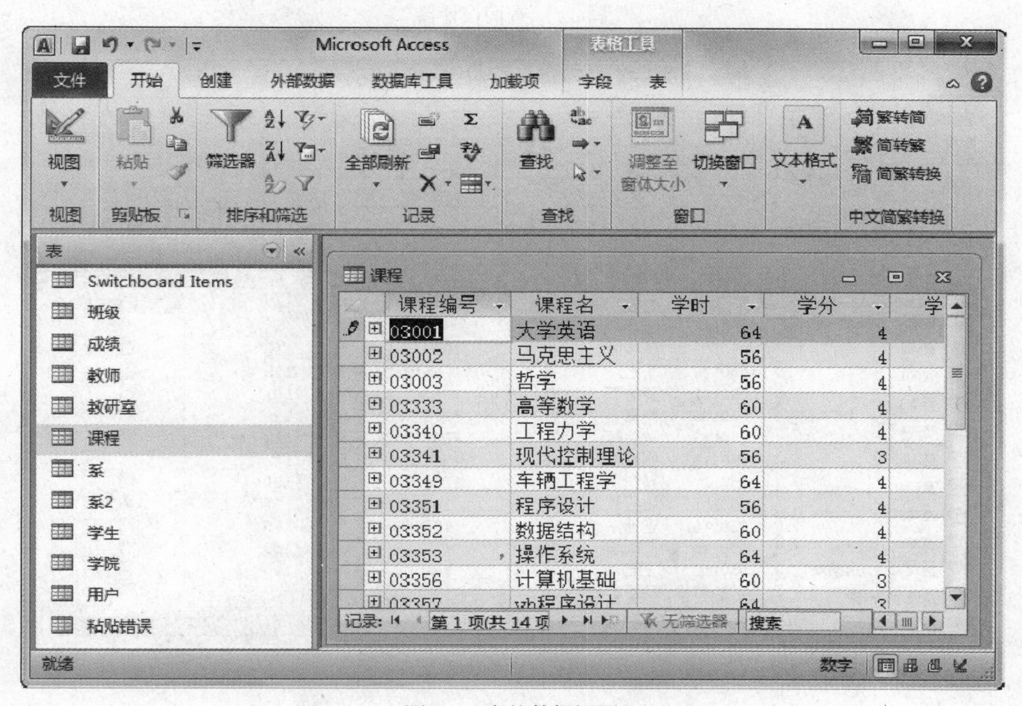

图 3.4　表的数据视图

图 3.5 所示为利用查询设计器创建查询的工作窗口。

图 3.6 所示为利用查询浏览器查询数据的工作窗口。

3. 窗体

窗体（Form）是系统的工作窗口。窗体是在数据库操作的过程中无时不在的数据库对象。它可以用来控制数据库应用系统流程，可以接受用户信息，可以完成对表或查询的数据输入、编辑、删除等操作。

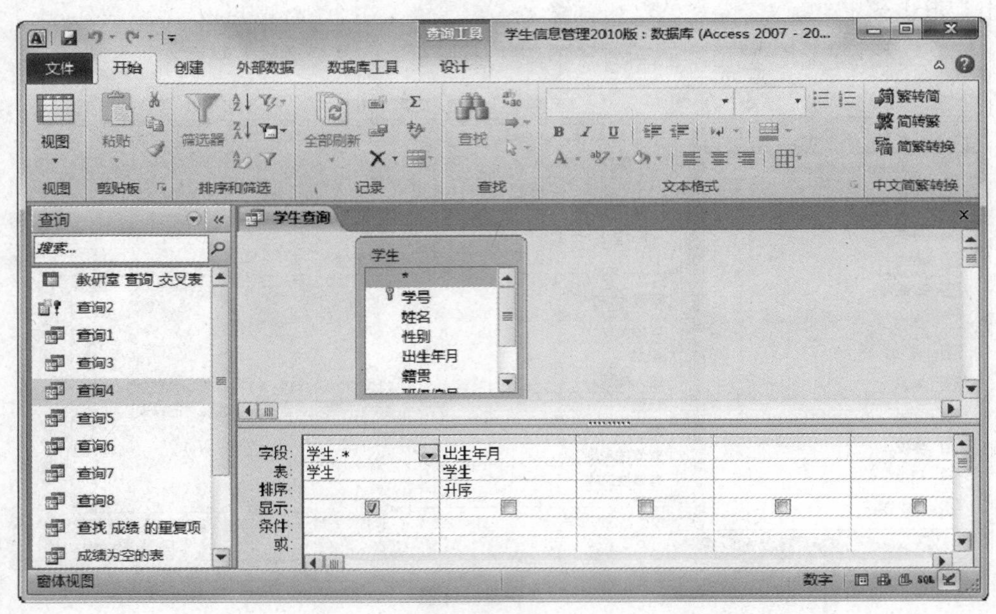

图 3.5　查询设计器

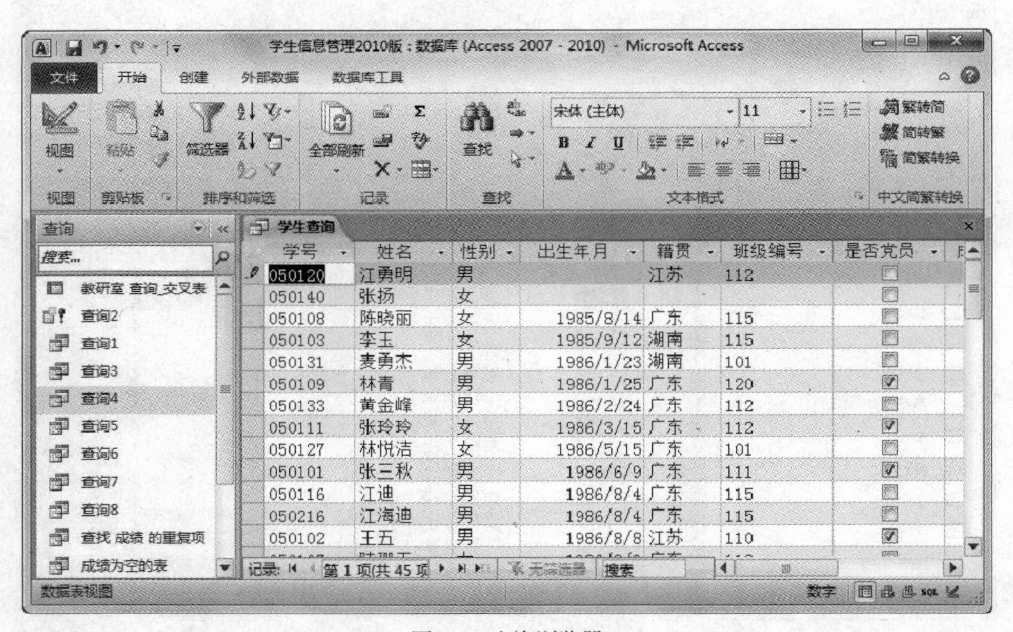

图 3.6　查询浏览器

图 3.7 所示为利用窗体设计器创建“学生信息管理系统”的登录窗口。

4. 报表

报表（Report）是数据库的数据输出形式之一。它不仅可以对数据库中的数据进行分析，然后将处理结果通过打印机输出，还可以对要输出的数据完成分类小计、分组汇总等操作。在数据库管理系统中，使用报表会使数据处理的结果多样化。

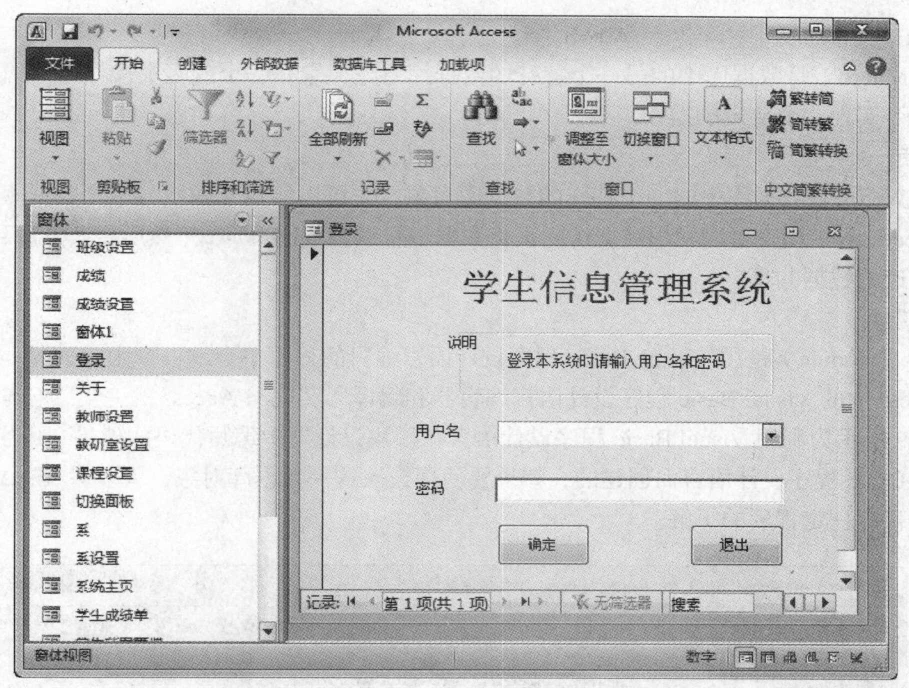

图 3.7 窗体设计器

图 3.8 所示为预览报表输出格式的工作窗口。

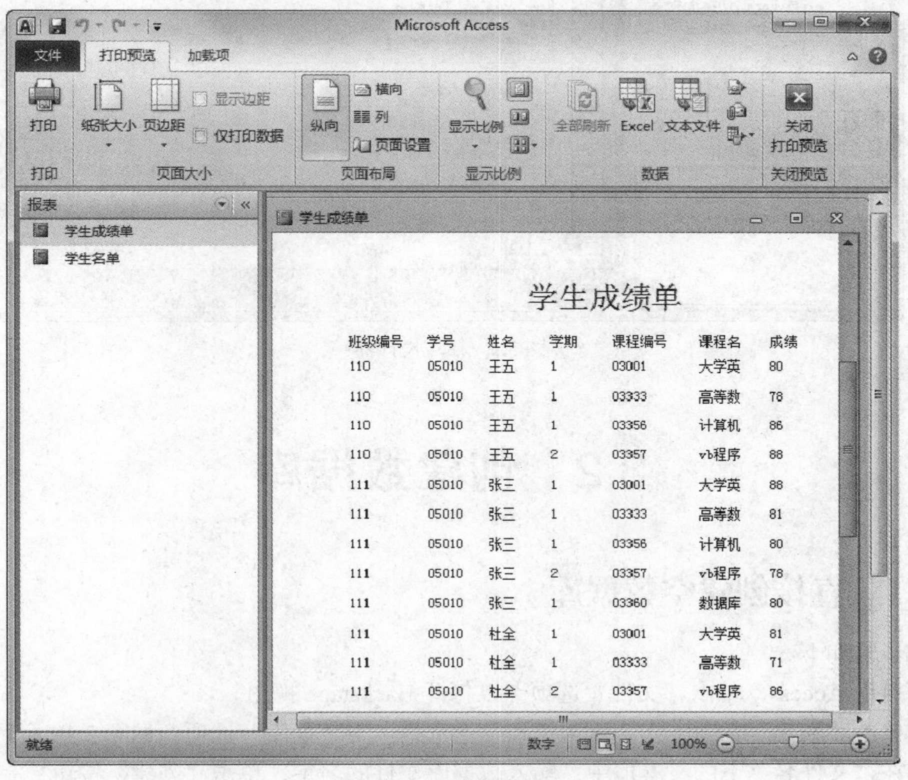

图 3.8 预览报表

5. 宏

宏（Macro）是数据库中的另一个特殊的数据库对象，它是一个或多个操作命令的集合，其中每个命令实现一个特定的操作。

6. 页

页（Web）是数据库中的一个特殊的数据库对象，它可以实现互联网与用户数据库的相互访问。在 Access 中，用户可以利用数据访问页将数据信息编辑成网页形式，然后将其发送到互联网，以实现快速的数据共享。

7. 模块

模块（Module）是用 Visual Basic 程序设计语言编写的程序集合或一个函数过程。它通过嵌入在 Access 中的 Visual Basic 程序设计语言编辑器和编译器实现与 Access 的完美结合。

图 3.9 所示为利用 Visual Basic 程序设计语言在模块设计器中编写代码的效果。因为模块是基于 Visual Basic 程序设计语言而创建的，如果要使用模块这一数据库对象，就要对 Visual Basic 程序设计语言有一定程度的了解。

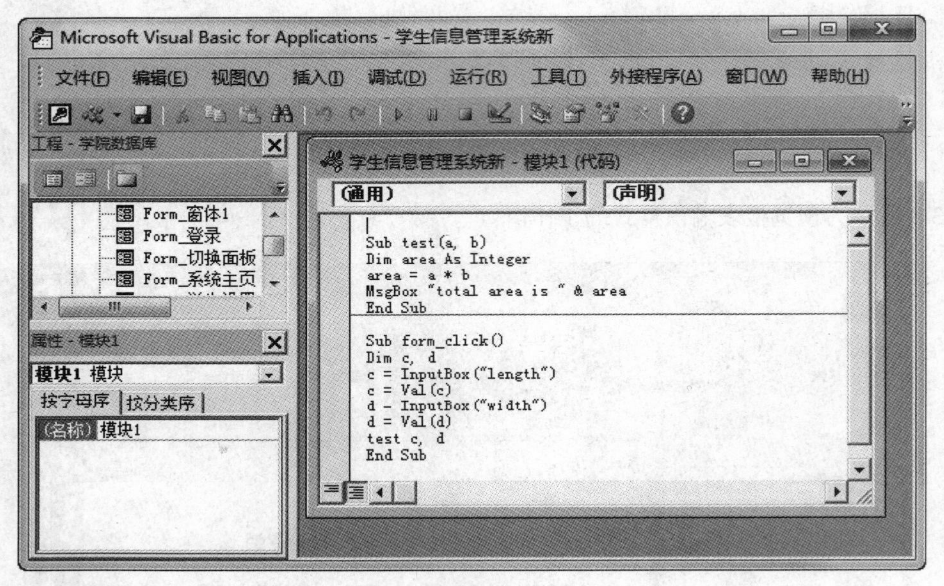

图 3.9　模块设计器

3.2　创建数据库

3.2.1　直接创建空数据库

操作步骤如下。

（1）启动 Access，单击“文件”选项卡以打开 Backstage 视图。

（2）单击“新建”选项，在“可用模板”上选择“空数据库”选项，如图 3.10 所示。

（3）在“文件名”下的文本框中，输入数据库文件的名字，单击“创建”按钮，完成空数据库的创建。

图 3.10　直接创建空数据库

3.2.2　利用模板创建数据库

操作步骤如下。

（1）启动 Access，单击“文件”选项卡以打开 Backstage 视图。

（2）单击“新建”选项，然后选择“样本模板”，可看到本机上存储的数据库样本模板，如图 3.11 所示。

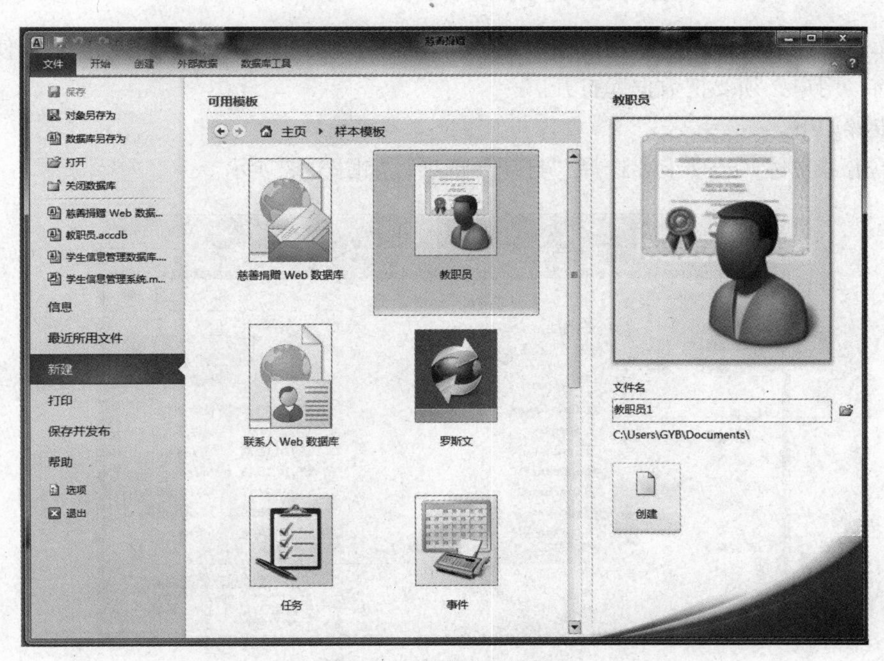

图 3.11　“模板”对话框

（3）单击“教职员”选项，在 “文件名”下的文本框中输入数据库的名字。单击📂图标，可选择数据库文件的位置。设定文件名和位置后，单击“创建”按钮，可得到教职员数据库，如图 3.12 所示。

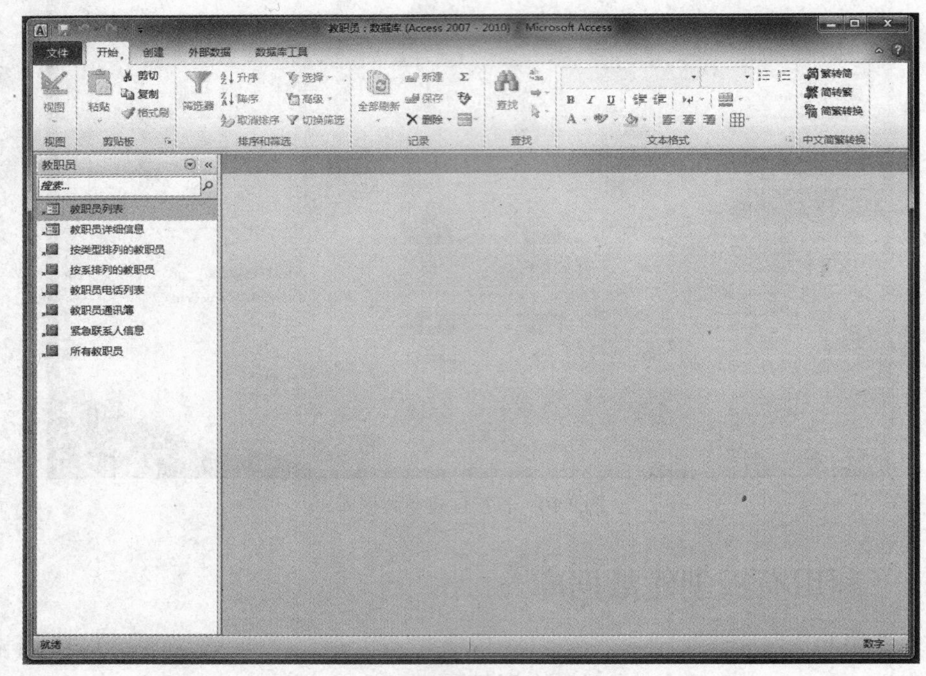

图 3.12　完成数据库创建

3.2.3　Access 数据库的打开方式

数据库建立完成后，用户不仅要使用它，同时也要对数据库进行适时的维护。而使用和维护数据库之前，用户必须要把数据库打开。

操作步骤如下。

（1）单击“文件”选项卡，选择“打开”选项，如图 3.13 所示。

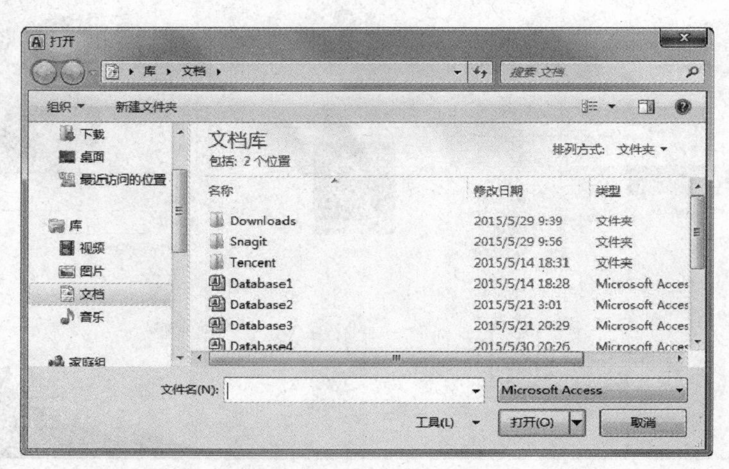

图 3.13　打开数据库文件

（2）在图左侧的导航栏中，选择保存数据库文件的文件夹，在“文件名”文本框中输入要打开的数据库文件名（或单击相应文件）。

（3）在“文件类型”下拉列表框中，选择文件类型，单击“打开”按钮，数据库文件将被打开。

在“打开”对话框中，可以看到在“打开”按钮的右侧，有一个向下箭头，单击它将弹出一个菜单，如图 3.14 所示。

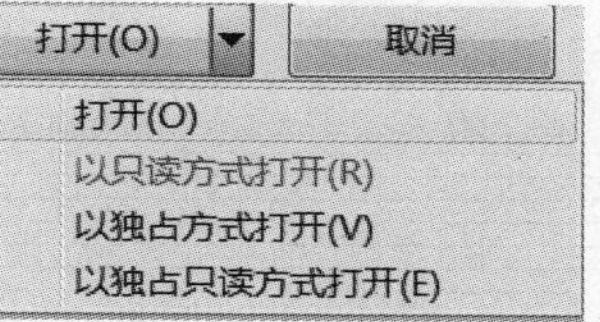

图 3.14　“打开”菜单

如果选择“以只读方式打开”，用户只能使用、浏览数据库的对象，不能对其进行修改。这种方式适用于对数据库操作权限较低的用户，有利于保障数据的安全。

如果选择“以独占方式打开”，则其他用户不可以使用该数据库。这种方式既可以屏蔽其他用户操纵数据库，又能进行数据修改，是一种常用的数据库文件打开方式。

如果选择“以独占只读方式打开”，则只能使用、浏览数据库的对象，不能对其进行修改，其他用户也不可以使用该数据库。这种方式既可以屏蔽其他用户操纵数据库，又限制了自己修改数据的操作，一般在只进行数据浏览、查询操作时采用这种数据库文件打开方式。

小　结

本章主要介绍了 Microsoft Access 2010 的功能及特性、系统安装的方法、集成环境和数据库对象，还介绍了创建数据库的方法和数据库打开方式。学习这一章应着眼于实践，目的是了解 DBMS 的工作环境和系统构架，为以后搭建实验平台打好基础。

习　题

1. 试述 Access 2010 的主要特点。
2. Access 2010 包括哪些数据库对象？
3. 如何创建数据库？
4. 如何打开数据库？
5. 如何启动 Access 2010?

第 4 章 表的操作

如第 2 章所述，关系模型是用二维表格来表示实体以及实体间联系的数据模型，关系数据库则是基于关系模型设计出来的若干张相互关联的二维数据表的集合。二维表，即表，也称关系。它是关系数据库用来存储和管理数据的对象，是整个关系数据库系统的基础，也是数据库中其他对象的操作依据。

关系模型是抽象的理论模型，不能直接使用。用户需通过具体的关系数据库管理系统来建立、使用和维护关系数据库。Microsoft Access 2010 是一个简单的关系数据库管理系统。本章介绍关系数据库中表相关的基本概念，同时给出在 Access 2010 中表操作的实现方法，其方法包括表的创建、表结构的维护、数据输入与维护等。

4.1 表的构成与创建

在 Access 中，大量数据都存储在表中，表的数据冗余度、共享性及完整性等是衡量表质量的主要因素，也制约着其他数据库对象的设计及使用。而表的质量与使用效果取决于表的结构。

在 Access 中设计表主要是对下列内容进行定义与规划：

（1）表的名字；

（2）每个字段的结构，包括字段名、字段类型、字段长度、约束条件等；

（3）确定索引字段；

（4）确定与其他表的关联和多字段约束；

（5）向表中输入数据。

通常，我们将以上设计中前 4 个步骤称为表结构的设计，将第 5 个步骤视为表的数据操作，包括数据的插入、删除、修改等操作。在设计表结构时，需要遵循 Access 中表的规范，如表 4.1 所示。

表 4.1　　Access 中表的规范

属　性	最　大　值
表名的字符个数	64
字段名的字符个数	64
表中字段的个数	255
打开表的个数	2048；实际的个数可能会少一些，因为 Access 会从内部打开一些表

续表

属　性	最 大 值
表的大小	2GB
文本字段的字符个数	255
备注字段的字符个数	通过用户界面输入数据为 65,535；以编程方式输入数据时为 2GB 的字符存储
OLE 对象字段的大小	1GB
表中的索引个数	32
索引中的字段个数	10
有效性消息的字符个数	255
有效性规则的字符个数	2048
表或字段说明的字符个数	255
当字段的 UnicodeCompression 属性设置为“是”时，记录中的字符个数（除“备注”和“OLE 对象”字段外）	4000
字段属性设置的字符个数	255

4.1.1　表的构成

在 Access 中，表是用二维表格表示的、反映某一类事物状况或信息的数据集合。在纵向以栏目形式列出诸多事物的某一个属性，在横向以数据记录形式列出某个事物的所有属性。其中，横向数据一般称为行或元组，纵向数据一般称为字段或属性。表 4.2 所示为一张学生信息的二维表，其中每行代表一个学生的信息，即对每个学生描述其学号、姓名、性别、出生年月、籍贯和所在班级编号等方面的信息。表中每一列是相同类型的数据，如所有学生的学号、所有学生的姓名等。

表 4.2　　学生信息表

学　号	姓　名	性　别	出 生 年 月	籍　贯	班 级 编 号
050101	张三秋	男	1986-6-9	广东	111
050102	王五	男	1986-8-8	江苏	110
050103	李玉	女	1985-9-12	湖南	115
050104	黄国度	男	1986-8-13	广东	120
050105	杜全文	男	1987-1-15	湖北	111
050106	刘德华	男	1987-5-8	广东	111
050107	陆珊玉	女	1986-8-9	广东	112
050108	陈晓丽	女	1985-8-14	广东	115
050109	王青	男	1986-1-25	广东	120
050110	梁英华	男	1987-5-23	湖南	110
050111	张玲玲	女	1986-3-15	广东	112
050112	王华如	女	1987-4-16	广东	115
050113	江铃	女	1987-8-19	广东	112

续表

学　号	姓　名	性　别	出生年月	籍　贯	班级编号
050114	李勇先	男	1986-9-18	广东	120
050115	黄丽丽	女	1986-12-6	湖南	120
050116	江迪	男	1986-8-4	广东	115
050117	陈美丽	女	1986-8-15	广东	110
050118	刘叔华	女	1987-6-12	湖北	115
050119	容小丽	女	1986-8-25	江西	115

在数据库中，表和字段的名称一般采用反映数据信息的汉字、拼音、拼音简写或英文单词，如表4.2给出的学生信息表，在建表时可命名为“学生信息”“学生信息表”“学生”“XS”或“student”等。同样，学号属性可命名为“学号”“XH”“SNo”或“SID”等。字段的类型、长度依据实际需要设定，如依据中国汉族人取名习惯，一般姓名字段的数据类型为汉字、长度为8字节（每个汉字占2字节）。

确定表的结构还需要确定表中各字段的约束条件、表的索引，以及与其他表之间的关联关系。

（1）约束条件：数据表的约束条件是对数据库数据的约定，以保证数据的一致性。约束是依据现实情况确定的（或称依据语义确定的）。例如，对学生信息来讲，其姓名一般不能为空，学号是唯一的，即两个学生不能取相同学号。本书中学生是指大学生，如果规定学生的合理年龄为10～50岁，按当前年份为2015年计算，则其出生年月字段取值应该为1966年1月1日～2004年12月31日。这些现实中的规定需要在设计数据库时转换成对关系数据库中数据的约束，并在建立数据表时写入数据表结构中。从作用范围来看，约束主要分为列级约束和表级约束。

① 列级约束：仅对表中指定的某一个字段起作用的约束，如非空约束、唯一约束等。

② 表级约束：对表中多个字段起作用的约束，如由多个字段构成的主键约束等。

常用的约束包括以下几种类型。

① 非空（NOT NULL）约束：列级约束。定义字段的输入值不能为空（NULL）。

② 唯一（UNIQUE）约束：列级约束，也可以是表级约束。定义一个或多个字段的输入值必须唯一且不能重复。

③ 检查（CHECK）约束：列级约束。约束条件由用户根据需要进行定义。定义字段的输入值必须满足用户给定的约束条件。其中，Access中不支持检查（CHECK）约束。

④ 主键（PRIMARY KEY）：列级约束，也可以称为表级约束。定义一个和多个字段的输入值必须唯一地标识一个记录，即每个记录的主健取值唯一且不能为空。每张表最多定义一个主键约束。

⑤ 外键（FOREIGN KEY）约束：列级约束，也可以称为表级约束。它也称为外部关键字或参照表约束，用于定义参照完整性，维护两张基本表之间数据的一致性。一般定义某字段为外键的表称从表，其所引用字段所在的表称为主表。该约束要求从表中受此约束作用的字段的输入值必须是在主表中已经存在的字段值。

（2）索引：索引是以表的列为基础的数据对象，它保存着表中排序的索引列，并且记录索引列在数据表中的物理存储位置，它实现表中数据的逻辑排序。数据库中的索引与书籍中的目录类似。在一本书中，利用目录可以快速查找到所需要的信息，无需以从头到尾的顺序查找整本书。在数据库中，索引使数据库无需对整个表进行扫描，就可以在其中找到所需要的数据。利用索引可以加快数据查询的速度、减少系统响应时间。

（3）关联关系：一个关系数据库反映的是某个领域的客观实体及其相互联系，一般由多张表组成，每张表反映系统的一类实体或某些实体类之间的联系。例如，在学生信息管理系统数据库中，学生、系、学院、班级和课程等分别表示一类实体。现实中班级与学生之间存在的关联是每个学生都属于一个确定的班级，每个班级都是由学生组成的。这种关联关系体现在关系数据库中，则是学生表对班级表的“班级编号”字段的引用关系。表 4.2 所示为学生信息表中存在的班级编号字段，用于反映学生所在班级。

总之，一个数据库中各表之间是存在关联关系的，这种联系是客观实体之间的联系在数据库中的反映。一般数据库管理系统都提供对这种表与表之间关联关系的建立与维护机制。关联关系的定义与建立方法在第 4.5 节详细给出。

在创建表之前要根据实际需求进行调查分析、规划和设计，以便建立一个满足需求而且结构较好的关系表。当表设计完成后，用户才能利用 Access 在计算机上建立表的结构，并录入数据。

4.1.2　Access 中的数据类型

设计表的结构，首先要确定表中各列的名称和数据类型。因为只有设计好字段的名称和数据类型，系统才能确定数据的存储和使用方式。表中的每一列数据，都要有一个统一的数据类型，如现实生活中一般认为学生的出生年月是一个日期，年龄是个数值，而名字是一串汉字、英文字母或符号。关系数据库管理系统，如 Oracle、SQL Server、DB2 等，都提供一组标准的数据类型及扩展数据类型，供用户建表时定义字段的数据类型。不同数据库管理系统所提供的基本数据类型大致相同，但略有差异。数据库设计人员应依据所选择的具体数据库管理系统及版本来确定字段的数据类型。

在 Access 中，字段的数据类型可以是系统提供的标准数据类型，也可以是用户自定义的数据类型。Access 定义了 11 种数据类型，数据类型及其详细说明如表 4.3 所示。

表 4.3　Access 所支持的数据类型

数据类型	英文名	字段大小（字节）	说明
文本	Text	最大长度 255	主要用来存储由字母、数字、汉字和符号组成的数据；最大长度是 255，系统默认为 255；是 Access 默认的数据类型
备注	Memo	最大长度 2GB，可在控件中显示 65 535 个字符	可支持字处理程序（如 Word）中常用的格式类型。例如，可以对文本中的特定字符应用不同的字体和字号、将它们加粗或倾斜等；还可以向数据添加超文本标记语言（HTML）标记
数字	Number	1、2、4、8 或 16 字节	用于数学计算中的数值数据，不包含货币类型，可设定数字长度
日期/时间	Date/Time	8	用于存储日期、时间的数据类型，设定时间范围为 100～9999 年
货币	Currency	8	货币数值，小数点后 1～4 位，整数部分最多 15 位；可用于数值计算。数据显示时，自动化增加货币符号（¥、£、$等）

续表

数据类型	英文名	字段大小（字节）	说明
自动编号	Auto Number	4、16	添加记录时，Access 自动插入一个唯一的数值，一般用作主键字段；该类型字段可按顺序增长，也可随机选择，但不能更新
是/否	Yes/No	1 位（8 位为一个字节）	布尔值。用于只取两个可能值的字段，取值可以是“是/否”“真/假”或“开/关”等
超链接	Hyperlink	同备注字段长度	用于存储超链接，Access 会向您的文本中添加 http://；合法的 Web 地址可通过单击访问
OLE 对象	OLE Object	最大 1GB，受限于所用磁盘大小	联接或内嵌于数据表中的对象，可以是 Excel 表格、Word 文件、图形、声音或其他数据
查阅向导	Lookup Wizard	基于表或查询时，等于绑定列的大小；基于值时，等于存储值的字段的大小	不是数据类型，可以使用该向导创建两种类型的下拉列表：值列表和查阅字段。查阅字段在输入数据时，从保存的列表中选取值
附件		最大 2GB 的数据，单个文件的大小不超过 256MB	用于将图像、电子表格、文档等各种文件附加到数据库记录中；对于压缩的附件，最大为 2GB；对于未压缩的附件，大约为 700KB，取决于附件的可压缩程度

对 Access 提供的数据类型，还需要了解“空值”。空值（NULL）不是一种数据类型，它通常是未知、不可用或将在以后添加的数据。若一列允许为空值，则向表中输入记录值时，可不为该列给出具体值，而若一个列不允许为空值，则在输入时，必须给出具体的值。允许空值的列需要更多的存储空间，并且可能会产生性能或存储问题。

如前所述，表的结构包括确定表名及表中各字段的约束条件、索引以及表与其他表之间的关联关系。对应表 4.2，学生表的结构定义如表 4.4 所示。在此暂未考虑其他表的设计，因此没有给出与其他表之间的关联关系。

表 4.4　学生表结构

列名	数据类型	大小	可否为空	索引	说明
学号	文本	6	否	主键	学生的学号，主键
姓名	文本	8	否	有	学生姓名，不能为空，普通索引（有重复）
性别	文本	2	是	无	取值“男”或“女”，默认为“男”
出生年月	日期/时间	8	是	无	生日，取值范围 1960-1-1～2000-12-31（设当前为 2010 年）
籍贯	文本	100	是	无	小于 50 个字，没有普通索引
班级编号	文本	10	是	有	普通索引（有重复），外键

4.1.3　创建表结构

用户完成表结构的设计后，需要利用数据库管理系统创建表。Access 提供了多种创建数据表的方法，具体方法如下。

（1）数据表视图：用户直接向空白数据表中输入字段名和数据，Access 系统依据输入数据自动确定字段类型、长度并提示用户输入表名的建表方法。

（2）利用表设计视图：表设计视图是一种可视化工具，用于设计和编辑数据库中的表结构。利用表设计视图界面，用户可输入事先设计好的字段名、字段类型、长度、约束、主键等信息，完成对表的定义。这种方法要求用户在创建表之前就对表结构有一个相对成熟的规划，表结构建立后一般不需要修改，效率高。而利用数据表视图等方式创建的数据表一般需要依据实际情况进行修改，而对表结构的修改也需要使用表的设计视图来完成。

（3）使用导入表创建表：用户可以将其他数据库、电子表格或文本文件中的数据导入 Access 数据库中使用。数据导入的操作可选择建立一张与源表结构相似的新表，而且生成的表既有结构又有数据。其结构通过选择源表中字段得到，其数据则是直接从源表中抽取得到的。

利用 Access 创建表的一般步骤如下。

（1）打开数据库，在 “创建” 选项卡的 “表格” 组中，单击“表”按钮，如图 4.1 所示。

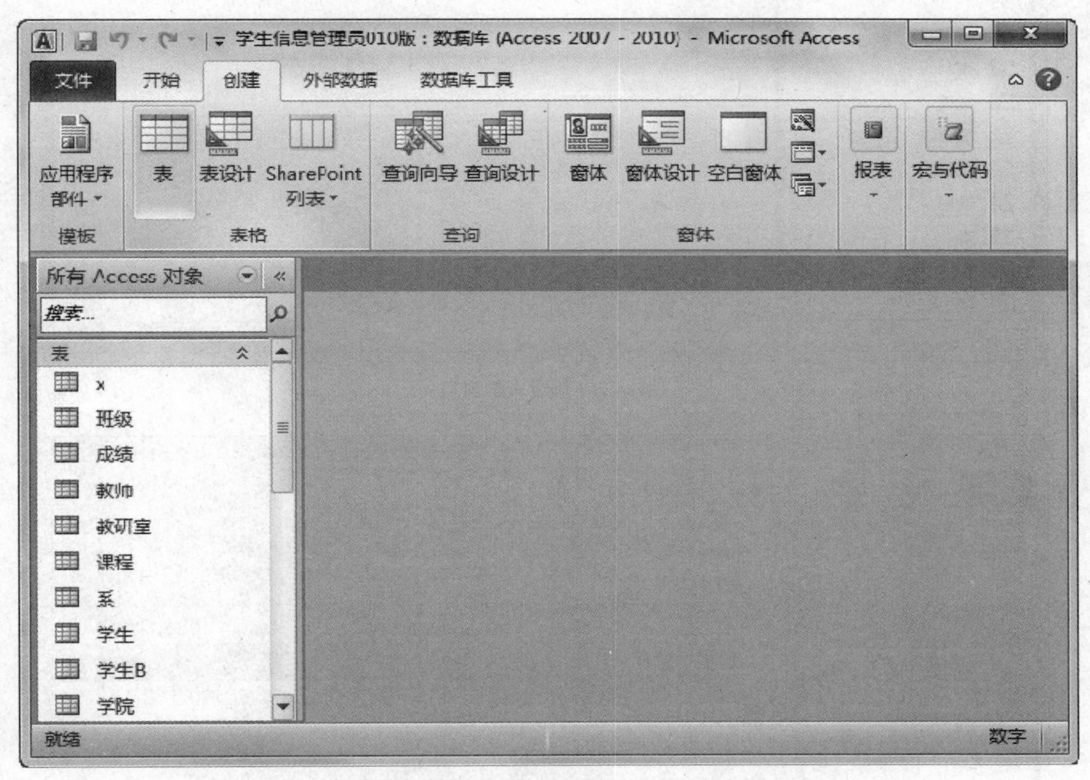

图 4.1　新建表的窗口

（2）然后，系统显示输入数据创建表的界面，工具栏相应显示表格工具，如图 4.2 所示。此时，用户可顺序录入数据，系统依据输入的数据定义新表结构。录入部分数据后单击“保存”按钮，按提示输入表名，则创建表成功。

此方法中，字段名依次为“字段 1”“字段 2”……且字段的数据类型与长度由系统自动生成。如需修改字段名，可在图 4.2 所示中直接单击相应列的字段名，并输入新字段名即可。如果系统生成的字段类型或长度不符合要求，则需要利用表的设计视图进行表结构的修改。

在图 4.2 所示中单击工具栏中的视图按钮选择设计视图，则可利用设计视图创建表，如图 4.3 所示。在设计视图中依次输入表的字段信息，并增加约束、主键等信息。图 4.4 所示为建立的学生表，用户首先输入所有字段信息，然后单击最上面图 4.4 中顶部工具栏中的“保存”按钮，根据系统提示输入表名，则生成一张新表。

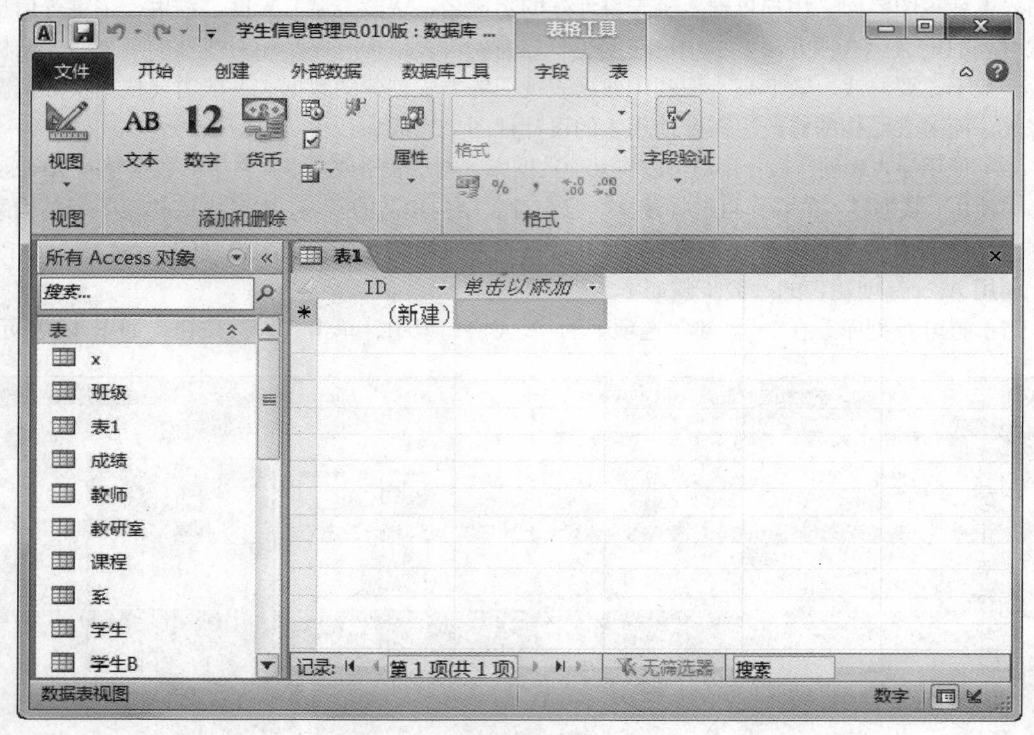

图 4.2　新建表的窗口

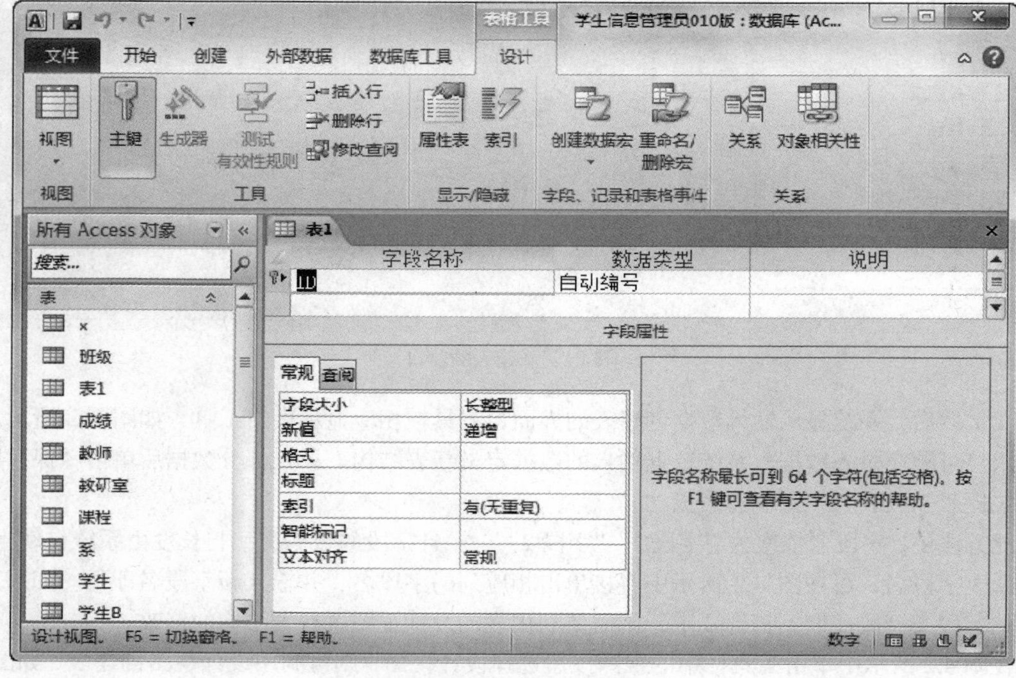

图 4.3　利用设计视图创建表

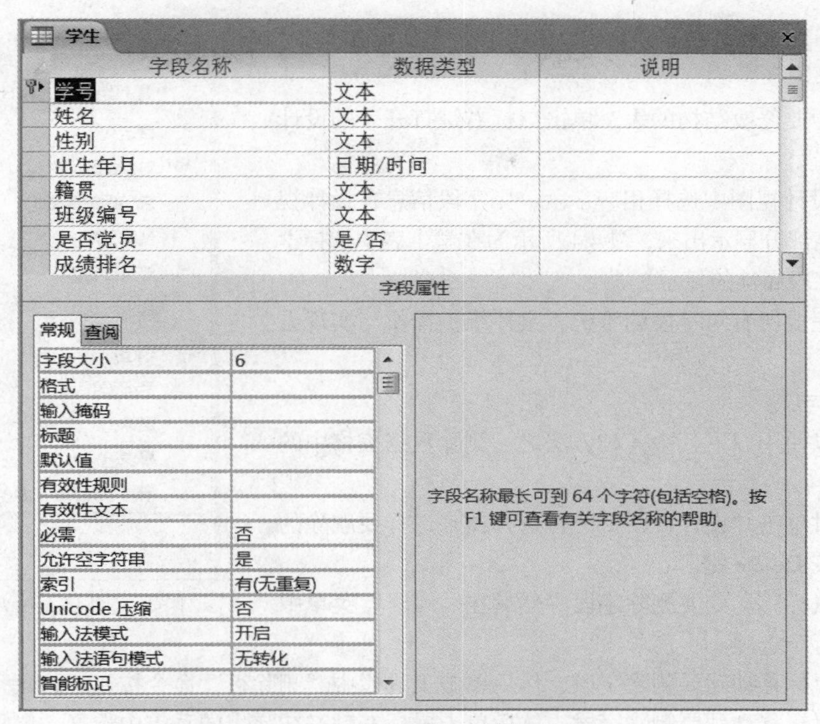

图 4.4　利用设计视图创建学生表

如果用图 4.2 所示的方式直输入法数据创建表，一般无法建立表 4.3 中所列出的主键、约束等选项，而且所建表的字段名和长度也可能与设计不完全一致。此时，就需要利用表的设计视图对相应选项进行设置和修改，其操作步骤在下一节表结构维护中将详细讲述。

4.2　表结构的维护

Access 允许修改表结构，以处理建表操作所出现的表结构与设计不完全相符的问题。同时，这种修改也可以使数据库更好地适应应用环境和应用系统功能的变化。

对表结构可以进行的维护包括以下几个方面：

（1）字段名、类型、长度的修改等；

（2）插入新字段；

（3）删除已存在的字段；

（4）移动字段，改变其顺序；

（5）设置和修改字段约束，包括对字段是否非空、是否有索引等属性进行限制等；

（6）设置字段的标题、输入输出格式、输入掩码、有效性规则等。

下面分别介绍表结构的设置与修改方法。

4.2.1　字段名、类型和长度的修改与插入、删除和移动字段

字段名、类型和长度的修改与插入删除字段均在表的设计视图中进行。

打开设计视图并选中要处理的字段的步骤如下。

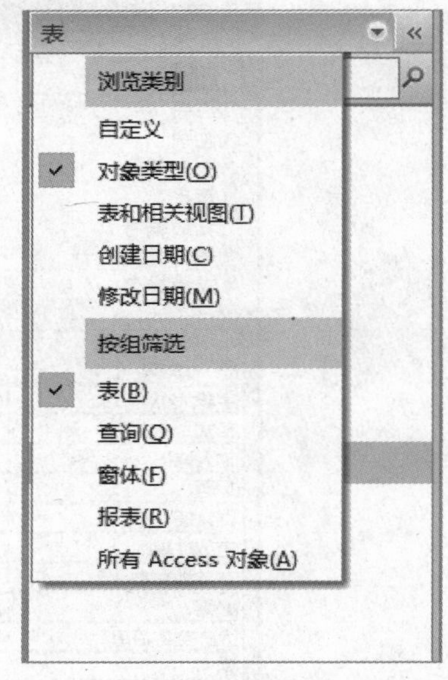

图 4.5　选择表作为操作对象

（1）打开数据库，在导航窗口选择“表”作为操作对象，如图 4.5 所示。

（2）选中要修改结构的表，单击鼠标右键打开表的设计视图。

（3）在设计视图中选择相应字段，则字段信息在设计视图的字段属性部分显示出来，图 4.4 所示为在学生表中选择学号字段后，字段属性的显示。

此时可完成所有对字段的维护，具体维护操作与实现方法如下。

1. 删除字段

用户可以使用以下其中 4 种方法之一删除数据表格中的字段。

（1）通过单击“设计视图”的行选择器来选择要删除的字段，然后按 Delete 键。

（2）将鼠标移动到要删除字段，然后在“编辑”菜单中选取“删除行”选项。

（3）将鼠标移动到要删除字段，然后单击工具栏中“删除行”命令按钮 删除行 。

（4）将鼠标移动到要删除字段，然后单击鼠标右键，在弹出的菜单中选择“删除行”选项。

如果数据表在要删除的字段上建立了索引或者数据表中已存储了一些记录，系统会给出警告信息，提示用户将删除相关索引或者丢失数据表中此字段上的所有数据。此时，由用户选择执行此操作还是取消操作。如果数据表中没有数据且没有在该字段上建立索引，则系统不给出警告，直接删除字段。（注意：删除字段要慎重，因为删除操作无法恢复。而如果字段在查询、窗体、报表等中还被使用，会造成相应数据库对象无法正常运行。）

2. 插入字段

将光标移动到待插入字段的上一个字段，在右键菜单中选择 插入行 命令或者单击“工具”组上的 插入行 命令，则表格中添加一个新的空字段行，且现有的字段依次向下推移。此时，用户可以根据要求输入一个新的字段定义。插入一个新的字段不会干扰表中已有字段的属性和表中的现有数据。但如果在查询、窗体或报表中已有对该表的使用，则需要依据实际情况将字段增加到这些数据库对象中去。

3. 移动字段

字段的排列次序与创建时字段输入的顺序一致，并决定数据在数据表中的显示顺序。如果用户决定要重新排列自己的字段，如将某个字段移动到前面，只需在表的设计视图中单击字段的行选择器选中字段，然后单击字段并按住鼠标左键将该字段向上或向下拖动至所要的新位置即可。用户也可以利用剪贴板的“Ctrl+X”组合键来完成上述任务（注意：如果数据表中已输入数据，删除一个字段后会删除数据，而粘贴后数据不能随之恢复回来）。

4. 修改字段名、长度或数据类型

如果需要修改字段名，则首先在“设计视图”中的“字段名称”列中单击所要修改名称的字段，然后将框中的原字段名删除，最后再输入新的名称即可。改变字段名称不会影响任何已存在的表及表之间的关联，也不会改变数据表中的数据。另外，对查询、窗体等对此字段进行引用的数据库对象也不会产生影响。

若要修改字段数据类型，同样在设计视图上半部分选择相应字段并单击其数据类型，此时系统会显示所有可设置的数据类型列表，然后就可从中选择要修改成的数据类型。值得注意的是，对一张没有数据的空表，可任意修改其字段的数据类型，但如果表中已有数据，则修改的数据类型必须是相容的，否则修改可能造成数据丢失。所谓相容的数据类型是指修改后数据类型可存储修改前数据类型的数据。例如，文本类型可增加长度值或修改为备注类型，短整型数字类型可修改为长整型或单精度数字类型。但反过来，将备注类型修改为文本类型、文本类型数据长度变短或长整型修改为短整型数字类型是不成功的。若数据类型修改不相容，系统会给出图 4.6 所示的提示，由用户决定是否继续修改。另外，如果在该字段上设置了表之间的引用或其他关联关系时，系统也不允许修改此字段的数据类型。

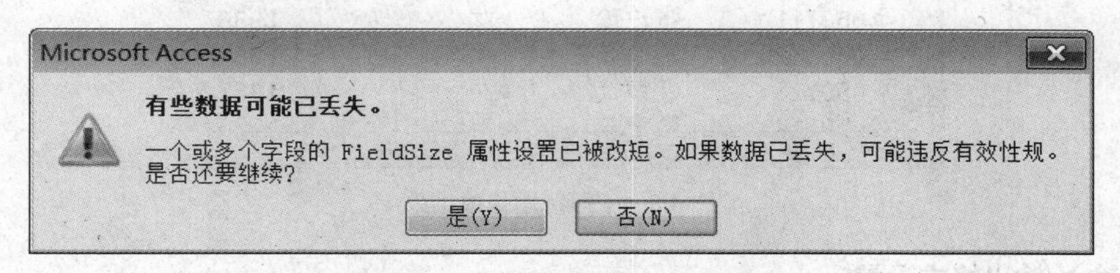

图 4.6　数据类型不相容的提示

在表的设计视图中选择相应字段后，可查看设计视图中的“字段大小”选项。它表示一个字段所使用空间的大小，通过修改这个值可修改字段长度。该属性只适用“文本”或“数字”类型的字段。对于一个“文本”字段，其字段大小的取值范围是 0～255，默认值为 255。对于一个“数字”型字段，可以从下拉列表中选择一种类型来决定该字段存储数字的类型。其他类型如是/否类型、备注和日期时间等长度都是固定的，不允许用户修改。

4.2.2　字段标题与输入输出格式设置

1. 字段标题设置

字段标题是输出字段数据时在表、窗体或报表中与该字段所对应列的标题。通过设置字段标题，可将数据以用户比较容易接受的方式显示出来，并隐藏数据库的结构。数据库设计人员在定义表结构时，常常将字段名以拼音、英文或其他较简单的形式表示，以方便对表的操作，因此设置字段标题是一种非常有用的功能。（注意：字段标题设置只在数据表显示输出时更改表头部分的显示，对数据表的内容没有影响。）

字段标题的设置方法是：在图 4.7 所示表的设计视图中选择要操作的字段，单击字段属性中的“标题”项直接输入预先设定的标题。例如，设置图 4.7 所示的学生表中姓名字段的标题值为“学生姓名”。图 4.8 所示为标题修改后，数据输出时表标题的显示情况。

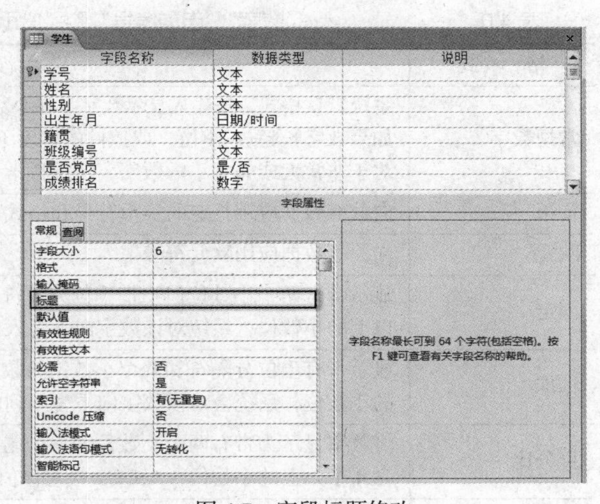

图 4.7　字段标题修改

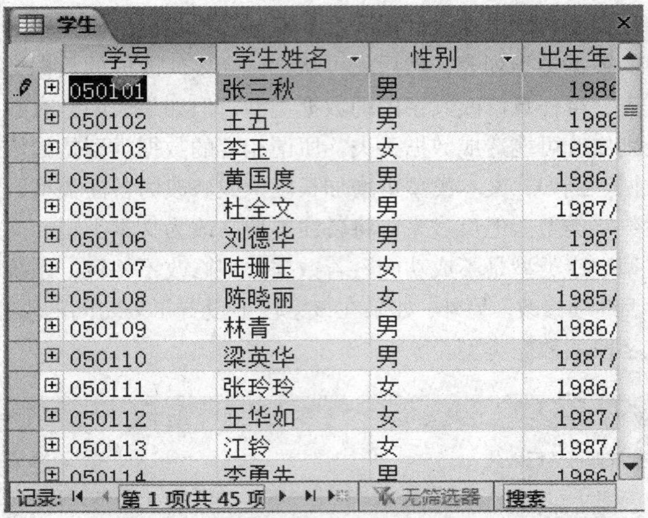

图 4.8　字段标题修改结果

2. 输入/输出格式设置

对字段输入/输出格式的设置可确保数据输入/输出符合一定规范，并避免用户的输入错误。字段格式的设置只影响数据的输入和输出格式，不影响数据内容。另外，Access 对除 OLE 对象字段外的其他字段类型都设置了一些标准格式，用户可直接选用。表 4.5、表 4.6 和表 4.7 所示分别为是/否类型、数值类型和日期/时间类型数据的常用输入/输出格式。

表 4.5　　“是/否”数据类型的预定义格式

格　式	说　明
是/否	默认将 0 显示为“否”，将任何非零值显示为“是”
True/False	将 0 显示为“False”，将任何非零值显示为“True”
开/关	将 0 显示为“关”，将任何非零值显示为“开”

表 4.6　　“数字”“自动编号”和“货币”数据类型的预定义格式

格　式	说　明	示　例
常规数字	系统默认格式，按输入显示数字。在小数点右侧或左侧最多可显示 11 位。如果数字长超过 11 位，或控件的宽度不足，系统对该数字进行四舍五入。对于非常大或非常小的数字，使用科学记数法输出	123.456
货币	向数值数据应用指定的货币符号和格式	$123,456
欧元	向数值数据应用欧元符号	€123,456.78
固定	显示带有两个小数位但不带千位分隔符的数字。如果字段中的值包含两个以上的小数位，系统对该数字向下舍入到两位	1234.56
标准	显示带有千位分隔符和两个小数位的数字。如果字段中的值包含两个以上的小数位，系统会对该数字向下舍入到两位	1,234.56
百分比	将数字显示为带有两个小数位和一个尾随百分号的百分数。如果基础值包含 4 个以上的小数位，Access 会对该值进行向下舍入	123.50%
科学记数	用科学（指数）记数法显示数字	1.23E+04

表 4.7　日期和时间数据的预定义格式

格　式	说　明	示　例
常规日期	系统默认格式，将日期值显示为数字，将时间值显示为后接 AM 或 PM 的时:分:秒格式。对于这日期和时间类型的值，系统均使用默认分隔符	08/29/2006 10:10:42 AM 08/29/2006、10:10:42 AM
长日期	将日期显示为 yyyy 年 m 月 dd 日格式	2006 年 8 月 29 日，星期一
中日期	将日期显示为 dd/mmm/yyyy 格式，使用用户指定或系统默认分隔符	29/Aug/2006 或 29-Aug-2006
短日期	按照 mm/dd/yyyy 格式显示日期值	8/29/2005 或 8-29-2006
长时间	显示后跟 AM 或 PM 的小时、分钟和秒钟。使用默认的分隔符	10:10:42 AM
中时间	显示后跟 AM 或 PM 的小时和分钟。使用默认分隔符	10:10 AM
短时间	只显示小时和分钟。使用默认分隔符	10:10

设置字段格式为预定义格式的方法是在数据表设计视图中选择相应字段，单击字段属性中的格式一栏，在系统显示的预定义格式中进行选择。

例 4.1　对学生表，增加新字段：是否党员（是/否类型，显示格式：真/假）。

其操作方法是首先打开学生表的设计视图，在字段最后空白行中输入字段名称为“是否党员”，在数据类型一栏选择“是/否类型”，然后在字段属性中单击“格式”，从 3 种预定义格式中选择“真/假 true”一行，如图 4.9 所示。设置完成后，打开学生表，可看到表中新增加了“是否党员”字段，如图 4.10 所示。该字段默认为“否”，表示此记录对应同学不是党员；通过单击可设置值为“是”，表示对应同学是党员。

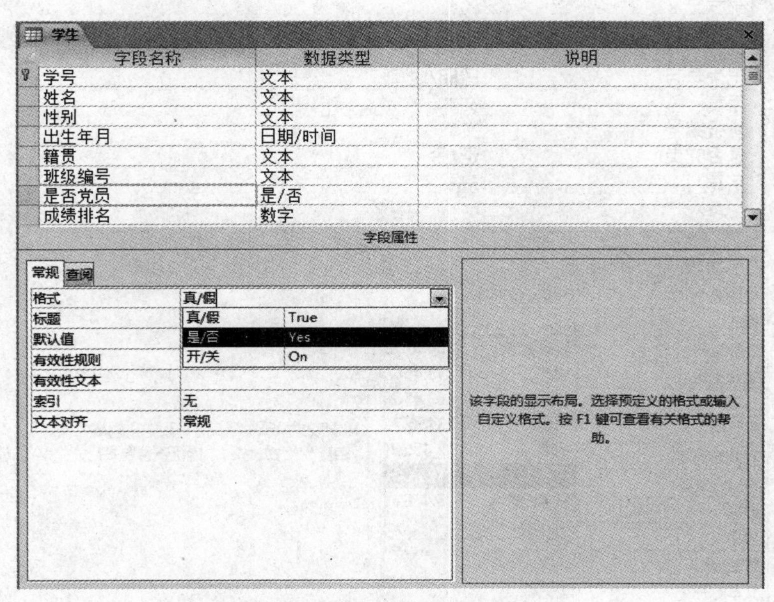

图 4.9　增加字段并设置其格式

例 4.2　接上例对学生表完成如下操作。

（1）增加字段“学费”，数据类型为数字型，显示格式为科学计数法。

（2）将出生年月日字段格式修改为长日期型。

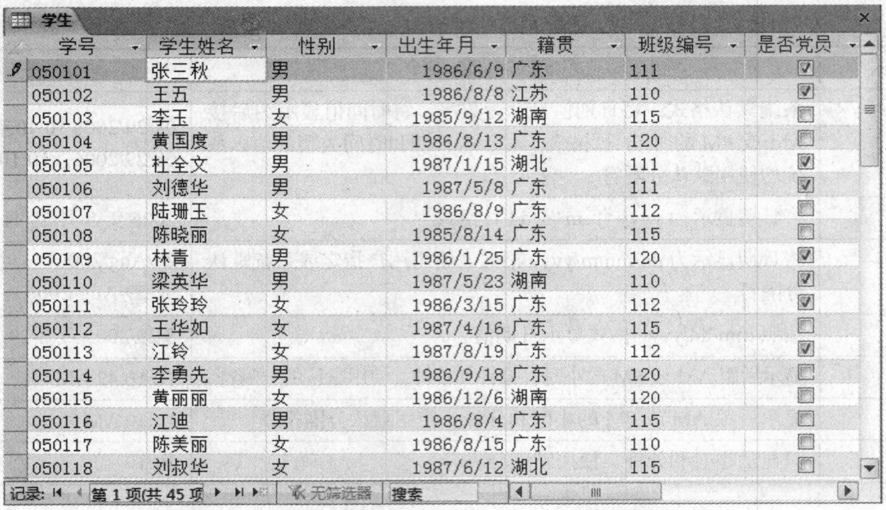

学号	学生姓名	性别	出生年月	籍贯	班级编号	是否党员
050101	张三秋	男	1986/6/9	广东	111	☑
050102	王五	男	1986/8/8	江苏	110	☑
050103	李玉	女	1985/9/12	湖南	115	☐
050104	黄国度	男	1986/8/13	广东	120	☐
050105	杜全文	男	1987/1/15	湖北	111	☑
050106	刘德华	男	1987/5/8	广东	111	☑
050107	陆珊玉	女	1986/8/9	广东	112	☐
050108	陈晓丽	女	1985/8/14	广东	115	☐
050109	林青	男	1986/1/25	广东	120	☑
050110	梁英华	男	1987/5/23	湖南	110	☑
050111	张玲玲	女	1986/3/15	广东	112	☑
050112	王华如	女	1987/4/16	广东	115	☐
050113	江铃	女	1987/8/19	广东	112	☑
050114	李勇先	男	1986/9/18	广东	120	☐
050115	黄丽丽	女	1986/12/6	湖南	120	☐
050116	江迪	男	1986/8/4	广东	115	☐
050117	陈美丽	女	1986/8/15	广东	110	☐
050118	刘叔华	女	1987/6/12	湖北	115	☐

记录：第 1 项(共 45 项　无筛选器　搜索

图 4.10　学生表新增加“是否党员”字段

其操作方法是首先打开学生表的设计视图，在字段最后空白行中输入字段名称为“学费”，在数据类型一栏选择“数字类型”；然后在字段属性中设置字段大小栏为“单精度型”，在格式一栏选择“科学计数”，操作方式如图 4.11 所示；最后选中出生年月字段，单击其格式栏，如图 4.12 所示，从中选择格式为长日期。

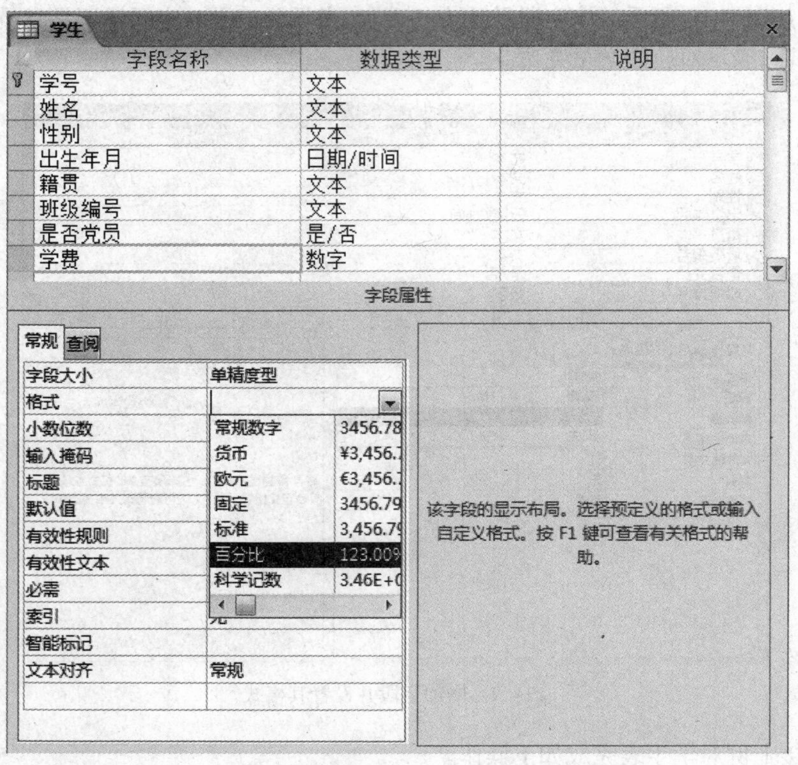

图 4.11　学费字段的增加与设置

设置完成后，向数据表中增加适量数据，则数据显示如图 4.13 所示。

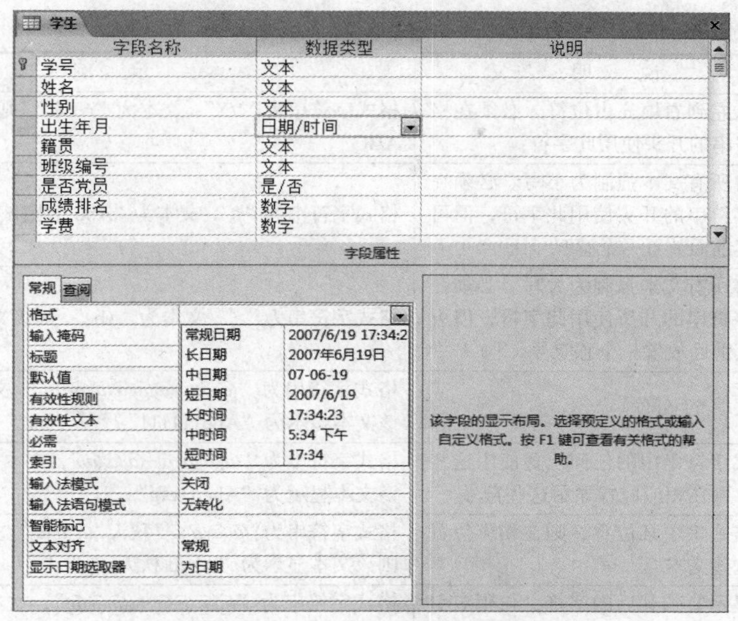

图 4.12　出生年月字段格式设置

学生

学号	学生姓名	性别	出生年月	籍贯	班级编号	是否党员	学费
050101	张三秋	男	1986年6月9日	广东	111	☑	3.00E+03
050102	王五	男	1986年8月8日	江苏	110	☑	6.40E+03
050103	李玉	女	1985年9月12日	湖南	115	☐	6.40E+03
050104	黄国度	男	1986年8月13日	广东	120	☐	3.00E+03
050105	杜全文	男	1987年1月15日	湖北	111	☑	3.20E+03
050106	刘德华	男	1987年5月8日	广东	111	☑	6.40E+03
050107	陆珊玉	女	1986年8月9日	广东	112	☐	6.00E+03
050108	陈晓丽	女	1985年8月14日	广东	115	☐	6.00E+03
050109	林青	男	1986年1月25日	广东	120	☑	
050110	梁英华	男	1987年5月23日	湖南	110	☑	
050111	张玲玲	女	1986年3月15日	广东	112	☑	

记录: 第 1 项(共 45 项　无筛选器　搜索

图 4.13　例 4.2 的操作结果

3. 自定义格式化输入/输出格式

Access 允许用户自定义字段格式，以满足用户特殊需求。对不同数据类型的数据，自定义格式的方法和格式符号是不同的，下面分别对其介绍。

（1）文本和备注型数据，其自定义格式的定义方法是在字段格式中输入下列格式的字符串：

```
格式符号 [;\"符号串"]
```

其中可用的格式符号如表 4.8 所示。“符号串”是可选项，如果选择了该项，则在未向该字段输入数据时，系统将以“符号串”形式显示在该字段中。

表 4.8　文本/备注数据的自定义格式字符

字符	说　明	示　例
@	右对齐，不足部分自动补空格	格式字符串为“@@@@@”，字段内容为“ABC”，则该文本显示为“ABC”左边自动增加两个空格
&	左对齐，不足部分自动补空格	格式字符串为“&&&&&”，文本为“ABC”，则该文本显示为“ABC”右边自动增加两个空格

续表

字符	说　明	示　例
!	强制从左到右填充占位符。必须在格式字符串的开头使用此字符	格式字符串为“!/X”，文本为“ABC”，则该文本显示为“X ABC”
<	用于将所有文本强制为小写。必须在格式字符串的开头使用此字符，但可以在其前面放置一个感叹号（!）	格式字符串为“<”，文本为“Abc”，则该文本显示为“abc”
>	用于将所有文本强制为大写。必须在格式字符串的开头使用此字符，但可以在其前面放置一个感叹号（!）	格式字符串为“>”，文本为“Abc”，则该文本显示为“ABC”
*	自定义填充字符	格式字符串为“@@@@@@@@*1”，文本为“Abc”，则该文本显示为“Abc111111”
空格 + − $ ()	在格式字符串中的任何位置使用这些符号，则在相应位置显示这些符号	格式字符串为“@@@@+@@@”，文本为“Abcdefg”，则该文本显示为“Abcd+efg”
“文本”	放在格式串中某位置，则在相应位置显示这些文本	格式字符串为“@@@@”秋天“@@@”，文本为“Abcdefg”，则该文本显示为“Abcd 秋天 efg”
\	强制显示紧随其后的字符，与用双引号引起一个字符具有相同的效果	格式字符串为“@@@@\m@@@”，文本为“Abcdefg”，则该文本显示为“Abcdmefg”

例 4.3　设学院表结构为学院（学院编号，学院名称，院长姓名，电话，地址），其数据如表 4.9 所示，试完成下列操作。

表 4.9　　学院表中的数据

学院编号	学院名称	院长姓名	电　话	地　址
a	信息学院	刘万	85285555	嵩山
b	地理学院	宽带里	65433213	东山
c	理学院	刘利	85285524	华山
d	工程学院	李红军	85282254	华山
e	外国语学院	何志成	85245697	华山
f	思政部	陈志军	85269842	陆湖

① 设置学院表电话字段显示时，电话号码前面带区号“020–”。

② 将学院表中学院编号字段输出时，字母设置为大写字母输出。

其具体操作为：在学院表中的电话字段的格式栏输入！“020–”（注意，有的 MicroSoft Access 版本中，格式符“020–”单独使用时没有效果，在学院表电话字段的格式栏中输入“!”“020–”“020–”“>”或“020–”&&&&&&&&等字符串，使之生效），在学院编号字段的格式栏输入>。操作完成后数据表显示如图 4.14 所示。

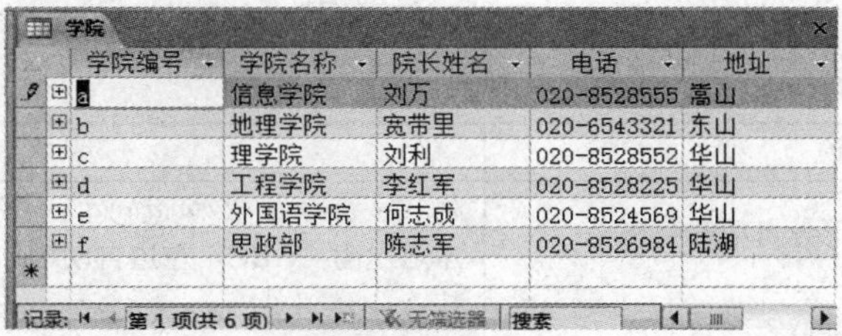

学院

学院编号	学院名称	院长姓名	电话	地址
a	信息学院	刘万	020-8528555	嵩山
b	地理学院	宽带里	020-6543321	东山
c	理学院	刘利	020-8528552	华山
d	工程学院	李红军	020-8528225	华山
e	外国语学院	何志成	020-8524569	华山
f	思政部	陈志军	020-8526984	陆湖

记录：第 1 项(共 6 项)　无筛选器　搜索

图 4.14　带格式显示数据

（2）数值类型的数据，其自定义格式的定义方法是在字段格式中输入下列格式的字符串：

```
格式符号 [;\"符号串"]
```

对每种数值类型的数据，可以分别为其正数、负数、0 和 Null（空值）指定格式。表 4.10 所示给出了数值类型数据的格式符号。

表 4.10　　数值数据的自定义格式字符

字　符	说　明	示　例
#	显示一个数字，无数字时不显示	格式串：#,###，字段值为 45，则显示 45。字段值 12,145，则显示 12,145
0	显示一个数字，无数字时显示 0	格式串：0,000，字段值为 45，则显示 0,045。字段值 12,145，则显示 12,145
,	千位分隔符	如上例中“,”的使用，如果不使用“,”，则数据显示时没有分隔符。格式串#####，字段值为 12,345，则显示 12,345
.	小数分隔符	格式串：##.00，字段值为 45，则显示 45.00。字段值 12.145，则显示 12.14
空格 + − $ ( )	在格式字符串中任何位置使用这些符号	格式串：+##.##，字段值为 45，则显示+45。字段值 123.145，则显示+123.15
“文本”	放在格式串中某位置，则在相应位置显示这些文本	格式串：“2009 年年度学费”####.## “元”，字段值为 4 500，则显示“2009 年年度学费 4 500 元”。字段值 123.145，则显示“2009 年年度学费 123.15 元”
\	强制系统显示紧随其后的字符	格式串：\M####.##，字段值为 4 500，则显示 M4500
!	强制左对齐所有的值。对文本字符使用占位符。对#和 0 无效	格式串：“!/X##.##”，字段值为 12.346，则显示为 X12.35
*	自定义填充字符	格式串：“*X##.##”，字段值为 12.346，则显示为 XXXXXXXXX12.35
%	在格式串中最后，按百分比显示	格式串：0,000%，字段值为 45，则显示 4,500%
E+、e+	负指数后面加−号，正指数后面加+符号，必须与其他字符一起使用	格式串：“#.##E+##”，字段值为 1 234.567，则显示为 1.23E+3 格式串：“#.##e+##”，字段值为 0.123 456 7，则显示为 1.23e−1
E−或 e−	负指数后面加−号，正指数前面不加符号，需与其他字符一起使用	格式串：“#.##E-##”，字段值为 1 234.567，则显示为 1.23E3 格式串：“#.##e-##”，字段值为 0.123 456 7，则显示为 1.23E−1

例 4.4　对学生表的学费字段进行设置，其中设置正数显示两位小数，负数显示两位小数且在括号内显示，零值显示为 0,000.00 格式且未输入数据的字段显示 Undefined。

依据题目要求设计数据的显示格式为：#,###.##;(#,###.##);0,000.00;"Undefined"。打开学生表的设计视图，选择学费字段，将此格式字段输入其格式栏，单击“保存”按钮，如图 4.15 所示。以数据表形式打开学生表，其中学费字段数据如图 4.16 所示。

（3）日期型数据，表 4.11 所示为日期/时间型数据的格式符号。其自定义格式的定义方法是在字段格式中输入格式字符串。

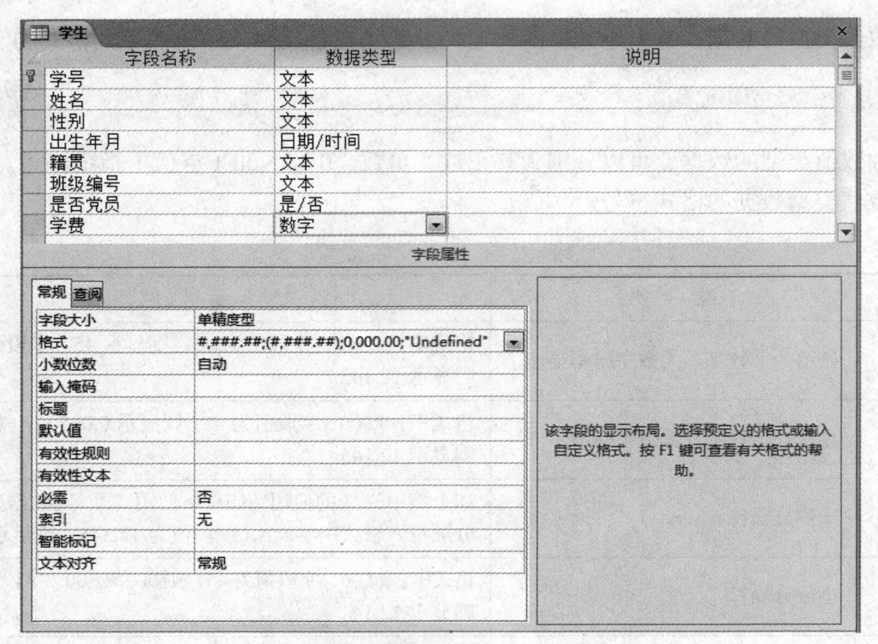

图 4.15　设置数字类型字段的格式

学号	学生姓名	性别	出生年月	籍贯	班级编号	是否党员	学费
050101	张三秋	男	1986年6月9日	广东	111	☑	3,000.
050102	王五	男	1986年8月8日	江苏	110	☑	6,400.
050103	李玉	女	1985年9月12日	湖南	115	☐	6,400.
050104	黄国度	男	1986年8月13日	广东	120	☐	3,000.
050105	杜全文	男	1987年1月15日	湖北	111	☑	3,200.
050106	刘德华	男	1987年5月8日	广东	111	☑	6,400.
050107	陆珊玉	女	1986年8月9日	广东	112	☐	6,000.
050108	陈晓丽	女	1985年8月14日	广东	115	☐	6,000.
050109	林青	男	1986年1月25日	广东	120	☑	Undefined
050110	梁英华	男	1987年5月23日	湖南	110	☑	6,000.
050111	张玲玲	女	1986年3月15日	广东	112	☑	6,400.
050112	王华如	女	1987年4月16日	广东	115	☐	3,400.
050113	江铃	女	1987年8月19日	广东	112	☑	6,800.
050114	李勇先	男	1986年9月18日	广东	120	☐	6,400.
050115	黄丽丽	女	1986年12月6日	湖南	120	☐	6,400.
050116	江迪	男	1986年8月4日	广东	115	☐	6,400.
050117	陈美丽	女	1986年8月15日	广东	110	☐	Undefined
050118	刘淑华	女	1987年6月12日	湖北	115	☐	Undefined
050119	容小丽	女	1986年8月25日	江西	115	☐	Undefined
050120	江勇明	男		江苏	112	☐	Undefined
050121	谢英伟	男	1987年6月4日	广东	111	☐	Undefined
050122	李严伟	男	1986年9月10日	广东	110	☐	Undefined
050123	张伟强	男	1987年9月25日	湖南	101	☐	Undefined
050124	蔡一红	男	1986年9月26日	江西	109	☐	Undefined

记录: 第 1 项(共 45 项　无筛选器　搜索

图 4.16　数据的显示格式

表 4.11　日期数据的自定义格式字符

字　　符	说　　明
c	常规日期格式
d 或 dd	月份的显示设为一位或两位数字。一位数字，使用单个占位符；两位数字，使用两个占位符
ddd	一周中的每一天缩写为 3 个字母（Sun-Sat）
dddd	拼写出所有的星期名称（Sunday-Saturday）

续表

字　符	说　明
ddddd	短日期格式
dddddd	长日期格式
w	显示一周中的每一天的编号。例如，星期一显示为 2
m 或 mm	将月份显示为一位或两位数字
mmm	将月份的名称缩写为 3 个字母。例如，October 显示为 Oct
mmmm	拼写出所有月份名称
q	显示当前日历季度的编号（1 ~ 4）。例如，对于 5 月中的日期，Access 将季度值显示为 2
y	显示一年中的某一天（1 ~ 366）
yy	显示年份中的最后两个数字
yyyy	显示介于 0100 ~ 9999 的年份中的所有数字
时间分隔符	控制 Access 在何处放置日期、月份和年份的分隔符。系统使用在 Windows 区域设置中定义的分隔符，如一般“:”是时间分隔符，“/”是日期分隔符
h 或 hh	将小时显示为一位或两位数字
n 或 nn	将分钟显示为一位或两位数字
s 或 ss	将秒钟显示为一位或两位数字
tttt	显示长时间格式
AM/PM	以 AM 或 PM 显示 12 小时制时间值
A/P 或 a/p	显示具有尾随 A、P、a 或 p 的 12 小时制时间值
空格 + - $ ()	在格式字符串中任何位置使用这些符号
“文本”	放在格式串中某位置，则在相应位置显示这些文本
\	强制系统显示紧随其后的字符
*	自定义填充字符

例 4.5　对学生表出生年月字段设置字段格式如图 4.17 所示，则学生表数据显示的出生年月字段值如图 4.18 所示。

4. 输入掩码的设置

Access 系统默认不设置输入掩码，但对于文本、数字、货币和日期/时间类型的字段，都可以定义“输入掩码”。指定“输入掩码”，可以屏蔽非法输入，减少人为的数据输入错误，并保证输入的字段数据格式统一、有效。

在创建输入掩码时，可以使用特殊字符来要求某些数据必须输入，且必须按指定格式、指定类型输入，也可以指定某些数据不是必须输入。例如，输入电话号码时，可通过输入掩码限制其必须输入数字，而且必须输入区号，但在电话没有分机号码时可以不输入分机号码。定义“输入掩码”属性所使用的字符如表 4.12 所示。

要设置字段的“输入掩码”属性，可以使用系统提供的“输入掩码向导”来完成。操作过程如下。

① 选择要设置输入掩码的字段，注意该字段必须是文本、数字、货币和日期/时间类型。

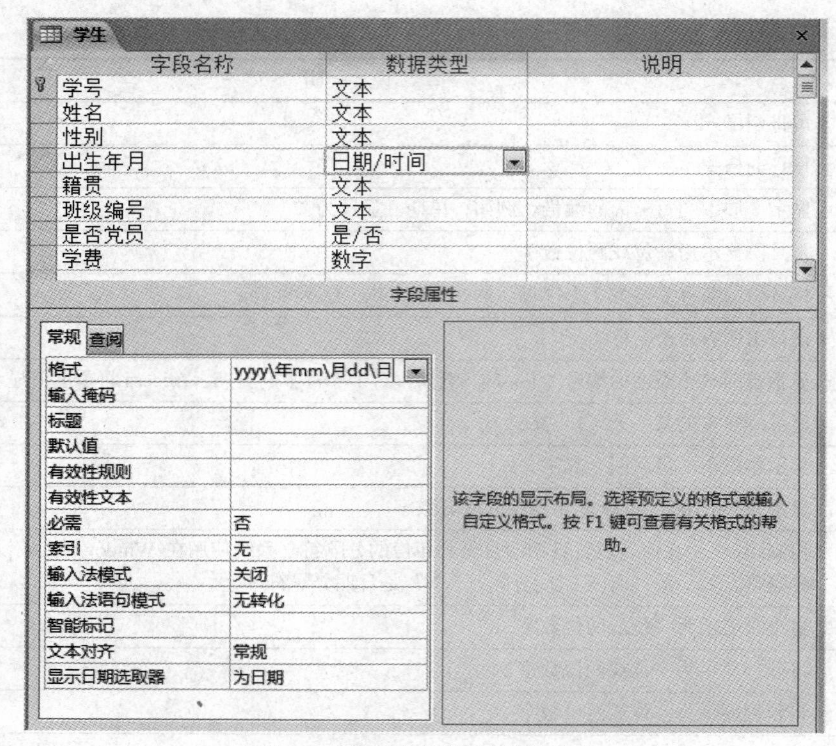

图 4.17 设置日期类型字段的格式

学生

学号	学生姓名	性别	出生年月	籍贯	班级编号	是否党
050101	张三秋	男	1986年06月09日	广东	111	☑
050102	王五	男	1986年08月08日	江苏	110	☑
050103	李玉	女	1985年09月12日	湖南	115	☐
050104	黄国度	男	1986年08月13日	广东	120	☐
050105	杜全文	男	1987年01月15日	湖北	111	☑
050106	刘德华	男	1987年05月08日	广东	111	☑
050107	陆珊玉	女	1986年08月09日	广东	112	☐
050108	陈晓丽	女	1985年08月14日	广东	115	☐
050109	林青	男	1986年01月25日	广东	120	☑
050110	梁英华	男	1987年05月23日	湖南	110	☑
050111	张玲玲	女	1986年03月15日	广东	112	☑
050112	王华如	女	1987年04月16日	广东	115	☐
050113	江铃	女	1987年08月19日	广东	112	☑
050114	李勇先	男	1986年09月18日	广东	120	☐
050115	黄丽丽	女	1986年12月06日	湖南	120	☐
050116	江迪	男	1986年08月04日	广东	115	☐
050117	陈美丽	女	1986年08月15日	广东	110	☐
050118	刘叔华	女	1987年06月12日	湖北	115	☐
050119	容小丽	女	1986年08月25日	江西	115	☐
050120	江勇明	男		江苏	112	☐
050121	谢英伟	男	1987年06月04日	广东	111	☐
050122	李严伟	男	1986年09月10日	广东	110	☐
050123	张伟强	男	1987年09月25日	湖南	101	☐
050124	蔡一红	男	1986年09月26日	江西	109	☐

记录: 第 6 项(共 45 项 无筛选器 搜索

图 4.18 数据的显示格式

表 4.12　　　　输入掩码的格式符号

字　符	用　法
0	数字。必须在该位置输入一个一位数字
9	数字。该位置上的数字是可选的
#	在该位置输入一个数字、空格、加号或减号。如果用户跳过此位置，系统输入一个空格
L	字母。必须在该位置上输入一个字母
?	字母。可以在该位置输入一个字母
A	字母或数字。必须在该位置输入一个字母或数字
a	字母或数字。可以在该位置输入单个字母或一位数字
&	任何字符或空格。必须在该位置输入一个字符或空格
C	任何字符或空格。该位置上的字符或空格是可选的
.,:;-/	小数分隔符、千位分隔符、日期分隔符和时间分隔符
<	其后的所有字符都以小写字母显示
>	其后的所有字符都以大写字母显示
!	导致从左到右（而非从右到左）填充输入掩码
\	强制 Access 显示紧随其后的字符，这与用双引号引起一个字符具有相同的效果
“文本”	用双引号括起希望用户看到的任何文本
密码	在表或窗体的设计视图中，将“输入掩码”属性设置为“密码”会创建一个密码输入框。当用户在该框中键入密码时，Access 会存储这些字符，但是会将其显示为星号 (*)

② 选择“输入掩码”属性框，单击属性框右端的“建立”按钮[...]。也可以在属性框中单击鼠标右键，从弹出的快捷菜单中选择“生成器”命令。这时，系统会出现一个提示窗口，让用户保存表格设计。单击“是”按钮确定，会弹出“输入掩码向导”对话框，如图 4.19 所示。

③ 在“输入掩码向导”对话框中，可看到系统提供的输入掩码示例列表，从中可选择一个作为本字段的输入掩码。如果系统提供的输入掩码不能够满足要求，可以单击“编辑列表”按钮，对列表中示例进行编辑以修改系统的设置或添加新的输入掩码示例。选定一种示例之后，也可以在“尝试”输入框中验证输入掩码是否符合要求。选择完成后，单击“下一步”按钮，出现修改选中输入掩码的对话框。

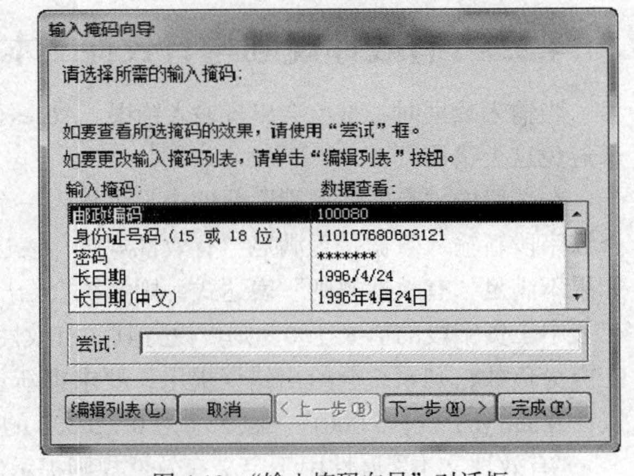

图 4.19 “输入掩码向导”对话框

④ 在此对话框中可以对选取的输入掩码再进行小的改动（此处的编辑不会对“输入掩码向导”的示例产生改变，只会影响该字段的输入格式）。在此可以一边尝试一边修改，直到输入掩码符合要求。然后依据提示单击“下一步”按钮，出现一个声明创建的对话框。

⑤ 单击“完成”按钮结束向导过程，同时生成输入掩码，并添加到“输入掩码”的属性框中。

例 4.6 设置学院表中的电话号码输入掩码，要求所有电话都以区号加括号、8 位数字、可带分机号码形式给出，从而进行输入掩码设置并查看效果。

依据要求，可设计输入掩码为：(999) 00000000-9999。若使用输入掩码向导，可按上述步骤进行操作。若不使用输入掩码向导，也可在表的设计视图中直接选中该字段，在设计视图下半部分的输入掩码中直接录入“(999) 00000000-9999;0;- ”；然后单击保存，此时 Access 会自动向掩码中增加一些字符，输入上述输入掩码，其保存的结果为“\(999") "00000000\-9999;0;-”。

在本例中，反斜杠和双引号指示文字字符。第 1 个反斜杠强制 Access 显示左括号。双引号强制 Access 显示右括号和其后的空格；第 2 个反斜杠强制 Access 显示一个短画线，该短画线将电话号码的第 1 部分和第 2 部分分开。用户也可以用更多的双引号来代替反斜杠，如"("999") "00000000"-"9999。使用反斜杠只是为了使“输入掩码”属性字段在屏幕上占用较少的空间。

在设置输入掩码后，进入数据录入窗体，将光标移至包含输入掩码的字段时，掩码就会出现。向掩码中的空白处添加数字和字母。请注意，掩码只接受数字，如果添加字母，Access 会禁止输入任何字符，因为占位符 9 和 0 只接受数字。从电话号码主体中的空白处删除一个数字或未输入完 8 位电话号码时，尝试将光标移到另一个字段或保存记录，Access 会显示一则错误消息。之所以会出现错误消息，是因为占位符 0 中必须包含数字，如图 4.20 所示。

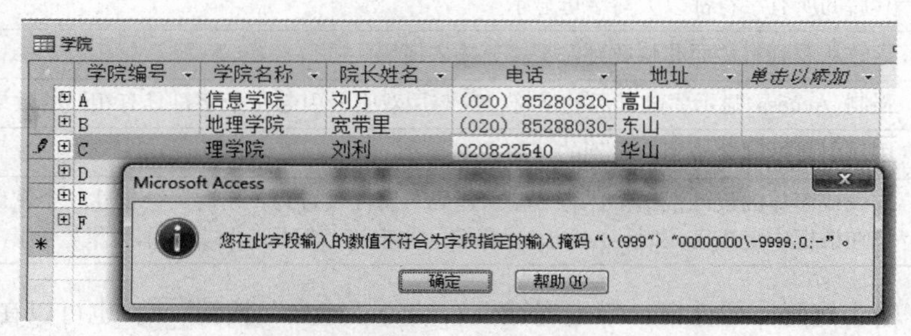

图 4.20　输入数据不符合输入掩码规定的提示对话框

4.2.3　有效性规则与有效性文本

当输入数据时，难免会出现输入错误。Access 提供了字段的“有效性规则”和“有效性文本”来避免这类错误。

在字段的“有效性规则”属性中，可输入一个比较或逻辑表达式。当输入数据时，系统会检查该字段新输入数据是否满足“有效性规则”表达式，如果满足则可接收此数据并存入数据库。如果不满足“有效性规则”表达式，则系统会给出错误提示，要求重新录入。例如，如果规定员工表中工资字段的值大于 0，则可设置其“有效性规则”表达式为“[工资]>0”。如果录入某员工工资为负数，则系统会给出错误提示，要求重新录入。如设置其“有效性规则”表达式为“([工资]>0) and ([工资]<5 000)”，输入不为 0～5 000 的数据，系统则不会接受。

“有效性文本”属性用于定义有效性规则提示信息，当输入的数据有错误或不符合“有效性规则”表达式时，系统会弹出“有效性文本”定义的提示信息。表 4.13 所示为常见的有效性规则与有效性认证文本设置。

表 4.13 中<>、>、>=等都是 Access 的表达式中使用的运算符，表示比较两个相同类型数据的大小。而 StrComp 和 Ucase 则是文本类型数据的函数，其中 StrComp(x,y,0)函数的功能是比较 x 和 y 两个文本串是否相同，如果相等返回 0，否则返回 1。其中，第 3 个参数“0”定义对 x、y 两个文本串按二进制方式进行比较。Ucase(x)函数的功能则是将文本串 x 中的字符全部转换为大写。表 4.14

所示为各种类型数据常用的运算符，表 4.15 所示为一些常用的系统内置函数及其使用方法。

表 4.13　　　　给出常见的有效性规则与有效性文本设置

有效性规则设置	有效性文本设置
<>0	输入一个非零值
0 or >100	值必须为 0 或大于 100
<#1/1/2000#	输入一个 2000 年之前的日期
>=#1/1/2000# and <#1/1/2001#	日期必须是在 2000 年内
StrComp(UCase([LastName]), [LastName],0) = 0	"LastName" 字段中的数据必须大写

表 4.14　　　　Access 表达式中使用的运算符

运算符	实　例	说　明	适用数据类型
+	x+y	求 x 与 y 的和	数字
–	x–y	求 x–y 的差	数字
*	x*y	求 x 和 y 的积	数字
/	x/y	求 x 除以 y 的商	数字
\	x\y	求 x 除以 y 商的整数部分	数字
mod	x mod y	求 x 除以 y 商的余数部分	数字
^	x ^ y	求 x 的 y 次方	数字
<	教研室个数<2	依据表达式是否成立，结果为 true 或 false。对文本、备注类型数据按字典序比较，对数据、货币类型按数值大小比较	参与比较的两个数据的数据类型相同
<=	教研室个数<=2	同上	同上
>	教研室个数>2	同上	同上
>=	教研室个数>=2	同上	同上
=	教研室个数=2	同上	同上
<>	教研室个数<>2	同上	同上
between X and Y	教研室个数 BETWEEN 2 AND 5	判定教研室个数 A 是否在[2,5]范围内	同上
like	姓名 like "刘*"	模糊查找	文本类型
&	"First"&"Name"	字符串连接	文本类型
and	X and Y	X、Y 为比较表达式或逻辑表达式，两个都取值为 true 时，结果为 true，否则结果为 false	关系表达式或逻辑表达式
or	X or Y	X、Y 为比较表达式或逻辑表达式，两个都取值为 flase 时，结果为 false，否则结果为 true	同上
not	Not X	X 取反	同上
is null	姓名 is null 或姓名 is not null	判断姓名字段是否为空，为空时取值为 true 判断姓名字段是否为空，为空时取值为 false	同上

表 4.15 Access 表达式中常用函数

函数	函数说明	应用实例	返回结果
Round（数值表达式）	对操作数四舍五入取整	Round(-4.2),Round(7.8)	−4,8
Len（字符串表达式或变量）	检测字符串长度，返回字符串表达式或变量所含字符数。对于变量，其长度为定义长度	Len('abced gt')	9
Left（字符串表达式或变量 *N*）	从字符串左起截取 *N* 个字符。如果 *N* 为 0，返回零长度字符串；如果 *N* 大于等于字符串长度，返回整个字符串	Left('abced gt',4)	'abce'
Right（字符串表达式或变量 *N*）	从字符串右起截取 *N* 个字符。如果 *N* 为 0，返回零长度字符串；如果 *N* 大于等于字符串长度，返回整个字符串	Right('abced gt',3)	' gt'
Mid（字符串表达式或变量，*N*1，*N*2）	从字符串左边第 *N*1 个字符起截取 *N*2 个字符。如果 *N*1 大于字符串长度，返回零长度字符串；如果省略 *N*2，返回字符串左边第 *N*1 个字符起所有的字符	Mid ('abced gt',3,4)	'ced '
Ucase（字符串表达式）	将字符串中的小写字母转换为大写字母	Ucase("ABcd")	"ABCD"
Lcase（字符串表达式）	将字符串中的大写字母转换为小写字母	Lcase("ABcd")	"abcd"
Str（数值表达式）	将数值表达式值转换成字符串	Str(-88)	"-88"
Date()或 Date	系统当前日期		
Time()或 Time	系统当前时间		
Now	系统当前日期和时间		
Year（日期表达式）	返回日期表达式的年份	Year(#2009-7-25#)	2009
Month（日期表达式）	返回日期表达式的月份	Month(#2009-7-25#)	7
Day（日期表达式）	返回日期表达式的天数	Day(#2009-7-25#)	25
Weekday（日期表达式）	返回数值（1～7）	Weekday(#2009-7-25#)	6

"有效性规则"表达式可以直接录入，也可以使用表达式生成器进行生成。在表的设计视图中选择相应字段后单击其有效性规则后面的[...]按钮，可弹出表达式生成器，如图 4.21 所示。在表达

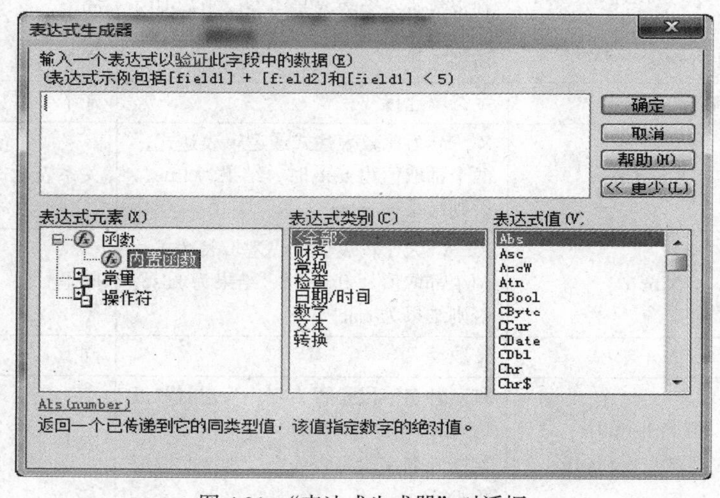

图 4.21 "表达式生成器"对话框

式生成器中，可利用系统在对话框中提供的资源来建立表达式。表达式生成器对话框的中间部分提供了一些常用的操作符按钮，在对话框下部的最左侧的窗口中列出了系统函数、常量和操作符集。单击操作符按钮之后，便会在最右侧的窗口中出现具体的函数、常量和操作符。双击所要的内容，则选取的内容就会自动出现在文本框中。

例 4.7　给学生表增加约束条件，学生出生年月范围为 1970-1-1 ~ 2000-1-1。

打开数据库，选择学生表，打开其设计视图。在出生年月字段中选择“有效性规则”，单击鼠标右键，在快捷菜单中选择表达式。在“表达式生成器”对话框中按提示输入数学表达式“[出生年月] between #1970-1-1# and #2000-1-1#”，输入完成后单击“确定”按钮，返回表设计器界面。在表设计器界面中，单击“保存”按钮则可保存有效性规则并生效。

设置完成后，在输入记录时，若字段出生年月中输入的数据不符合此有效性规则，则系统提示错误并拒绝接收输入的数据。例如，在出生年月字段输入某学生的出生年月为 1962 年 1 月 1 日，则系统会给出错误提示，如图 4.22 所示。

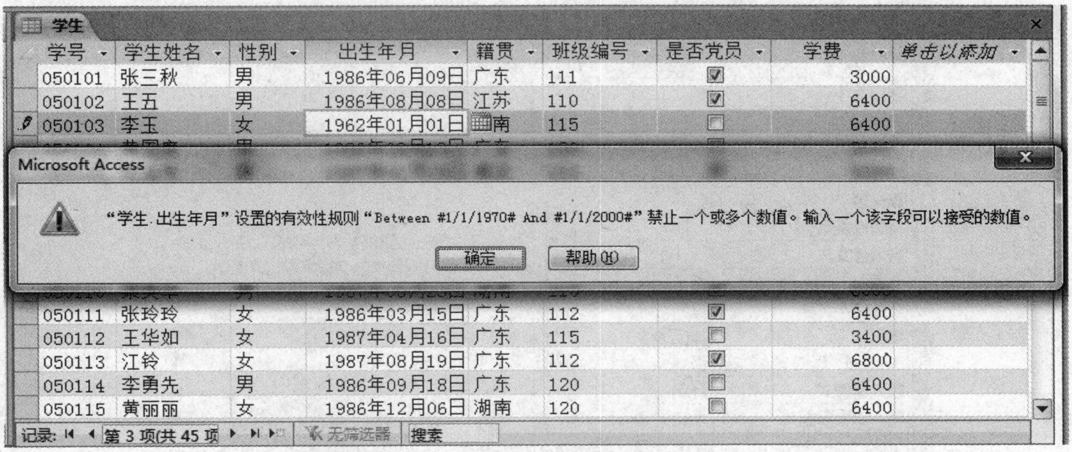

图 4.22　输入不符合有效性规则

4.2.4　其他约束

对数据表，除上述约束外，Access 还提供了对字段是否必填、数字或货币类型数据的小数位数、表的主键等约束的设置。下面将逐一介绍。

1. 设置字段必填

数据表中的有些字段在输入数据是必须录入的，如学生的姓名、学院的名称等。这样的字段，可在字段属性中“必填字段”属性框中选择“是”。此时，系统在录入或修改记录时，就会要求用户必须向字段输入一个数据值。如果在属性框中选择“否”，则在输入或修改数据时，该字段可以不输入值。系统默认为“否”。

2. “小数位数”属性

通过“小数位数”属性，用户可以选择显示“数字”型或“货币”型数据的小数位数。该属性只影响数据的显示方式，并不影响所存储数值的精度。如果选择“自动”（系统的默认选项），则小数位数由“格式”属性确定。

3. 指定主键

Access 并不要求在每一张数据表中都必须包含一个主键，但建议对每张表指定一个主关键字。

主键是由一个或多个字段构成，用于唯一地标识和组织表中的记录。当一个字段被指定为主键之后，会发现字段的“索引”属性自动被设置为“有（无重复）”，并且以后也无法改变这种属性设置。如图 4.23 所示，设计视图中学号字段前有一个标识，且该字段上索引属性值变为“有（无重复）”。在输入数据或对数据进行修改时，不能向不同记录的主键字段中输入相同的值，也不能将主键字段留为空白。利用主键可以对记录快速进行排序和查找。

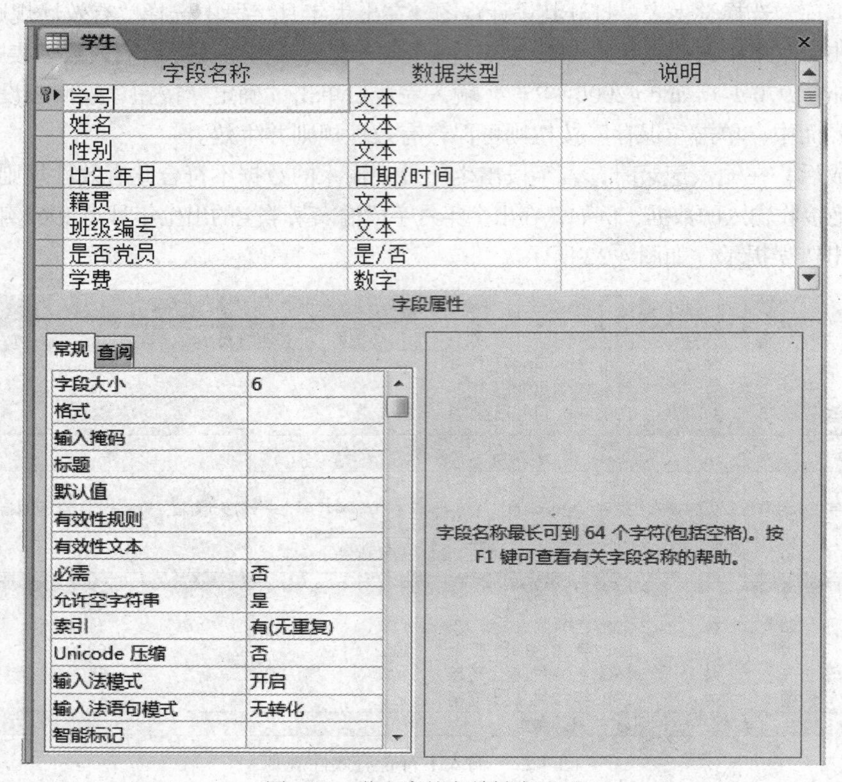

图 4.23　学生表的主关键字显示

在大多数情况下，只将单个字段用作主键。但是在某些情况下，单个字段的数据对于各个记录来说是不唯一的，只能将两个或多个字段作为主键才能够将记录唯一标识。例如，本书中学生表的主关键字为学号字段，而选课（学号，课程编号，教师编号，成绩）表中，没有一个字段可以唯一地标识一个记录，其主键为（学号，课程编号），由两个字段组成。

如果指定多个字段作为主键，必须先选择所有将要设为主键的字段，然后再执行“主键”命令或单击工具栏上的“主键”按钮。

如果修改已有的主键设置，则需先取消已有主键设置，再重新建立新的主键。取消主键的方法与设置主键的方法相同，即选择主键中的至少一个字段，然后执行“主键”命令或单击工具栏上的“主键”按钮。

4. 在“数据表”视图中改变字段名称

在“数据表”视图中，可以对字段的名称进行更改。其操作方法是在表的“数据表”视图中将鼠标移动到字段的列选定器上，双击鼠标，使字段名称处于编辑状态，用户就可以直接输入要修改成的字段名称了。此时，用户无需单击“保存”按钮，系统就会自动将此字段名的修改保存到表结构中。

4.3　表数据的输入与维护

建立表的目的是存储数据，因此建立表结构后对表的主要操作就是数据的录入与维护。数据录入是指将从现实中抽象出来的实体或联系信息按表结构规定的字段次序、字段类型与约束输入到数据库中，建立数据库。数据维护包括对数据的增加、删除和修改等操作，用来保证数据库中数据正确、一致，并且反映现实系统的运行。

4.3.1　数据录入与编辑

数据处理最直接的方式是以“数据表”方式打开表，在看到数据时进行数据的增加、删除与修改操作。数据录入最简单的方法是：在表的“数据表”视图下，将光标移动到最后一个记录位置（该行记录为空且前面带“*”标记），然后从键盘直接输入各字段的值。若输入的各字段值符合相应约束条件，则输入成功，插入一条记录操作即可完成。若输入某字段时输入类型不匹配或不符合约束条件，则系统给出错误提示，并在等待用户录入正确后才可继续对其他字段的操作。

在“数据表”视图下，若发现某条记录不再需要则可将其删除。删除记录的方法是将鼠标移动到相应记录的行上，按 Delete 键，或单击右键菜单，从中选择“删除记录”选项或按“Ctrl+ -”组合键。此时，系统提示是否真正删除，若选择是则此记录被删除，否则不执行删除操作。

对于对表中数据较复杂的操作包括数据修改、数据复制、数据的查找与数据替换等几种，下面分别加以介绍。

1. 数据修改

修改表中的数据最简单的方法是用鼠标或键盘选择相应记录中要修改的字段，直接输入新值即可。但为保证数据安全、提高效率，一般可采用以下几种方法。

① 采用数据替换方式进行数据批量修改，在下面数据的查找替换中详细讲述。

② 用命令方式进行数据单个或批量修改，此方法用到了专门的数据库的结构化查询语言——SQL 语言，该语言将在第 7 章介绍。

③ 设计专门用于数据修改的窗体，让用户在窗体中进行数据修改。此方法需要设计窗体，将在第 9 章介绍。

2. 数据复制

当新建的记录与表中已有的记录相似时，可利用复制记录功能来提高录入效率。在表的“数据表”视图中单击鼠标左键选中需要复制的记录，接着再单击鼠标右键选择“复制”命令。然后单击新记录所在行，从右键菜单中选择“粘贴”命令，则可将刚才复制的记录粘贴到原表数据的末尾。

值得注意的是，如果表中定义了主键或其他字段的唯一性约束，则插入不成功，原因在于复制的数据与原来数据完全相同，违背了数据的一致性约束。此时，系统将复制的数据写入一张新表，命名为“粘贴错误”。用户可在这张新表中继续编辑修改违反数据约束的字段值，当完成修改后再将记录复制、粘贴到目标表中。只有复制操作没有违背数据约束时，才能执行成功。

另外，如果一次需要复制、粘贴多条记录，可在数据表中按住 shift 键再单击行进行选择。完成选择后，选择“编辑”菜单中的“复制”命令，或单击工具栏中的“复制”或“粘贴”按钮即可粘贴多条记录。

3. 数据的查找操作

打开一张表或查询，可看到表或查询中所有记录，如果需要逐个查看，可以按顺序进行浏览。但用户经常需要从数据表的成百上千的记录中挑选某个或某些感兴趣的记录。Access 提供了“查找”对话框用于查找符合条件的记录。如果用户要将找到的某些内容进行替换，则可使用“替换”对话框。

查找操作分按记录号查找、按指定内容查找和查找空字段或空字符串等几种，下面分别加以介绍。

（1）按记录号查找数据。首先，如果用户知道所需记录在表或查询的“数据表”中的记录号，或者想查看表中的第几条记录，则查找工作可直接利用记录号来进行。具体操作方法如下。

① 在“数据表”视图中打开相应的“表”和“查询”。

② 在记录定位器中的记录编号框中单击编号来选定框中的数字。记录定位器如图 4.24 所示，它处于“数据表”视图的最后一行。

图 4.24　记录定位器

③ 输入要查找记录的记录号，然后按回车键。

记录定位器的使用可提高记录定位效率。在图 4.24 所示中，各按钮的功能如下。

设置当前记录为数据表中第 1 条记录。

设置当前记录为上一条记录。

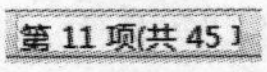

第 11 项(共 45) 显示当前记录号，若输入新记录号并按回车键，则当前记录为指定记录。

设置当前记录为下一条记录。

设置当前记录为数据表中最后一条记录。

设置当前记录为数据表中插入的新记录。

（2）查找指定内容。利用记录号来查找数据的方法十分简便，但是多数情况下，用户并不知道要查找数据的记录号。Access 提供按数据内容进行查找的方法，即使用“查找”对话框。使用“查找”对话框可以在指定范围内将出现指定查找内容的所有记录一起查找出来，或一次只查找一个。其操作过程如下。

① 打开数据库，在数据库中选择表或查询，打开要查找数据的表或查询的“数据表”视图。

② 在工具栏中选取“查找”选项，或使用 Ctrl + F 组合键，打开“查找和替换”对话框，如图 4.25 所示。

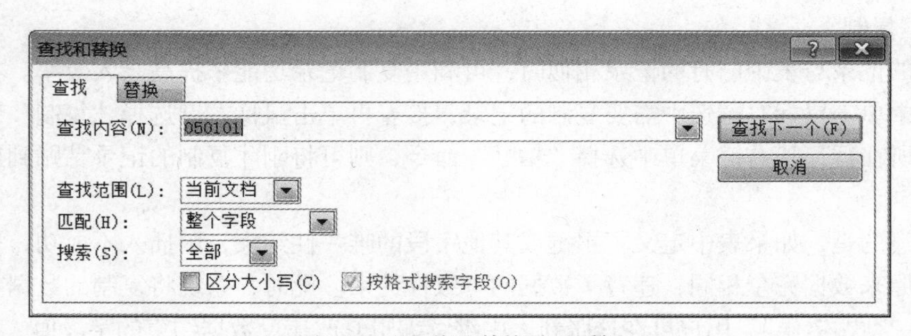

图 4.25　“查找和替换”对话框

③ 该对话框主要包括 4 个设置内容，它们分别是查找内容、查找范围、匹配和搜索。

在对话框中的“查找内容”输入框，输入要查找的数据内容。如果不完全知道要查找的内容，可以在“查找内容”输入框中使用通配符来指定要查找的内容。关于通配符的使用和示例在本小节的后面将介绍。

在对话框中的“查找范围”输入框中，设置查询内容的搜索范围，其搜索范围可以是当前文档或当前字段。“匹配”选项中可选择查找匹配输入内容的方式，可以选择整个字段、字段开头或字段任何部分。“搜索”选项设定从当前位置向上、向下还是对整个数据表进行查找操作。

④ 查找的选项设置完毕之后，便可以开始查找。单击“查找下一个”按钮，系统便会自动选取查找到的匹配内容。如果要查找下一个和以后出现的内容，继续单击“查找下一个”按钮。如果数据库中没有查找到指定的内容或已查找到最后一个符合条件的记录，系统会给出提示。

（3）查找空字段或空字符串。在 Access 中使用查找功能搜索所需内容时，一类比较特殊的操作是查找数据表中的空字段或空字符串。其操作过程如下。

① 打开数据库，双击要查找数据的表或查询，打开其“数据表”视图。

② 选择“开始”选项卡中“查找”工具组，单击“替换”按钮，打开查找和替换对话框。

③根据具体的查找情况，进行不同的设置。

- 如果要查找未设置格式的空字段，在“查找内容”框中，键入“Null”，并要确保“按格式搜索字段”复选框未被选中。
- 如果空字段已设置了格式，则键入设置了格式的字符串，并确保选中“按格式搜索字段”复选框。
- 如果要查找空字符串，在“查找内容”框中键入不包含空格的双引号（""），并确保没有选中“按格式搜索字段”复选框。

④ 在“查找范围”选项中确保选中当前字段。

⑤ 在“匹配”框中，确保选中“整个字段”。

⑥ 在“搜索”框中，选择“向上”或“向下”命令。

⑦ 如果要查找一个空字段或空字符串，单击“查找下一个”按钮。

（4）使用通配符

有时用户在指定要查找的内容时，常常会希望在只知道部分内容的情况之下对数据表进行查找，或者按照特定的要求来查找记录。如果出现以上情况时，则可以使用通配符作为其他字符的占位符。

在“查找和替换”对话框中或在查询、命令和表达式中，可以使用表 4.16 所示的字符，查找如字段内容、记录或文件名等内容。

表 4.16　有关通配符的使用

字　符	用　法	示　例
*	通配任何个数的字符	wh*　可以找到 white 和 why，但找不到 wash 和 without
?	通配任何单个字符	b?ll　可以找到 ball 和 bill，但找不到 blle 和 beall
[ ]	通配方括号内任何单个字符	b[ae]ll　可以找到 ball 和 bell，但找不到 bill
!	通配任何不在括号之内的字符	b[!ae]ll　可以找到 bill 和 bull，但找不到 bell
-	通配范围内的任何一个字符	b[a-c]d　可以找到 bad、bbd 和 bcd，但找不到 bdd
#	通配任何单个数字字符	1#3　可以找到 103、113、123

通配符是专门用在文本数据类型中的，但也可用于日期型数据的查找。

例 4.8　完成下列操作：

（1）在学生数据表视图中逐个查找姓林且名字只有两个字的学生；

（2）在学生数据表视图中逐个查找出生年月未录入的学生；

（3）在学生数据表视图中逐个查找 1987 年出生的学生。

对（1），实现方法如下：打开学生表，移动鼠标使光标停留在姓名字段上，按 Ctrl+F 组合键打开“查找和替换”对话框，在查找内容中输入“林?”，设置匹配方式为“整个字段”，查找范围为“姓名”字段，如图 4.26 所示。此时，单击“查找下一个”或按键盘上的字母 F 键，则查找到第 1 个姓林且名字只有两个字的同学，继续单击“查找下一个”或按键盘上的字母 F 键，直到系统提示已完成范围内查找，则可查看到所有符合条件的学生。

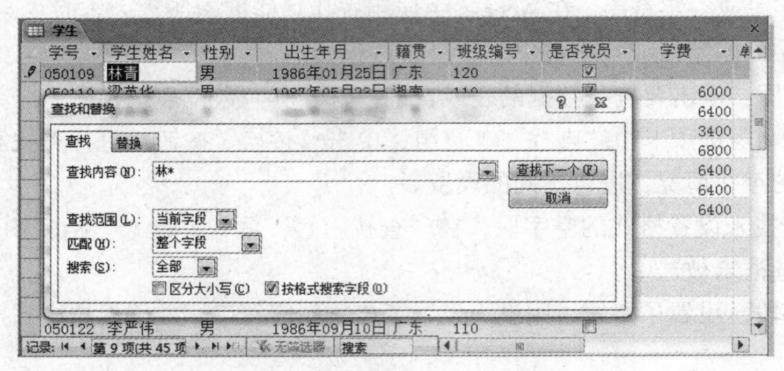

图 4.26　在学生数据表中逐个查找姓林的学生

在此使用了通配符“?”，它代表一个汉字或字符（依据待查找数据内容决定）。如果要查找姓林且名字有 3 个字的同学，或姓林名字第 3 个字是“康”字的同学，则需要输入的查找内容为“林??”或“林?康”。

但如果要查找所有姓林的同学，或名字中有一个“康”字的同学，使用通配符“?”就不易表达了。对此，系统提供另一个常用的通配符“*”，它可以表示 0 到多个任意字符。因此，在查找内容中输入“林*”或“*康*”可找到所有姓林的同学，或名字中有一个“康”字的同学。

另外，查找所有姓林的学生，也可在查找内容中输入“林”，并设置匹配方式为“字段开头”、查找范围为“姓名”的字段。对于每个功能，Access 都会提供多种实现手段，具体使用哪种手段需要用户通过实践反复探索。

出生年月未录入的学生，其出生年月字段为空。因此对（2），在学生表的“数据表”视图中打开“查找和替换”对话框，在查找内容中输入“null”，设置匹配方式为“整个字段”、查找范围为“出生年月”的字段，如图 4.27 所示。单击“查找下一个”按钮或按键盘上的字母 F 键，可逐个显示。

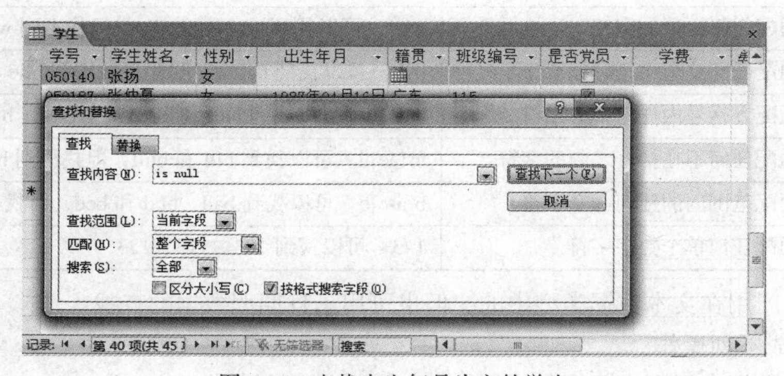

图 4.27　查找出生年月为空的学生

对于（3），查找 1987 年出生的学生，其操作方法与前两个相似。在“查找和替换”对话框中，在查找内容中输入“1987”，设置匹配方式为“字段开头”、查找范围为“出生年月”的字段；或者在查找内容中输入“1987*”，设置匹配方式为“整个字段”、查找范围为“出生年月”的字段，然后单击“查找下一个”按钮或按键盘上的字母 F 键，逐个显示即可。

4.3.2　导入与导出数据及链接外部数据

为实现与其他数据库或文件的数据共享，Access 提供外部数据共享的功能，包括“导入并链接”和“导出”两大组功能。“导入并链接”组中有多个导入按钮，如图 4.28 所示，它们分别是“已保存的导入”“Excel”“Access”“OEBC 数据源”“文本文件”“XML 文件”“其他”和“链接表管理器”。其中，“已保存的导入”是指导入原来曾经导入且已存储导入选择的数据。“链接表管理器”是指建立指向外部数据的链接表。链接表在 Access 中仅保留外部数据文件的路径，通过链接表可打开外部数据源查看数据，但不能修改数据。下面以导入 Excel 数据为例来介绍导入外部数据的过程。

图 4.28　“导入并链接”工具组

1. 导入 Excel 表

打开数据库，在“外部数据”选项卡中的“导入并链接”组中，单击“Excel”按钮，如图 4.29 所示，系统给出 3 个选项，用户可选择将源数据导入当前数据库的一张新表中，并向数据库中已存在的一张表追加数据或建立链接表。单击“浏览”按钮，可选择需要导入数据的位置。选定文件和导入方式后单击“确定”按钮，系统给出导入选项，如图 4.30 所示。此时选择所需要导入的 Excel 工作表，图 4.30 中工作表分别名为 sheet1、sheet2、sheet3。假设需要导入工作表 sheet1，用户选中 sheet1 后，系统显示 sheet1 中的数据，此时可单击“完成”按钮结束操作；或单击“下一步”按钮，当设定列标题、设定每个字段的名称和类型、设置主键字段、设定导入后表名称后，单击“完成”按钮结束操作。完成导入操作后，依据选择，可得到一张新表或追加数据到指定表或得到一张链接表。

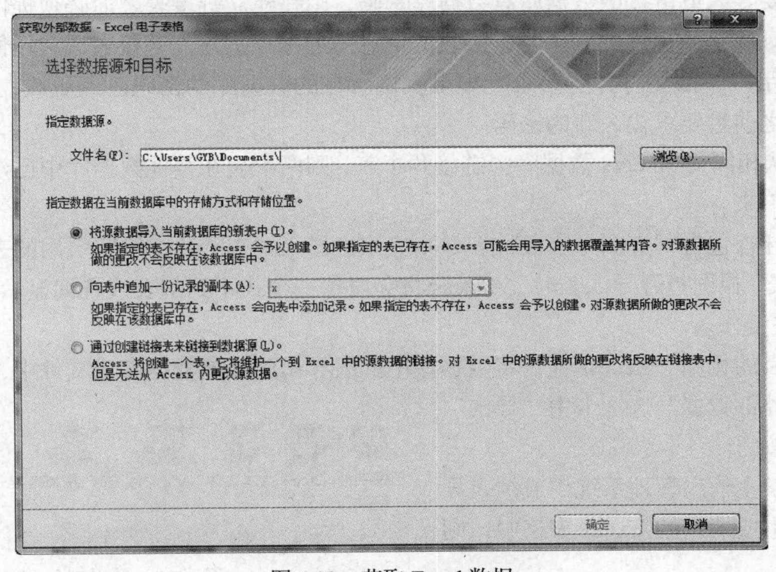

图 4.29　获取 Excel 数据

若导入数据时选择了表 4.30 所示中“通过创建链接表来链接到数据源（L）”选项，则操作完成后数据库中会增加一张链接表。链接表的图标与数据库表不同，Sheet1 为刚刚导入的 Excel 链接表。

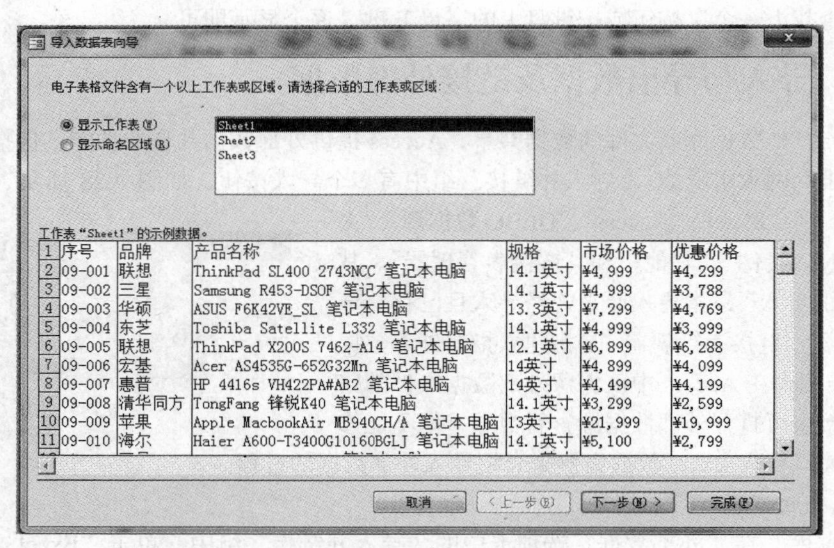

1	序号	品牌	产品名称	规格	市场价格	优惠价格
2	09-001	联想	ThinkPad SL400 2743NCC 笔记本电脑	14.1英寸	¥4,999	¥4,299
3	09-002	三星	Samsung R453-DSOF 笔记本电脑	14.1英寸	¥4,999	¥3,788
4	09-003	华硕	ASUS F6K42VE_SL 笔记本电脑	13.3英寸	¥7,299	¥4,769
5	09-004	东芝	Toshiba Satellite L332 笔记本电脑	14.1英寸	¥4,999	¥3,999
6	09-005	联想	ThinkPad X200S 7462-A14 笔记本电脑	12.1英寸	¥6,899	¥6,288
7	09-006	宏基	Acer AS4535G-652G32Mn 笔记本电脑	14英寸	¥4,899	¥4,099
8	09-007	惠普	HP 4416s VH422PA#AB2 笔记本电脑	14英寸	¥4,499	¥4,199
9	09-008	清华同方	TongFang 锋锐K40 笔记本电脑	14.1英寸	¥3,299	¥2,599
10	09-009	苹果	Apple MacbookAir MB940CH/A 笔记本电脑	13英寸	¥21,999	¥19,999
11	09-010	海尔	Haier A600-T3400G10160BGLJ 笔记本电脑	14.1英寸	¥5,100	¥2,799

图 4.30 导入 Excel 选项表

导入“文本文件”“XML 文件”“其他”类型文件的方法与导入 Excel 类似。导入“Access”数据库文件时需考虑具体要导入的 Access 对象类型。若导入的对象包括表、查询、窗体、报表、宏和模块等，可多选。导入“ODBC 数据源”类型数据是指导入其他数据库管理系统生成的数据库。例如，导入一个 oracle、MSSQL Server 数据库，此时一般只有表、查询等对象可导入。

在导入和链接表时，可能会遇到如下一些问题。

（1）如果导入已经链接的表，Access 将不会导入数据，相反，它会将表链接到它的数据源，实际上是复制链接信息。

（2）如果要导入或链接的数据库有数据库密码，则在建立链接表之前必须提供密码。建立链接表前，Access 将把数据库的密码与链接表的信息一起保存。建立链接表后，任何能够打开链接表的数据库的用户，都能打开这个表。如果表格所在的数据库的密码已经更改，下次在 Access 打开链接表格之前将要求输入新的密码。

（3）如果从相同的 Access 数据库中链接两个表，则两个表在其他数据库中已建立的任何关系都将会被保留下来。

（4）如果导入包含“查阅”字段的表，则应该也导入“查阅”字段所引用的表。如果不这样做，以“数据表”视图打开导入表时，Access 将会对每一个找不到的表或查询显示一个错误信息。

2. 导出表操作

与导入表目的相同，Access 允许将数据库中的表导出到其他数据库或文件中，方便共享。图 4.31 给出了“外部数据”选项卡中“导出”组的所有导出按钮。

假设要将学生信息管理系统中成绩表导出到名为“学生成绩”的 Excel 表格中，则操作方法如下。

图 4.31 导出工具组

在数据库中选中成绩表，从快捷菜单中选择“导出”组的“Excel”命令，则系统显示“导出Excel 电子表格”对话框，如图 4.32 所示。在此指定导出位置，导出文件名（在此输入学生成绩），选择导出选项，则可导出生成一个 Excel 文件。

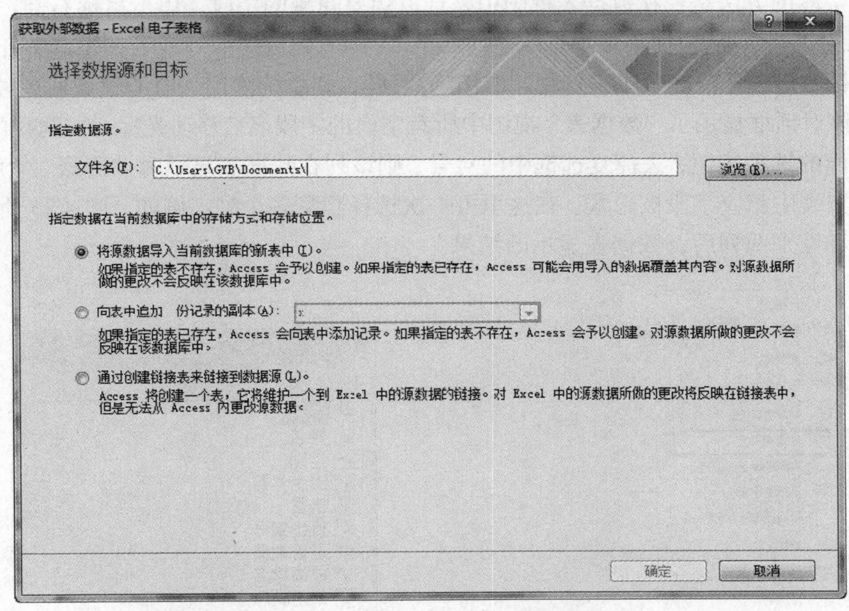

图 4.32 导出 Excel 电子表格对话框

4.3.3 格式化数据表

Access 允许对数据表的格式进行修改以方便数据显示。其具体操作包括更改行高和列宽、改变字段次序、隐藏/显示列、冻结/解冻列、设置数据表格式和显示设置字体等，下面分别介绍每一个操作方法。

1. 更改行高和列宽

数据表窗口中的列宽与行高可以依据输入字体的大小进行调整，以方便阅读并美化显示。调整行高和列宽的最简单的方法是在数据表窗体中将光标移动到要改变的行或列的边界处，向左、右（或上、下）拖动鼠标，使得列变窄或变宽（行变高或变低）。

精确设置行高或列宽的方法是：在数据表窗体中将光标移动到要改变的行或列的边界处，单击鼠标右键，选择快捷菜单中的“行高”或“列宽”选项，然后在提示窗体中输入要设置的行高或列宽值，并单击“确定”按钮。此时，行高或列宽变为相应的值。

另外，在数据表窗口中将光标移动到要改变的行或列的边界处，单击鼠标右键，若选择快捷菜单中的“最佳匹配”按钮，则会依据该列中的所有数据，调整成恰好可显示完整内容的列宽。若选择标准列宽、行高，则会调整成默认的列宽、行高。调整列宽时，只有选中的列会改变大小，但当调整行高时，所有行的行高都会跟着调整。

2. 改变字段次序

Access 默认显示数据表中的字段的次序与它们在表或查询中出现的次序相同，但是在使用“数据表”视图时，可以改变字段的顺序，以方便用户按自己的方式查看数据。

在“数据表”视图中重新安排字段，需要先选中想要移动的数据列，然后拖动此列到它的新位置。用户可以每次只选择并拖动一列，或可以选择拖动多个列。

3. 隐藏/显示列

当表的字段较多时，有些字段可能暂时不需要查看，或者不想被人看到时，则可将字段隐藏起来。隐藏字段的方法是：在数据表视图中，选取想要隐藏的字段，单击鼠标右键，弹出的快捷菜单如图 4.33 所示。从快捷菜单中选取“隐藏列”，则该列被隐藏。或者在未选中任何列的情况下，单击鼠标右键，从快捷菜单中选择“取消隐藏列”，则系统弹出“取消隐藏列”对话框，如图 4.34 所示，该对话框显示了“数据表”视图中所有字段的字段名。移动光标在要隐藏的字段前面，单击字段前面的选项按钮，去掉复选框中的对号，则该列在数据表显示时被隐藏。然后按“关闭”按钮，则数据表中相应字段被隐藏。在这里可一次选择隐藏多个列。例如，图 4.35 所示为对学生表隐藏姓名和性别两列后，数据表显示的结果。

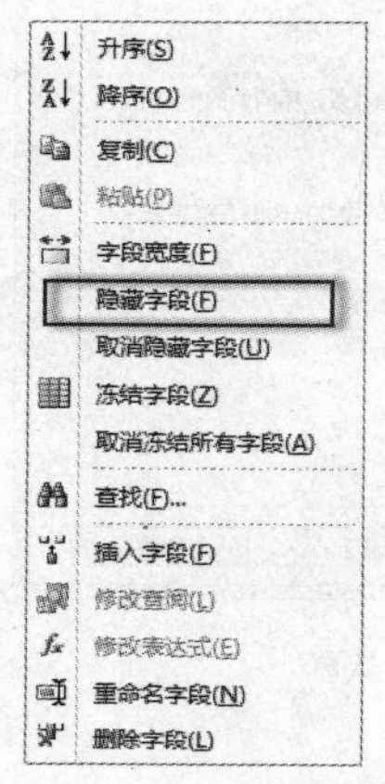

图 4.33　隐藏单列的右键菜单

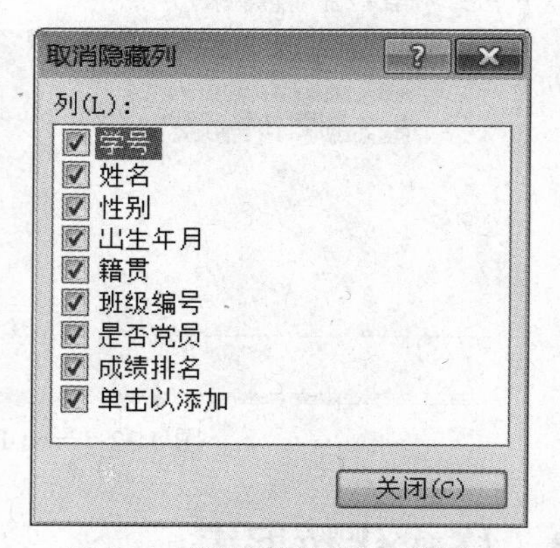

图 4.34　“取消隐藏列”对话框

值得注意的是，字段隐藏改变数据表的显示结果，但对表中数据没有影响。若需要编辑或查看隐藏的数据内容，则可通过恢复操作使之重新显示出来。其具体操作方法是：在数据表视图下，将光标停留在数据表中任意位置时单击鼠标右键，选择“取消隐藏列”，显示图 4.34 所示对话框。选中要输出的字段前面的选项复选框，然后单击“关闭”按钮，则数据表按设置显示字段。

学生

学号	出生年月	籍贯	班级编号	是否党员
050134	1987年06月12日	广西	115	☐
050135	1987年09月15日	四川	110	☐
050136	1987年04月16日	广东	115	☐
050137	1987年04月16日	广东	115	☑
050138	1987年04月16日	广东	115	☑
050139	1987年04月16日	广东	115	☑
050140				☐
050187	1987年04月16日	广东	115	☑
050215	1986年12月06日	湖南	120	☐
050216	1986年08月04日	广东	115	☐
050217	1986年08月15日	广东	110	☐
050218	1987年06月12日	湖北	115	☐
*				☐

记录：第 1 项(共 45 项　无筛选器　搜索

图 4.35　在学生表中隐藏“姓名”“性别”列后的结果

4. 冻结/解冻列

如果数据表中的字段特别多，用户每次查看数据时都会因屏幕大小限制有部分字段不能显示出来时，用户可在 Access 中利用冻结字段操作冻结一个字段列或多个字段列，使它们成为最左边的列，从而使得不管用户如何水平滚动查看字段，它们总是可见的。

其具体操作如下：在数据表视图中选择要冻结的列，打开右键菜单，如图 4.33 所示，选择“冻结列”命令，则相应列被冻结到屏幕上。

如果想取消冻结，则同样在数据表窗体中，打开右键菜单，选择“取消对所有列的冻结”命令，则所有列的冻结取消。用户也可以选定多个字段列，来进行冻结/解冻列操作。

5. 设置数据表格式

在 Access 中，可以对“数据表”视图做更多的修改，不但可以修改单元网格线显示方式、单元格效果、背景颜色等，而且可以对边框和线条样式等进行修改。其具体做法是：在数据表视图下利用“文本格式”工具组中的按钮，如图 4.36 所示，对正在操作的数据表进行设置。默认情况下，Access 使用的 Ms SansSerif、8-point 常规字体显示数据表视图中的所有数据。用户可依据需要设置自己想要的字体类型的式样、尺寸。单击工具组右下角按钮，则可打开“设置数据表格式”对话框进行更多设置。“设置数据表格式”对话框如图 4.37 所示。

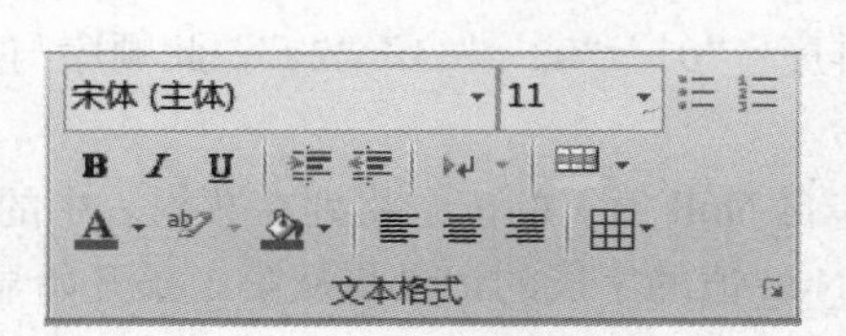

图 4.36　“文本格式”工具组

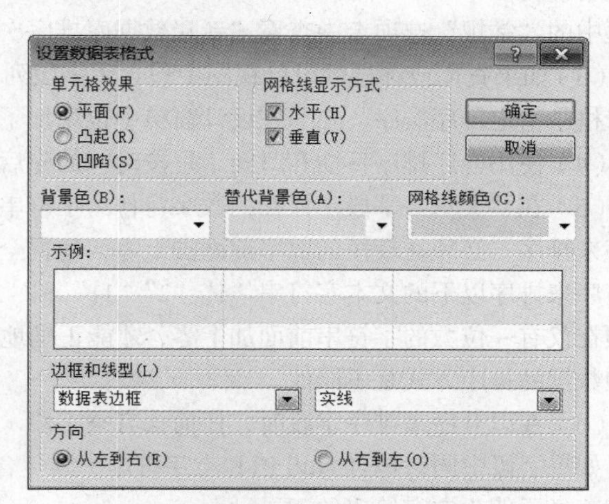

图 4.37　“设置数据表格式”对话框

“设置数据表格式”对话框提供了对网格线的全部控制。使用“网格线显示方式”中的复选框，可以设置是否显示水平或垂直网格线。“单元格效果”选择框中提供了 3 种效果：平面、凸起和凹陷。在对话框的“示例”框中，显示了所设置的最后效果。在“边框和线条样式”框中，可以从下拉式列表中选择一种边框样式和线条样式。系统一般的默认方式为：平面效果的单元格、银色背景和灰色实网格线。

4.4　记录操作

数据表作为 Access 数据库的一种对象，常常包含大量的数据。一般情况下，用户在使用这些数据时，常常需要对数据按某种顺序排序或按某标准选择其中一部分进行操作。Access 提供了对数据表中数据的排序、筛选、查找、替换等操作。

4.4.1　记录排序

在数据表中查看数据时，数据是按其输入顺序或按主键升序排列的。而在数据库实际应用中，往往需要依据不同需求排列数据。例如，要查看学生表中的数据，一般看到的是按学号由小大到排列。但有时可能需要查看按学生年龄、姓名或籍贯排列的学生记录。Access 允许将数据表的数据按多种顺序排列显示出来。

在 Access 中，排序记录时所依据的规则是“中文”顺序，具体规定如下。

（1）中文按拼音字母的顺序排序。

（2）英文按字母顺序排序。大、小写视为相同。

（3）数字由小至大排序。

在数据库中排序记录时常常需要考虑以下几点。

（1）排序次序将和表、查询或窗体一起保存。如果某个新窗体或报表的数据对象是保存有排序次序的表或查询时，则新窗体或报表将继承原有的排序次序。

（2）排序次序取决于用户在创建数据库时在“选项”对话框中的语言设置。在安装 Access 时，选择的是“中文”语言，所以默认按“中文”顺序排列数据。用户可以在数据库“选项”对话框中的“常规”选项卡中查看“新建数据库排序次序”选项的设置。

（3）如果查询或筛选的设计视图中包含了字段列表中的星号（即选择所有字段），则不能在设计窗格中指定排序次序，除非在设计窗格中也添加了要排序的字段。

（4）使用升序排序日期和时间，是按时间的先后进行；使用降序排序时，则反之。

（5）在“文本”字段中保存的数字将作为字符串而不是数值来排序。因此，如果要以数值的顺序来排序，必须在较短的数字前面加上零，使得全部的文本字符串具有相同的长度。例如，要以升序来排序以下的文本字符串“1”“2”“11”和“22”，其结果将是“1”“11”“2”“22”。用户必须在仅有一位数的字符串前面加上零，才能正确地排序：“01”“02”“11”“22”。此顺序与数字类型数据的排序方式是不同的。

（6）在以升序来排序字段时，任何含有空字段（包含 Null 值）的记录将列在数据表中的第 1 条。如果字段中同时包含 Null 值和空字符串，则包含 Null 值的字段的记录将从第 1 条开始显示，紧接着显示值为空字符串的记录。

（7）数据类型为备注、超级链接或 OLE 对象的字段不能排序。

排序操作的过程是：先打开表的数据视图，选定要排序的字段，单击鼠标右键，在其快捷菜单中选择“升序”或“降序”命令，则数据按指定字段的指定顺序排列。如设置对学生表按出生年月字段降序排序，排序设置和排序后的效果分别如图 4.38 和图 4.39 所示。

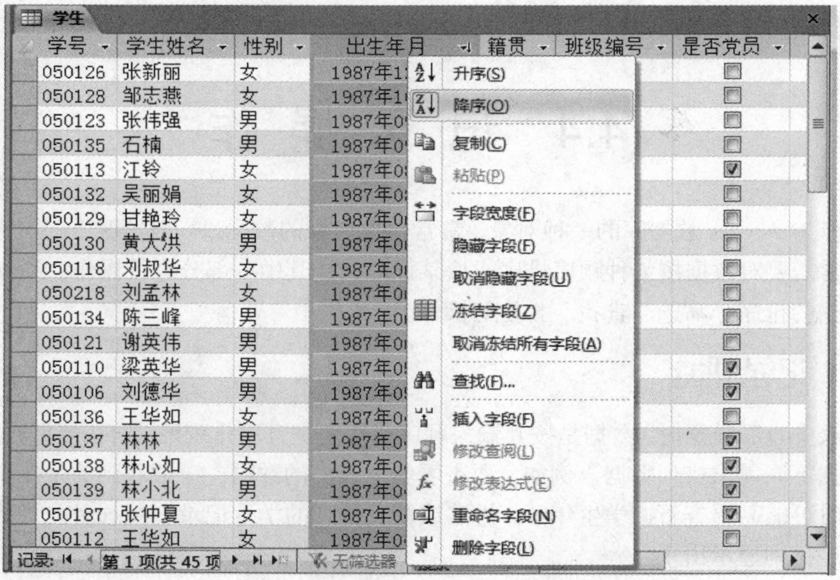

图 4.38　排序设置

学生

学号	学生姓名	性别	出生年月	籍贯	班级编号	是否党员
050126	张新丽	女	1987年12月30日	海南	101	☐
050128	邹志燕	女	1987年10月04日	湖南	120	☐
050123	张伟强	男	1987年09月25日	湖南	101	☐
050135	石楠	男	1987年09月15日	四川	110	☐
050113	江铃	女	1987年08月19日	广东	112	☑
050132	吴丽娟	女	1987年08月12日	江西	120	☐
050129	甘艳玲	女	1987年06月18日	江苏	120	☐
050130	黄大洪	男	1987年06月17日	江苏	101	☐
050118	刘叔华	女	1987年06月12日	湖北	115	☐
050218	刘孟林	女	1987年06月12日	湖北	115	☐
050134	陈三峰	男	1987年06月12日	广西	115	☐
050121	谢英伟	男	1987年06月04日	广东	111	☐
050110	梁英华	男	1987年05月23日	湖南	110	☑
050106	刘德华	男	1987年05月08日	广东	111	☑
050136	王华如	女	1987年04月16日	广东	115	☐
050137	林林	男	1987年04月16日	广东	115	☑
050138	林心如	女	1987年04月16日	广东	115	☑
050139	林小北	男	1987年04月16日	广东	115	☑
050187	张仲夏	女	1987年04月16日	广东	115	☑
050112	王华如	女	1987年04月16日	广东	115	☐

记录: 第 1 项(共 45 项　无筛选器　搜索

图 4.39　对学生表排序的效果

另外，对数据的排序操作，也可在数据表视图中选中某个列后，单击工具栏中“排序和筛选”工具组中的“升序”或“降序”按钮来完成。

4.4.2　筛选记录

在实际应用中，用户有时不想查看整个数据表，只想查看其中某些数据，而且其他暂时不想显示的数据也不想删除。例如，只查看广东籍的学生记录，或只查看 1990 年后出生的学生记录等。Access 可提供筛选操作完成此功能。筛选操作在数据表中可以为一个或多个字段指定条件，只有符合条件的记录才会被显示出来。

在 Access 中有 4 种类型的筛选器。

公用筛选器：筛选特定值或一定范围的值。

按选定内容筛选：通过筛选数据表视图筛选表中包含一个与某行中的所选值相匹配的值的所有行。

按窗体筛选：按窗体或数据表中的若干个字段进行筛选，或者在尝试查找特定记录时使用。

高级筛选：在用户定义了自定义筛选条件的情况下使用的筛选类型。

Access 的筛选器可以对数据表、窗体、报表或布局使用，在此仅介绍对数据表的操作方法。对其他几类数据库对象的操作，与此操作方法类似。

（1）公用筛选器

除了 OLE 对象字段和显示计算值的字段以外，所有字段类型都提供了公用筛选器。用户可用筛选列表取决于所选字段的数据类型和值。例如，在学生表的数据表视图下选择学号字段，然后单击图 4.40 所示的“筛选器”按钮，则对话框中显示学号字段的所有值（包括的空值），用户可从中选择一个或多个需要显示的学号，以筛选相应记录。因为此字段是文本类型，也可单击“文本筛选器”按钮进一步地选择需要显示数据的条件进行筛选。图 4.41 给出了筛选器及文本筛选器格式，图 4.42 给出了选择学号中带“10”的学生数据的筛选结果。除 OLE 对象字段和

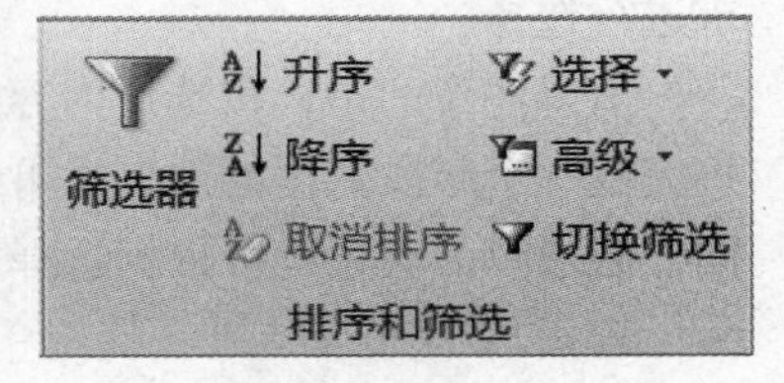

图 4.40　“排序和筛选”工具组

显示计算值的字段外，如数字类型、日期类型、备注类型也有自己的筛选器，用法与文本筛选器类似。在此不再举例说明。

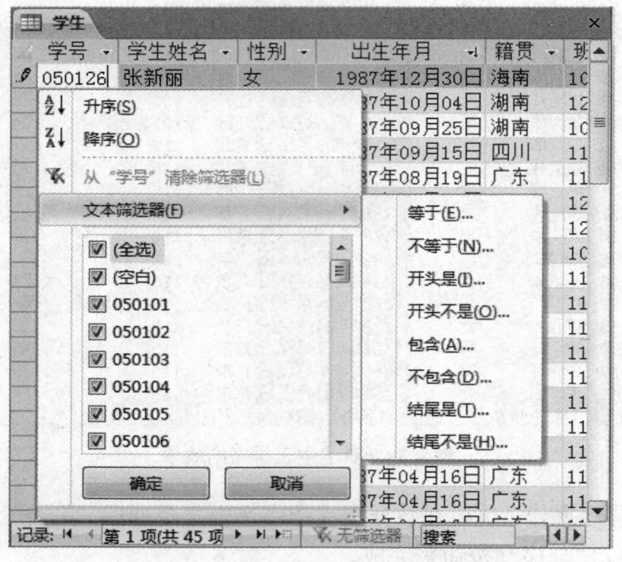

图 4.41　“学号”字段筛选器及文本筛选器

学生

学号	学生姓名	性别	出生年月	籍贯	班
050110	梁英华	男	1987年05月23日	湖南	110
050106	刘德华	男	1987年05月08日	广东	111
050105	杜全文	男	1987年01月15日	湖北	111
050104	黄国度	男	1986年08月13日	广东	120
050107	陆珊玉	女	1986年08月09日	广东	112
050102	王五	男	1986年08月08日	江苏	110
050101	张三秋	男	1986年06月09日	广东	111
050109	林青	男	1986年01月25日	广东	120
050103	李玉	女	1985年09月12日	湖南	115
050108	陈晓丽	女	1985年08月14日	广东	115

记录: 第 1 项(共 10 项　已筛选　搜索

图 4.42　学号中包含“10”的筛选结果

（2）按选定内容筛选

在数据表视图内选择一列，选一个要筛选的值，然后用鼠标单击该值并选中它。在工具栏上单击“按选定内容筛选”按钮，则可依据此字段的数据类型，显示不同的选择。例如，在学生表上，若鼠标选中姓名字段的“林林”这个学生，系统将给出的选项如图 4.43 所示。然后用户可依据自己的要求进行选择。

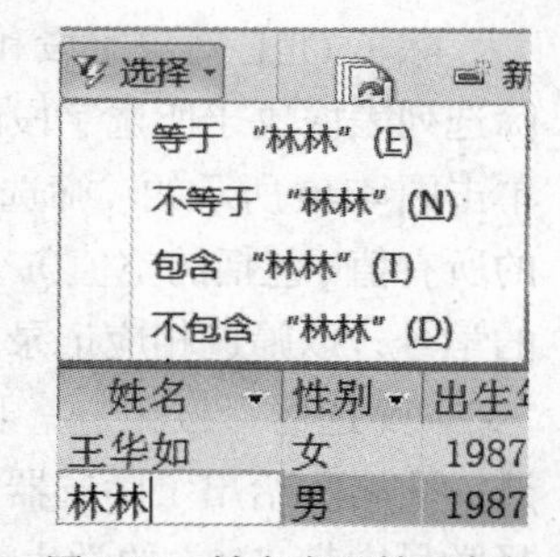

图 4.43　姓名字段筛选条件

值得注意的是，按选定内容筛选可对多个列同时进行筛选，即用户完成一个字段数据的选择后可继续对第二个字段、第三个字段进行同样的选择，而系统可依据选择进一步筛选用户想要的数据。

若需取消筛选结果，通过单击记录导航器栏上的“已筛选”按钮，或工具组中“筛选状”按钮（如图 4.41 最右下角按钮，若已应用筛选，此按钮为亮色，若未应用筛选，此按钮为灰色），取消筛选器，从而还原为完整视图。

（3）按窗体筛选

按窗体筛选时，Access 将数据表变成一个只包含单个记录的数据表，并且每个字段组成一个列表框，允许从字段所有值中选取一个作为筛选的内容。同时，在窗体的底部可以为每一组设定的值指定其“或”条件。

其操作过程是首先在“数据表”视图中，单击工具组中的“高级筛选选项”按钮，然后选择其中的“按窗体筛选”选项，则切换到“按窗体筛选”窗口，如图 4.44 所示。

在此窗口中单击要输入筛选条件的字段，从字段列表中选择要搜索的字段值，或者在字段中键入所需的值，则可输入所有筛选条件。在此可输入较复杂的筛选条件表达式，如“Is Null”“出生年月 >#1990-1-1#”等。另外，如果筛选结果中的记录可以包含多个值，可以单击窗口底部的“或”选项卡，并输入多个相应的值。设置好筛选条件后，单击工具组中“高级筛选选项”按钮选择“应用筛选/排序”，可查看筛选结果。

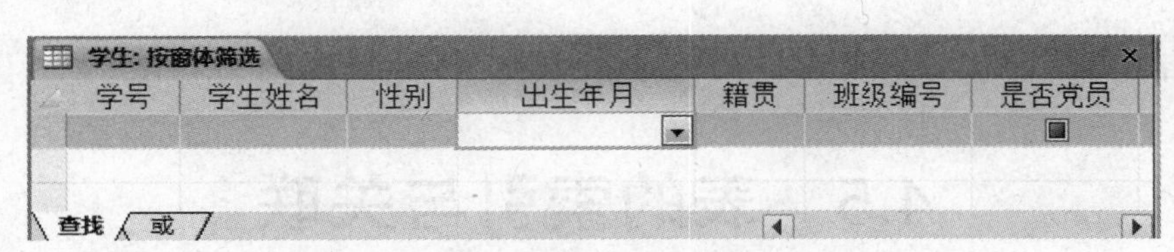

图 4.44　“按窗体筛选”窗口

图 4.45 所示是在姓名字段输入筛选条件“陈美丽”或“黄*”，并在性别字段选择“女”后的查询结果。注意，Access 在有筛选条件的字段增加了一个筛选标识，用于区别字段是否被筛选。

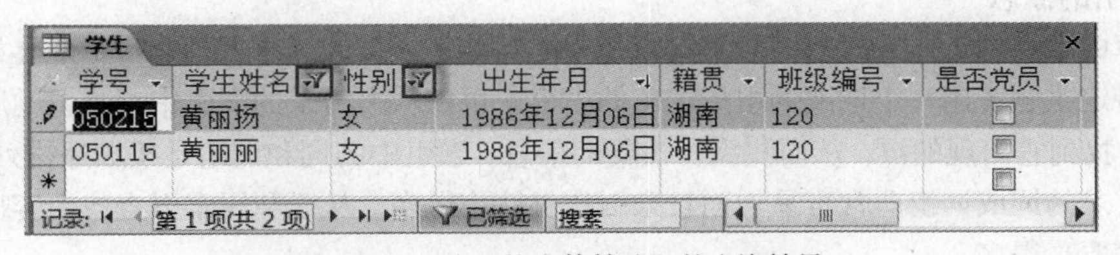

图 4.45　一个“按窗体筛选”的查询结果

（4）高级筛选

在前面的几种筛选方法中，可以利用字段中已有的信息在单个表或查询中生成一个子集。使用“高级筛选/排序”窗口筛选记录，可以方便地在同一界面中设置筛选的准则和排序方式，以及在生成的筛选子集中显示各个字段。

其操作过程如下。

① 选择“数据表”视图。

② 在“筛选与排序”工具组中选择选项，然后单击“高级筛选/排序”命令，则在窗口中出现图 4.46 所示的设计窗口。

③ 将需要指定用于筛选记录的值或准则的字段添加到设计窗口中。

④ 如果要指定某个字段的排序次序，可单击该字段的“排序”单元格，然后单击旁边的箭头，选择相应的排序次序，它可以是升序、降序和不排序。

⑤ 在已经包含的字段的“条件”单元格中，它可输入需要查找的值或表达式。

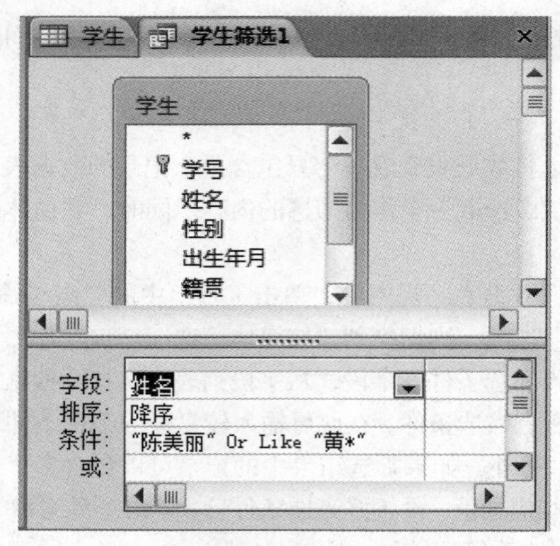

图4.46 “高级筛选”的设计窗口

⑥ 单击工具栏上的“应用筛选”按钮以执行筛选，得到高级筛选的结果。

4.5 表的索引与关联

4.5.1 索引相关知识

1. 索引的概念

数据库中索引的工作方式与一般书籍附录中的关键字索引的工作方式非常相似。如果需要查找书中某特定主题（用一个词或词组指定）的内容，可以从书附录的索引中查找主题所对应的词或词组，以找到它出现的页，从而找到所需要的信息。索引中的词和词组是按顺序排列的，因此，要找到所需求的词或词组非常容易。而且索引比书籍小得多，从而利用索引查找内容比直接在书中查找效率要高得多。

在查找数据时，数据库对索引的使用与我们查找书籍附录中的索引过程相似。例如，在学生管理信息系统数据库中根据学号查找一个学生时，数据库管理系统首先查找学生表上SNO列上的索引（假设已建立），找到该学号对应的数据所在的物理块，然后读取该数据块，从中得到所需要的数据。

索引是以表的列为基础的数据对象，它保存按某种顺序排列的索引列及对应记录在数据表中的存储位置。在一个字段上建立索引后，可以以索引作为入口对数据表中的数据进行访问，此时读写数据的顺序是索引列的顺序。

索引可加快系统对查询请求的处理速度。例如，要查找数据表中年龄最小的学生，如果没有索引，则需要搜索整个数据表，并逐个判断查找，这平均需要查找学生总数一半的记录才能找到所需数据。而如果在此字段上有索引，则只提取索引文件中最后一个记录所对应的数据表记录即可。

然而索引的建立和维护也需要一定开销，建立索引时需要对表中已存在的数据在索引表中创建索引项，当数据表中数据发生变化时，还需要维护索引数据与数据表中的数据一致。如果在一张数据表中建立多个索引文件，其数据增、删和改操作的效率会降低。因此，索引的建立需要适度，并不是越多越好。

2. 索引的分类

索引一般分为聚集索引和非聚集索引两类。

（1）聚集索引（Clustered Index）。聚集索引的主要特点是数据表中数据的物理排列顺序与索引关键字顺序相同，因此也称为数据表的主索引（Primary Index）。例如，字典中的拼音查找目录就是聚集索引，因为它的顺序和字典中内容的顺序相同。在数据库系统中每个表只能有一个聚集索引。

聚集索引一般在字段值唯一的字段上创建，通常情况下聚集索引的索引关键字是表的主键。聚集索引确定了表中记录的物理顺序，它适用于使用频率比较高的查询、唯一性查询和范围查询等。

对于以下列，应尽量避免在其上创建聚集索引。

① 更新频繁的列。因为在数据更新时，为保持与聚集索引的一致性必须移动表中的记录。对数据量大的数据表而言，这种过程是耗时的，因而不可取。

② 宽度比较长的列。因为非聚集索引的键值都包含聚集索引的键，这会导致所有非聚集索引的“膨胀”，增加非聚集索引的长度，降低查询效率。

（2）非聚集索引（Non-Clustered Index）。索引关键字的排列顺序与表中记录的物理顺序不同的索引叫非聚集索引或辅助索引（Secondary Index）。这一点与字典中的部首检字法相似，其字典中数据按拼音排列，但通过部首也可以方便地检字。一个数据表可以拥有一个或多个非聚集索引。

另外，索引还可分为唯一索引与一般索引。唯一索引并不是对索引存储类别的分类，它表示该列的值唯一，它既可以是聚集索引也可以是非聚集索引。如学生的学号是唯一的，每个学生有且仅有一个学号，且每个学号有且仅有一个学生与之对应，所以可在学号字段上创建唯一索引。而学生的出生年月与学生之间不是一一对应关系，一个学生只有一个出生年月，但每个出生年月可以对应多个学生，此字段上不适合建立唯一索引。如果强制建立唯一索引，索引对具有重复值的记录只保留一个，其他将被忽略掉。

Access中，在表的设计视图上选择某个字段，其“索引”属性框的下拉式列表中可提供如下选择。

① 无：系统的默认设置。选择该选项后，该字段将不被索引。

② 有（有重复）：选择该选项后，该字段将被索引，而且可以在多个条记录中输入相同的数据值。

③ 有（无重复）：选择该选项后，该字段将被索引，但每个记录的该字段值必须唯一。

主键索引是唯一索引，唯一索引可由选择“有（无重复）”选项或选择主键来建立。利用“有（有重复）”选项建立的索引则是一般索引。

3. 索引的创建方法

Access允许多种方式创建索引。

（1）主键索引的建立方法。其具体操作过程是，进入表的设计视图，选中要做主键的列（可以是多个列）后，单击工具栏中的按钮（见图4.47），建立主键索引。此命令是开关键，如果在已设定为主键的字段上单击此命令，则取消所建立的主键索引。

（2）在单个字段上创建索引的方法。其具体操作过程是，在表的设计视图中，单击要选择的字段，在此字段的属性中选择索引条目，单击复选框，可看到索引选项。选择“无”选项，则此列上没有索引；选择“有（有重复）”选项，则建立一个允许重复值存在的索引；选择“有（无重复）”选项，则系统在此字段上建立一个唯一索引。

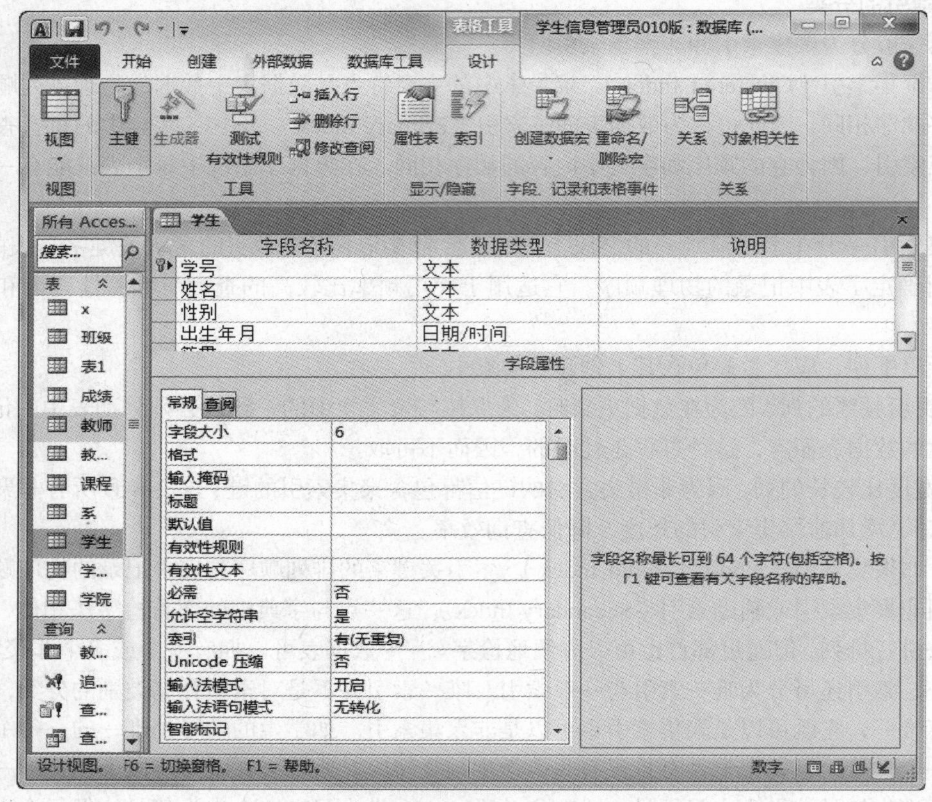

图 4.47　建立主键索引

（3）输入 SQL 语句的方式创建索引。若需要建立更复杂的索引，则需要通过输入 SQL 语句建立查询来进行操作。具体方法见本书第 7 章。

（4）进入表的设计视图，用鼠标右键单击设计视图的标题栏，从快捷菜单中选择“索引”，或单击工具栏中的“索引”按钮，可查看此表上已建立的索引。图 4.48 所示为在学生表上建立的索引情况，目前此表只有一个主键索引。另外，在图 4.48 中也可以直接创建新索引或修改已创建的索引。

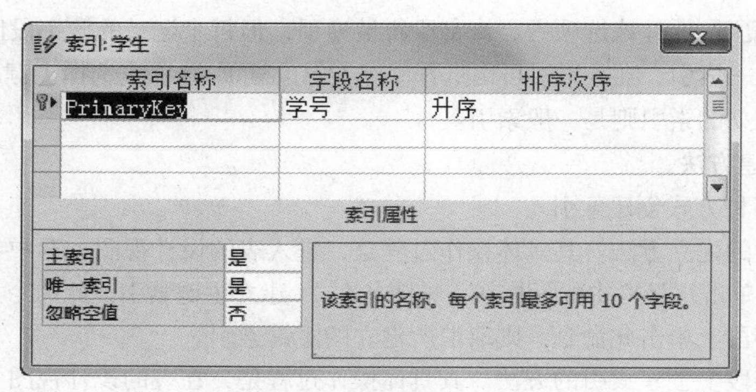

图 4.48　学生表上的索引

4.5.2　创建表间关联关系

一个关系数据库一般由多个表组成，每个表反映系统的一类实体或某些实体类之间的联系。例如，在学生信息管理系统数据库中，教师、学生、系、学院、课程等分别表示一类实体。而选课表则反映了学生、课程和教师之间的联系，即学生选择某门课程进行学习，由教师与学生共同完成教学任务并最终给出学生该门课的成绩。由此可知，一个数据库中多张表之间一般是存在某些联系的，这种联系是客观实体之间的联系在数据库中的反映。目前大部分数据库管理系统都提供了对这种表与表之间关联关系的建立与维护机制。

1. 关联关系分类

一般情况下，Access 数据库系统可创建与维护数据表之间一对一（1:1）、一对多（1:*n*）和多对一（*m*:*n*）3 种关系。

（1）一对一（1:1）关联关系。假设 S、T 两张表存在一对一关联关系，则表 S 中的一个记录至多与表 T 中的一个记录相关联，反之，表 T 中任意一条记录至多与表 S 中一条记录相关联。例如，学院和院长之间的关系。现实中一般每个学院只有一个院长（现任的），而且每个院长只能担任一个学院的院长，所以学院和院长之间是一对一的关系。

（2）一对多（1:*n*）关联关系。假设 S、T 两张表存在一对多关联关系，则表 S 中的一个记录至多与表 T 中的一个记录相关联，而表 T 中任意一条记录可与表 S 中多于一条的记录相关联。例如，学生和系之间的关系，每个学生最多属于一个系，而每个系可包含多个学生。一对多的联系也是现实中一对多关系的反映。

（3）多对多（*m*:*n*）关联关系。假设 S、T 两张表存在多对多关联关系，则表 S 中一个记录与表 T 中零到多个记录相对应，而表 T 中每一个记录也与表 S 中零到多个记录相对应。例如，学生和课程之间的关系，一般每个学生可以选修多门课程，每门课程也可以由多个学生选修，因此两者之间是多对多的关系。

2. 关联关系的建立方法

建立数据库中表之间的关联关系需要满足一定的条件。其一是要保障建立关联关系的表具有类型相同的字段，而且从语义上讲两个字段是有关联的。其二是主表相应字段已建立了主键或唯一索引，即其索引属性的值为“有（无重复）”。所谓主表指被关联的表，而关联到主表的另一表称为从表。

建立两张表之间关联关系的过程是，在“数据库工具”选项卡中选择“关系”命令，则系统打开“关系工具”窗口，同时弹出“显示表”对话框，如图 4.49 所示。

此时将要建立关联的表选择添加到“关系”窗口，然后将从表中的相关字段拖到主表的相关字段位置，则系统弹出“编辑关系”对话框。例如，在图 4.49 中选择添加学院和系两张表，在“关系”窗口中拖动鼠标从系表的学院编号字段到学院表的学院编号字段，则“编辑关系”对话框的内容如图 4.50 所示。

在此对话框中选中“实施参照完整性”选项，然后单击“创建”按钮，则关系窗口中两表之间出现一条连线，这说明两者之间已创建了一个关联。对关联的属性可在此对话框中通过选项“级联更新相关字段(U)”“级联删除查关记录(D)”以及联接类型进行进一步设置。图 4.51 所示为学生信息管理系统中各表之间的关联关系。

对表间关联关系可进行查看和修改操作。其操作方法同创建表的关联关系相同，即打开数据库，单击“数据库工具”选项卡上的“关系”命令，或在数据库对象中选择表之后在任意位置单击鼠标右键，在快捷菜单中选择“关系”命令，则进入关系窗口。在关系窗口中，可以单击任意一条已存在线对进行修改，或以拖动方式增加新的关联关系。

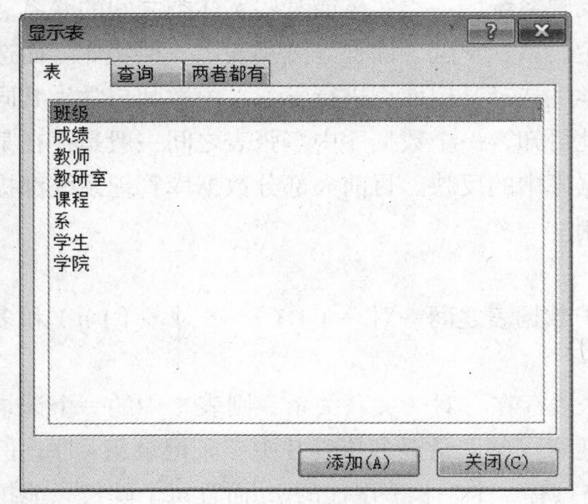

图 4.49 “显示表”对话框

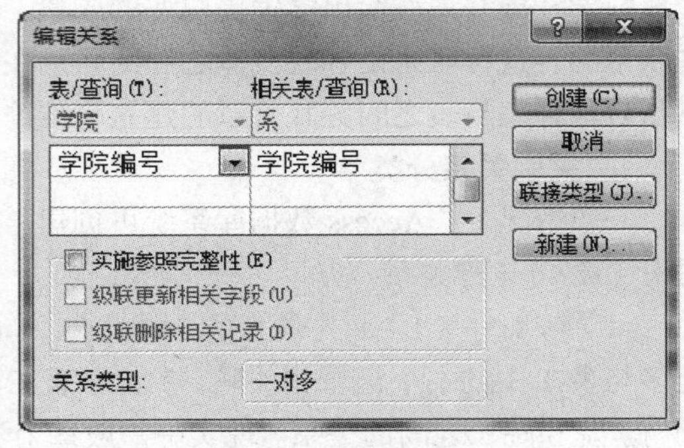

图 4.50 “编辑关系”对话框

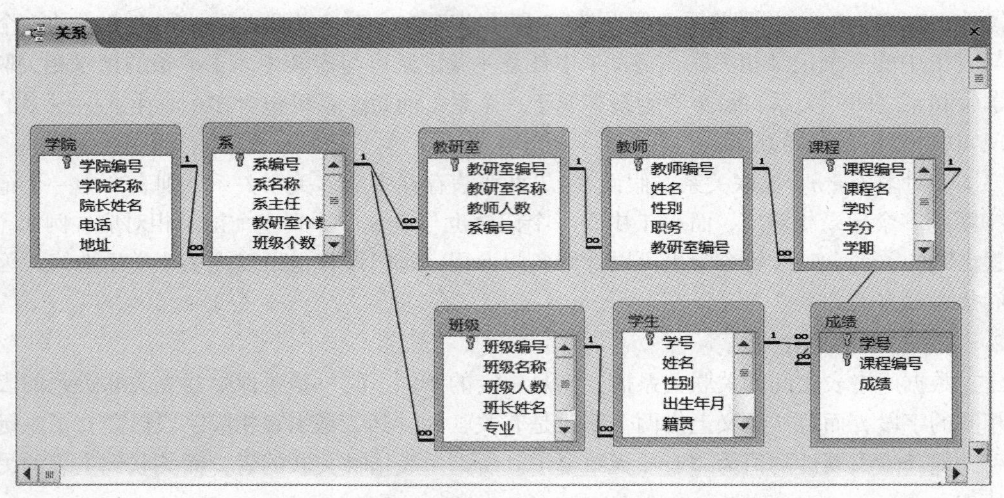

图 4.51 学生信息管理系统的表之间的关联关系

目前 Access 只支持 1:1、1:n 关联关系，不支持 m:n 关联关系。但 Access 支持“未定”类型的关联，这种类型的关联是在建立时不选择“实施参照完整性”建立的。“未定”类型关联关系对表中数据更新没有影响，在建立连接查询时可约束只显示匹配的数据。

4.5.3 子表

当两个表之间建立关联关系后，其数据就通过关联字段联系起来。此时在用户查看一个表时，可以设置显示另一个表中关联字段上取相同值的记录数据。在 Access 中，这种关系通过建立子数据表来实现。为将建立关联关系的两张表区分开，我们将首先查看的一个表称为父表，而在查看过程中参考的另一个表称为子表。建立子数据表的操作方法是打开父表，在数据表实物图中单击每条记录前的加号，若它只有一张子数据库，是可直接显示子数据表中该记录值的所有记录。若它有多个子数据表，则需选择插入子数据表，打开“插入子数据表”对话框，如图 4.52 所示，从中选择子数据表，并填写关联字段信息，则完成建立子数据表操作。

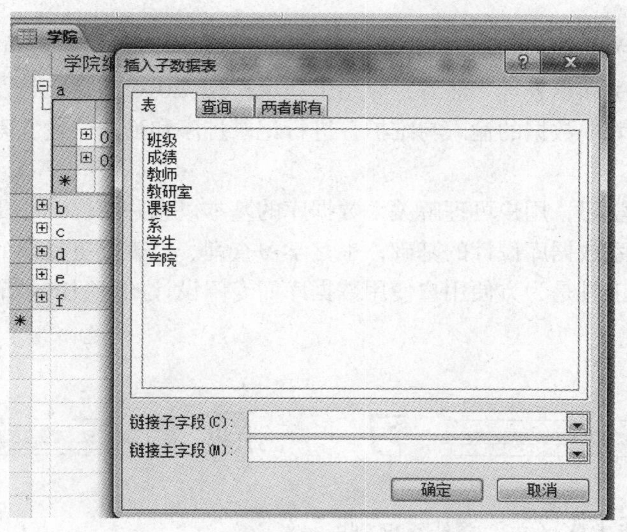

图 4.52　“插入子数据表”对话框

系表有两张子数据表，分别是班级和教研室。按上述方式将教研室表插入系表的子数据表，则在查看学院数据时，用户逐个单击各表最左加号“+”，即可看见各学院所包含的系、各系教研室及各教研室包含的教师情况，如图 4.53 所示。

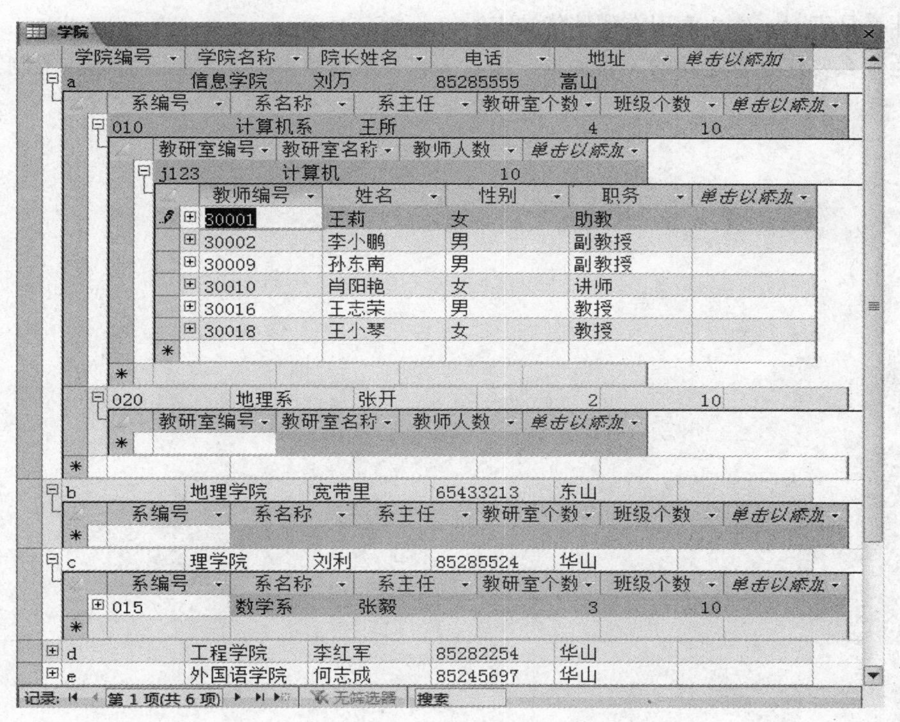

图 4.53　查看子表

小 结

本章首先介绍了关系数据库系统中与表相关的基本概念，包括表、表的结构、表的约束及表之间的参照关系、索引和子表等。然后，介绍了在 Access 2010 中建立与使用表的方法，包括建立表、表结构维护、表中数据的输入与维护、进行记录排序和筛选、建立索引与表关联关系等的操作。

通过本章内容的学习，用户可理解关系数据库的基本概念并掌握 Access 2010 中对表的基本操作。本章是学习关系数据库设计的基础，也是学习查询、报表等更复杂的数据库工具的基础。查询、报表等数据库工具是为方便用户使用数据库而专门设计的，目的是辅助用户更好地使用数据库。

习 题

1. 关系表与普通表格、文件有什么区别?
2. 什么是有效性规则，它与输入格式有什么异同？试列出 Access 2010 中文本、数字、日期类型数据常用的有效性规则。
3. 试叙述 Access 2010 中建立表的方法。
4. 试叙述 Access 2010 中向表中插入记录的方法。
5. 什么是索引？建立索引有哪些优缺点?
6. 为什么要建立表之间的关联关系？建立关联关系后数据插入、删除有哪些限制？

第5章 数据库设计

在数据库领域中，通常把使用数据库的各类软件系统称为数据库应用系统，如各类信息管理系统、办公自动化系统、地理信息系统、电子政务系统、电子商务系统等。数据库应用系统是最广泛的一类计算机应用。一个国家的数据库建设规模、信息量和使用频度已成为衡量这个国家信息化程度的重要标志之一。

数据库设计是指对于一个给定的应用环境，构造最佳数据库模式，建立数据库及其应用系统，使之能够有效地存储数据，满足用户应用需求的过程。本章介绍数据库设计的基本步骤，同时针对每一步骤，给出具体任务及每一任务的常用处理方法。

5.1 数据库设计概述

数据库设计，广义上讲即是数据库应用系统的设计，指针对应用问题进行信息抽象、构造系统的概念模型，设计数据库的逻辑模式和物理结构、设计软硬件系统模块结构接口及算法，并最终实现整个系统。狭义的数据库设计是指设计数据库本身，即设计数据库的逻辑模式和物理结构并建立数据库，这是数据库应用系统设计的主要部分。设计一个好的数据库是一个好的数据库应用系统的基石，在实际应用系统开发中，两者密切相关。

本章主要讨论数据库本身的设计与实现，使之能够有效地存储和管理数据，满足用户的信息管理、数据操作等各种应用要求。一般用户的信息管理要求是指在数据库中应该存储和管理哪些数据对象。一个良好的数据库系统应该可存储所有用户需要的数据，具有较小的数据冗余。这一要求主要通过设计数据库的三级模式结构来完成。数据操作要求是指针对数据对象需要进行的操作，包括增、删、改、统计、查询等，要求系统能够接收用户的所有数据使用请求，并能够快速实现，且界面友好、操作简单。另外，数据库设计还应考虑到数据的完整性与安全性，数据完整性是指通过技术手段保证数据库中数据的正确性和有效性，使得数据库中不存在错误的数据，避免“垃圾进，垃圾出”现象。安全性则是指采取一定措施保证数据库不会受到有意或无意的破坏。

数据库设计的目标是为用户和各种应用系统提供信息基础设施和高效的运行环境。高效的运行环境包括高效的数据存取、高效的数据库空间利用率、管理效率等。

5.1.1 数据库设计的方法

大型数据库设计既是涉及多个学科的综合性技术，又是一项庞大的工程。从事数据库设计的人员需要具备数据库基础知识、数据库设计技术、软件工程技术等领域知识，这样才能设计出符合具体领域要求的数据库及其应用系统。常见的数据库设计方法包括新奥尔良方法、基于 E-R 模型的设计方法、对象定义语言（Object Definition Language，ODL）方法等。另外，还有如 Sybase 等公司推出的 PowerDesigner 等设计工具，这些设计工具可辅助设计人员完成数据库设计过程中的多种任务。

5.1.2 数据库设计的步骤

按照规范设计的方法，考虑数据库应用系统开发的全过程，数据库设计可分为需求分析、概念结构设计、逻辑结构设计、物理结构设计、数据库实施和数据库运行维护 6 个阶段，如图 5.1 所示。

（1）需求分析阶段。需求分析阶段是数据库设计的第一个阶段。这一阶段的目标是准确地获取并表示用户要求的数据和数据处理需求，对其进行分类与规划，确定设计思路。需求分析阶段是整个数据库设计的基础，需求分析是否充分决定了在数据库设计上构建数据库“大厦”的速度和质量。需求分析阶段是最困难、最耗时的阶段，如果做得不好，甚至可能导致整个数据库设计的返工重做。

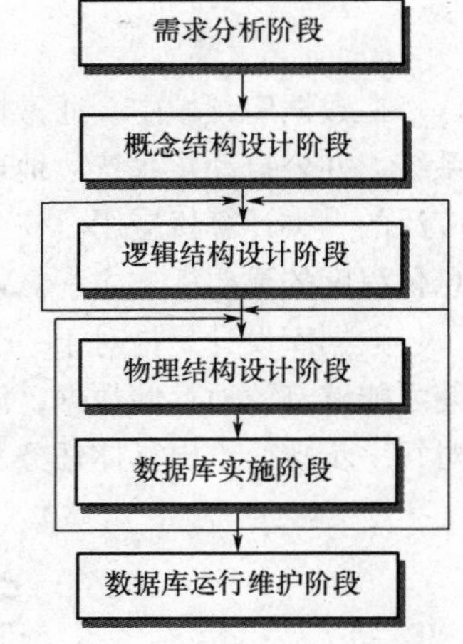

图 5.1 数据库设计步骤

（2）概念结构设计阶段。数据库概念结构设计阶段是整个数据库设计的关键，在此阶段，通过对用户需求进行综合、归纳与抽象，可形成一个独立于具体数据库系统的概念模型。

（3）逻辑结构设计阶段。数据库逻辑结构设计是在概念结构设计的基础上建立数据库的逻辑结构模型并对其进行优化。这一逻辑结构可由某类数据库管理软件支持，如层次数据库、网状数据库、关系数据库或面向对象数据库等。在确定数据库逻辑结构模型后，还需选定具体的数据库管理系统软件，以便确定数据库模式的详细信息，如表的字段结构、表之间的关联关系等。

（4）物理结构设计阶段。数据库物理结构设计是为数据库的逻辑模型选取一个最适合应用环境的物理结构，包括存储结构和存取方法等。

（5）数据库实施阶段。在数据库实施阶段，设计人员首先运用数据库语言或图形化界面在具体的数据库管理系统中建立数据库结构，然后组织数据入库，同时编制与调试应用程序，并对数据库和整个应用系统进行试运行。

（6）数据库运行维护阶段。数据库实施阶段完成后，数据库应用系统投入使用，由此进入数据库运行维护阶段。为保证系统性能良好，在此过程中需要对系统进行调整、修改、扩充等操作。

需要指出是，这个设计步骤既是数据库设计的过程，也包括了数据库应用系统的设计过程。按照软件工程的思想，数据库应用系统的设计包括需求分析、概要设计、详细设计、编码与调试、运行维护等几个阶段。数据库需求分析阶段是数据库应用系统需求分析阶段的一部分，数据库应用系统的概要设计阶段包括了数据库的概念结构设计与逻辑结构设计两个阶段。数据库应用系统的详细设计阶段对应数据库的物理结构设计阶段，数据库应用系统的编码与调试则对应数据库的实施阶段。最后，当整个软件进入运行维护阶段时，数据库也进入运行维护阶段。数据库是数据库应用系统的核心部分，数据库的设计也是数据库应用系统设计的重要步骤，设计过程中两者要相互参照、相互补充。

实际运行中，数据库是独立于应用系统的，一般企业中可能随时会依据用户需求增加具有新功能的应用软件，而数据库往往几年甚至几十年保持结构与运行环境的稳定。随着数据仓库、数据挖掘技术的发展，企业中最具价值的往往是其多年的数据积累。

另外，一个好的数据库应用系统是不可能一蹴而就的，它往往是上述步骤的多次反复。在数据库应用系统的实际运行中，还需要不断完善，并依据环境变化、用户需求变化进行二次设计或功能扩展。

5.2 需求分析

需求分析简单地讲就是分析用户需求，需求分析的任务是详细调查现实世界要处理的对象（组织、部门或企业等）、充分了解原系统的工作概况、明确用户各种需求，然后在此基础上确定要设计系统的功能。数据库的需求分析阶段重点要调查用户的数据与数据处理需求，其主要分析内容包括以下几个方面。

（1）用户的信息要求：了解用户需要从数据库获取的信息内容、性质和信息之间的关系等。由用户的信息要求可导出用户的数据要求，即希望在数据库中存储的数据及数据之间的联系。

（2）处理要求：指用户要完成什么处理功能，对响应时间有什么要求，处理方式是批处理还是联机处理等。

（3）安全性要求：了解用户对数据库中存放的信息的安全保密要求，如哪些信息需要保密，哪些信息需要对哪些用户公开等。

（4）完整性要求：了解用户对数据库中存放的信息应满足什么样的约束条件，什么样的数据在数据库中才是正确的等。

调查用户需求的步骤包括调查组织机构情况，调查各部门业务活动情况，在熟悉业务活动基础上协助用户明确对新系统的各种要求，包括信息要求、处理要求、安全性、完整性要求等，确定新系统边界等。

调查用户需求的方法一般包括跟班作业、开调查会、询问、使用调查表或调查问卷和查阅记录等。

例 5.1　设某高校要建立学生信息管理系统，要求对学院、系、班级、教研室等机构的信息进行管理，同时管理教师和学生的基本信息，以及学生选课情况。

依据实际情况，此系统需要管理的数据对象及其详细描述如下。

学院：学院编号、学院名称、院长姓名、电话和地址。

系：系编号、系名称、所属学院和系主任姓名。

班级：班级编号、班级名称、班长、专业、所在系、班级人数。

教研室：教研室编号、教研室名称、人数、所在系。

学生：学号、姓名、所在班级、出生年月、性别、籍贯等。

教师：教师编号、姓名、职称、所在教研室等。

课程：课程名称、学分、学时等。

选课：学生、教师、课程、成绩等。

对这些数据的处理要求主要包括以下几点。

增加、删除、修改各数据对象中的单个数据。

批量增加、删除、修改各数据对象中的数据。

对学院进行按院长姓名、学院姓名的查询等。

安全性要求：如只允许学院内部人员使用该系统，允许学生查询自己所选修各科课程的成绩但不能修改，允许教师录入和修改所授课程的学生成绩，允许教务人员查看全院所有学生各门课程的成绩等。

5.3 概念结构设计

5.3.1 E-R 模型

概念结构设计是整个数据库系统设计的关键，是对现实世界的第一层抽象与模拟。概念模型是现实世界在人脑中的抽象，包括事物和事物之间的联系，是现实世界的真实模型。它一方面对现实世界的描述直观方便，便于与不熟悉计算机领域的用户进行交流；另一方面，也很容易转换成数据模型，方便建立数据库的逻辑结构并实现它。

描述概念模型最常用的工具是实体-联系模型（Entity-Relationship Model），简称 E-R 模型。在 E-R 模型中，用于描述数据的概念主要有实体、属性、实体型、实体集、键及实体集之间的联系等。

1. 实体、属性与实体集

客观存在并能够相互区别的事物称为实体。实体可以是一个具体的人或事物，也可以是抽象的概念与事件，如一个学生、班级、交通工具、汽车、运动会等。

实体一般用一组特性来刻画，称为实体的属性。实体的属性是对实体某些方面特性的描述。例如，在学生信息管理系统中学生一般用学号、姓名、性别、出生年月、籍贯等属性来描述，教师一般用教师编号、姓名、职称、专业等属性来描述。在一个具体数据库中，一个实体到底用哪些属性来描述，取决于应用背景。同一个客观对象在不同的应用背景中可以用不同的属性来描述。

实体集表示具有相同属性的同一类事物，即同类实体的集合。此时，一般称实体名与其属性名集为实体型，并将实体集中每一个具体事物称为该实体型的一个实例（或实体值）。

在学生信息管理系统中，学生（学号，姓名，性别，出生年月，籍贯）称为一个实体型，所有学生都可用这一实体型进行描述。全体学生的集合就是一个实体集，其组成元素——学生，都用相同的实体型描述。具体某个学生则是学生实体集的一个实例或一个实体。

实体集中的实体（个体）相互之间是可以通过实体的属性进行区分的。能够唯一标识实体集中的一个实体的属性或属性组称为这个实体集的实体标识，或键（码）。实体集的键也分为超键、候选键和主键，类似 2.1 节关系的超键、候选键和主键。如学生实体集的候选键是“学号”，如果给学生实体集增加一个属性“EMAIL”，则“EMAIL”也是候选键，通常人们习惯于选择“学号”为学生实体集的主键。

另外，在不引起混淆的情况下，实体型、实体集和实体值统称为实体，读者可依据上下文判定实体这一概念具体指代实体型、实体集还是实体值。

2. 联系与联系集

正如现实世界中事物之间存在联系一样，实体集之间也存在联系。在学生信息管理系统中，班级和学生之间存在从属关系，即学生属于班级。学生和课程之间具有选修关系，某学生可选修某门课程，每门课程一般也会由多个学生选修。

实体集之间的联系分为一对一（1:1）、一对多（1:n）、多对多（m:n）3 种，这 3 种联系的划分与第 4 章中介绍的数据表之间的关联关系是完全相同的。事实上第 4 章介绍的数据表之间的关联关系是由实体-联系模型中的联系转换得到的。

例如，在学生信息管理系统中，班主任通常由教师担任，若规定一个班只有一个班主任，一个教师只能担任一个班的班主任，则教师和班级之间的班主任联系就是一对一的关系。而学生和班级之间的属于联系是一对多的关系，学生和课程之间的选课联系则是多对多的关系。

同一类型联系的集合称为联系集。联系集也可以有属性，它通常表示联系发生的时间、地点、数量、结果等。如学生和课程之间的选课联系存在一个属性“成绩”，这个成绩既不是学生的属性，也不是课程的属性，而是学生选修某门课程的成绩。

注意实体集之间可能有多种联系，如教师与学生之间存在选课联系，即学生选修某个教师所教授的某门课程，还可存在导师联系，即教师为某个学生的指导老师。

5.3.2　E-R 图

E-R 模型通常用实体-联系图（Entity-Relationship Diagram，E-R 图）来表示，它是以图形方式来表示实体集、属性及实体集之间的联系。利用 E-R 模图，可以更直观形象地表示实体集及实体集之间的联系，更容易与用户交流。当前，该模型已成为最常用的数据库概念结构设计方法。

E-R 模型中主要包括 3 类元素：实体集、属性和联系集。在 E-R 图中分别用矩形、椭圆形和菱形来表示，并用线段连接实体集与其属性、实体集与其参与的联系集等。另外，实体集的主键可用在属性名下加下画线表示，联系的类型可在实体集与联系集之间的线段上用 1、n、m 表示。图 5.2 所示为学院实体集的表示。图 5.3 所示为教师与班级、学院与系和班级、学生和课程等实体集之间的联系。

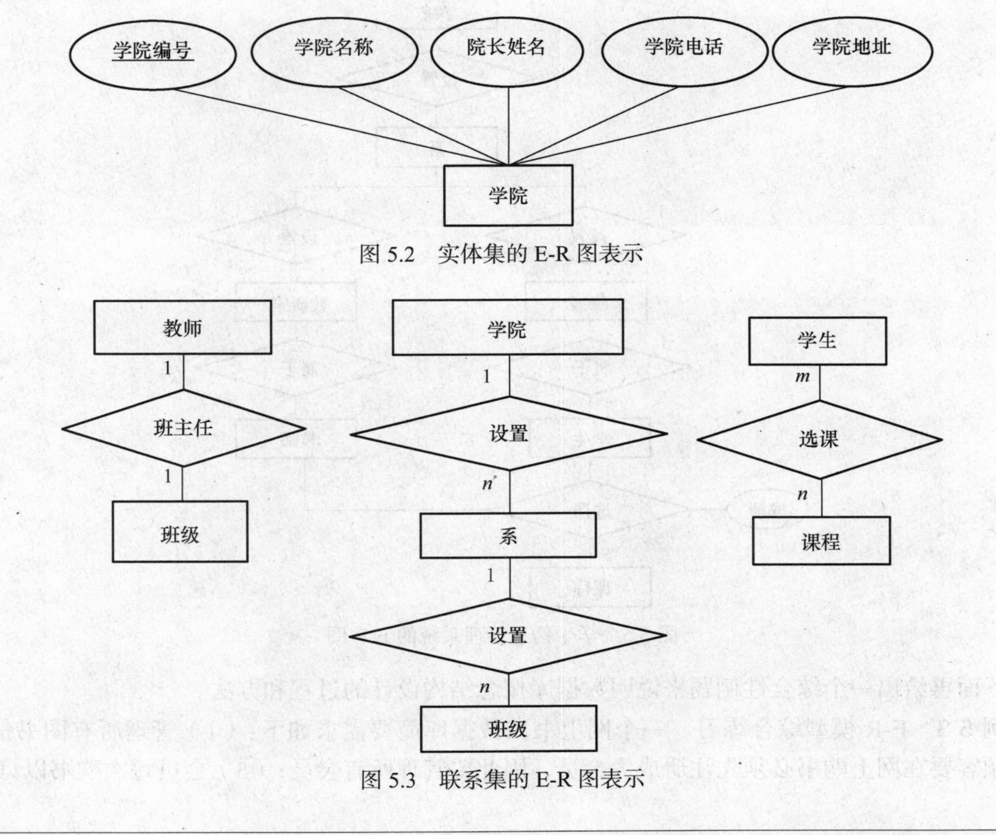

图 5.2　实体集的 E-R 图表示

图 5.3　联系集的 E-R 图表示

图 5.4 所示为学生信息管理系统中学生、教师和课程 3 个实体集及它们之间的联系构成的完整 E-R 图。在这个图中，学生、教师和课程这 3 个实体集共同参与了一个联系，即选课联系，它表示学生选修了某个教师所教授的某门课程。一般称这种由 3 类实体集参与的联系为三元联系，而通常由两类实体集参与的联系为二元联系。同理，多元联系是指由多个实体参与的联系。实际应用中以二元联系和三元联系为主。

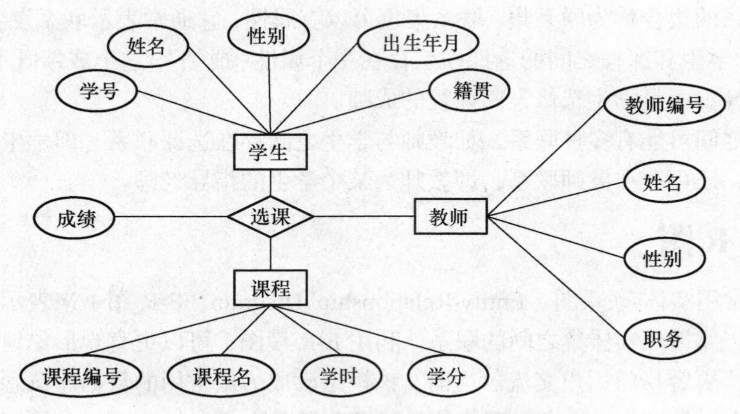

图 5.4　教师、学生与课程的 E-R 图

例 5.2　依据例 5.1 对学生信息管理系统的数据需求分析，给出该系统的 E-R 模型。

对学生管理信息系统，实体及各实体之间的关联关系如图 5.5 所示。为绘图方便，图 5.5 中省略了所有实体的属性信息。各实体与联系的属性可依据系统需求分析中用户的需求来确定。

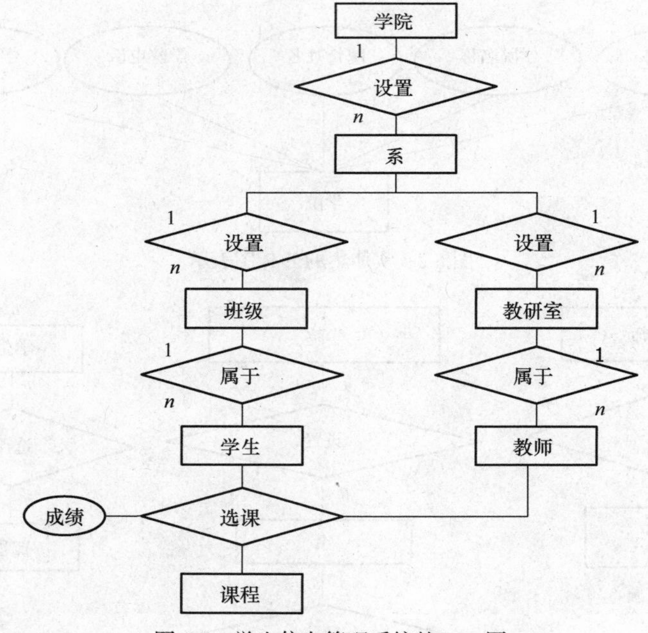

图 5.5　学生信息管理系统的 E-R 图

下面再给出一个综合性例题来说明数据库概念结构设计的过程和方法。

例 5.3　E-R 模型综合练习。一个网上书城数据库简要需求如下：（1）管理所有图书信息；（2）顾客要在网上购书必须先注册成为会员，因此要管理所有会员；（3）会员每次购书以订单形式保存在数据库中，以便生成送货单及将来进行数据分析。

根据上述需求，先找出数据库中的实体集。图书与会员这两个客观存在的实体集较容易发现。仔细分析，可以得到另外一个抽象实体集：订单。

然后分析每个实体集的属性。图书的属性只需找一本正式出版的书就很容易得到 ISBN、书名、版次、作者、出版社、出版日期、价格等信息。会员的属性首先有会员号；因为是网上购书，所以要有登录名、密码；又因为要邮寄图书，所以要有真实姓名、地址、邮政编码、手机号码；另外，网上联系需要 E-mail；其他对于将来进行客户分析有用的信息如性别、出生日期、职业、年收入等属性也需要记录，只是在实现的时候不是客户必填项而已。订单的属性一般有订单号、订单下达时间、当前状态、当前状态发生时间、总价等。

最后，找出联系集。会员与订单之间存在订购联系，这是一对多的联系，即一个会员可以有多个订单，一个订单只属于一个会员。订单与图书之间存在包含联系，这是多对多的联系，即一个订单可包含多种图书，而一种图书可以出现在多个订单中。另外，一个订单中每种图书可以是一本或多本，因此，订单与图书之间的包含联系集存在一个属性“数量”。考虑网上购书通常有折扣，在此联系集上还可有一个属性“折扣”。

注意

订单的总价是由订单包含的图书价格、数量与折扣计算出来的。

实体集图书的候选键只有 ISBN，也是主键。实体集会员的候选键有会员号、登录名和 E-mail 3 个，通常用会员号作主键。实体集订单的候选键只有订单号一个，因此它也是订单表的主键。

根据上述分析，该数据库的 E-R 图如图 5.6 所示。

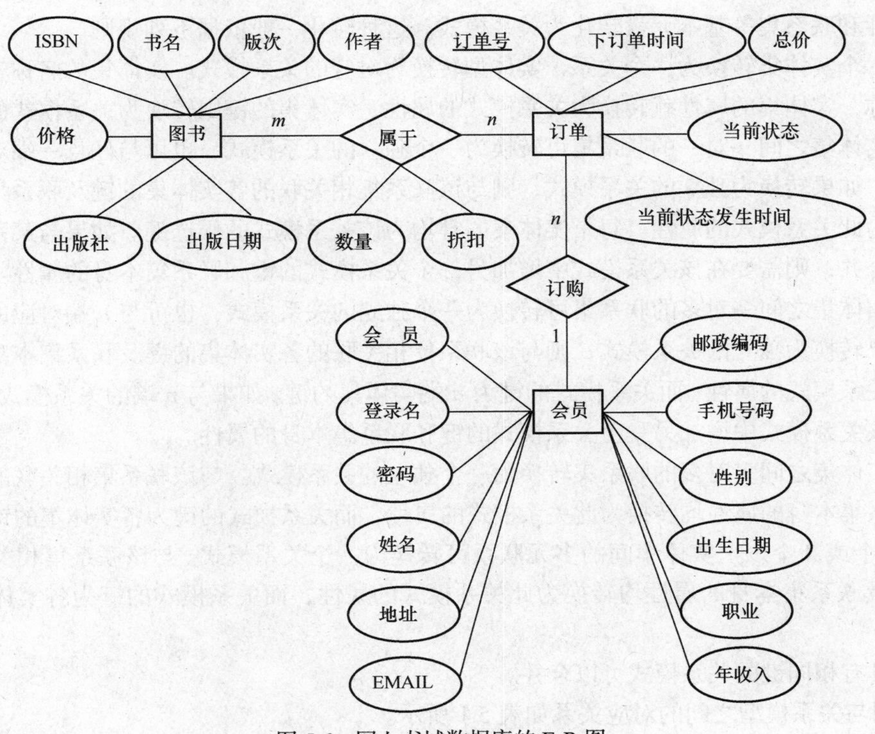

图 5.6 网上书城数据库的 E-R 图

5.4　逻辑结构设计

逻辑结构的概念独立于具体的数据库模型。为完成数据库的设计，需要将概念结构转化为与选用数据库管理系统（DBMS）所支持的数据模型相符合的逻辑结构。如今，绝大多数的数据库都是关系型数据库，所以在此主要介绍概念结构到关系模型的转换方法和相关技术。逻辑结构设计过程如图 5.7 所示。

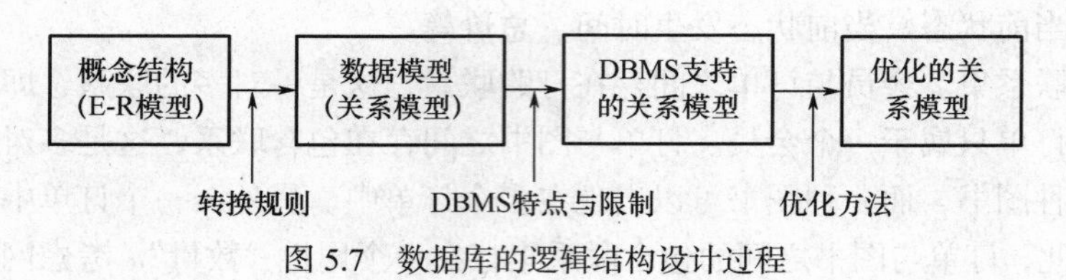

图 5.7　数据库的逻辑结构设计过程

关系模型的逻辑结构是一组相互关联的关系模式，因此数据库逻辑结构设计过程首先要将 E-R 图表示的概念模型转换成关系模型。其次要做的工作是对关系模型设计进行细化，依据所选用数据库管理系统(DBMS)的特点与限制，将上一步骤所得的关系模型进一步转化，得到该 DBMS 支持的数据库结构。最后，还可对模型进行优化。

5.4.1　E-R 模型与关系模型的转换

概念结构是由 E-R 图来描述的，所以这种转化问题可以归结为 E-R 图到关系模型的转换问题。E-R 图的基本元素是实体集（型）、属性和联系集等，将 E-R 图转化为关系模型，就是要将实体集（型）、属性和联系集等基本元素转化为关系模式。这种转化一般依据下列规则。

（1）一个实体集转换为一个关系，实体型转换为对应的关系模式。实体集的名称转换为关系模式的名称，实体集的属性就转换为关系模式的属性，实体集的键则转换为关系模式的键。

（2）实体集之间一对一的联系集可转换为一个独立的关系模式，也可与任意一端对应的关系模式合并。如果转换为独立的关系模式，则与该联系集相关联的各实体集的键及联系集本身的属性都转换为此关系模式的属性。每个实体集的键均为该关系模式的候选键。如果与某一端的关系模式进行合并，则需要在该关系模式中增加另一个关系模式的键和联系集本身的属性。

（3）实体集之间一对多的联系集可转换为一个独立的关系模式，也可与 n 端对应的关系模式合并。如果转换为独立的关系模式，则与该联系集相关联的各实体集的键及联系集本身的属性都转换为此关系模式的属性，而关系模式的键为 n 端实体集的键。如果与 n 端的关系模式进行合并，则需要在该关系模式中增加另一个关系模式的键和联系集本身的属性。

（4）实体集之间多对多的联系集转换为一个独立的关系模式。与该联系集相关联的各实体集的键及联系集本身的属性均转换为此关系模式的属性，而关系模式的键为各实体集的键的组合。

（5）3 个或 3 个以上实体集间的多元联系可转换为一个关系模式。与该联系集相关联的各实体集的键及联系集本身的属性均转换为此关系模式的属性，而关系模式的键为各实体集的键的组合。

（6）具有相同键的关系模式可以合并。

E-R 图与关系模型之间的对应关系如表 5.1 所示。

表 5.1 概念模型与关系模型的对应关系

概 念 模 型	关 系 模 型
实体型	关系模式
实体集	关系
实体	元组
属性	属性
属性值	分量

下面通过学生信息管理系统和网上书城两个数据库设计实例来说明 E-R 模型向关系模式的转换过程。

例 5.4 学生信息管理系统的 E-R 模型转换成关系模式。

（1）依据规则 1，将所有实体转换为关系模式，各关系模式的主键用下划线表示：

学院（<u>学院编号</u>，学院名称，院长姓名，电话，地址）

系（<u>系编号</u>，系名称，系主任）

班级（<u>班级编号</u>，班级名称，班长姓名，专业）

学生（<u>学号</u>，姓名，性别，出生年月，籍贯）

课程（<u>课程编号</u>，课程名，学时，学分）

教研室（<u>教研室编号</u>，教研室名称）

教师（<u>教师编号</u>，姓名，性别，职务）

在转换过程中，实体集的名称转换为关系模式的名称，实体集的键则转换为关系模式的键。但对每个关系模式的具体属性，一般需要依据属性的性质进行分析，而不是完全照搬实体的属性。

例如，班级的“班级人数”属性不需作为班级表中的属性，因为通过对学生实体集中相同班级的学生进行统计可计算出每个班人数，即“班级人数”是一个可由其他信息导出的属性，因此不需要作为班级表的属性。另外，对学生实体，年龄是一个每年都会发生变化的数据，如果作为学生的属性，保存到数据库后每年都需要数据库管理人员对其进行更新维护。而如果存储学生的出生日期，则数据在数据库中不会发生变化，而且由出生日期计算年龄也非常方便，因此将学生实体的年龄属性修改为学生关系模式的出生年月属性以方便实现。在实际应用中，对实体集的属性需要灵活处理，做到既方便数据存储又容易满足应用的要求。

（2）依据规则 3，对学院-系、系-班级、系-教研室、系-班级、教研室-教师、班级-学生等几个一对多的关系进行转换，将一方的主键加入到多方（用斜体字表示）：

系（<u>系编号</u>，系名称，系主任，学院编号）

班级（<u>班级编号</u>，班级名称，班长姓名，专业，系编号）

学生（<u>学号</u>，姓名，性别，出生年月，籍贯，班级编号）

教研室（<u>教研室编号</u>，教研室名称，系编号）

教师（<u>教师编号</u>，姓名，性别，职务，教研室编号）

（3）依据规则 5，将学生、课程、教师 3 个实体共同参与的联系转换为选课关系，关系模式的键为各实体集的键的组合：

选课（<u>学号，课程编号，教师编号</u>，成绩）

经过以上步骤，得到学生信息管理系统的数据库如下：

学院（<u>学院编号</u>，学院名称，院长姓名，电话，地址）

系（系编号，系名称，系主任，学院编号）

班级（班级编号，班级名称，班长姓名，专业，系编号）

学生（学号，姓名，性别，出生年月，籍贯，班级编号）

课程（课程编号，课程名，学时，学分）

选课（学号，课程编号，教师编号，成绩）

教研室（教研室编号，教研室名称，系编号）

教师（教师编号，姓名，性别，职务，教研室编号）

例 5.5 将图 5.6 对应的网上书城数据库 E-R 模型转换成关系模式。

（1）依据规则 1，得到 3 个实体集对应的关系模式为：

图书（ISBN，书名，版次，作者，出版社，出版日期，价格）

会员（会员号，登录名，密码，姓名，地址，邮政编码，手机号码，E-mail，性别，出生日期，职业，年收入）

订单（订单号，订单下达时间，当前状态，当前状态发生时间，总价）

（2）依据规则 3，会员与订单之间的联系集订购为一对多联系，可合并到 *n* 端，即将会员的主键“会员号”加到订单关系模式中。于是订单关系模式转换为：

订单（订单号，订单下达时间，当前状态，当前状态发生时间，总价，会员号）

（3）依据规则 4，订单与图书之间的联系集属于多对多联系，应该转换为一个独立的关系模式。其属性包含订单与图书的主键，加上联系本身的属性。实际应用系统中，通常将此关系模式命名为订单明细，于是该关系模式为：

订单明细（订单号，ISBN，数量，折扣）

因此，最终得到的关系模式有 4 个：图书、会员、订单和订单明细。它们之间是相互关联的，图书与订单明细通过 ISBN 关联，订单与订单明细通过订单号关联，会员与订单通过会员号关联。因此，该网上书城数据库是一个由图书、会员、订单和订单明细 4 个关系相互关联构成的关系数据库。

5.4.2 规范化基础

从以上实例中可看出，在数据库设计过程中，操作步骤是规范的，但也有些情况下概念是模糊的，存在多种做法。例如，关于学生、教师和课程的关系，一般地，课程和学生、学生和教师、教师和课程都是多对多的关系。而且学生在选修一门课程时，教师和课程都必须是确定的，也就是说，开课是一个三元关系，是教师、课程和学生 3 种实体之间的联系。那么，在转换成关系模式时应该如何设计关系模式呢？教师和院长都属于教师实体集，那么，在教师实体集中由于存在院长这样的个别实体，而存在领导与被领导的关系，这样的联系应如何转换为关系模式呢？

现实中的问题远比书本上给出的复杂，如果数据库结构设计不好，则数据库中会存在大量冗余数据。这些冗余数据会带来很多异常情况，给数据库维护带来很多麻烦。同时，设计不好的数据库还会加重应用系统设计与维护的复杂程度和难度，甚至影响某些应用功能的实现。

如何设计出来好的关系模式呢？从 20 世纪 70 年代关系数据库的概念被提出到现在，研究人员给出了一整套关系数据库设计的理论和方法来解决这个问题。其中最重要的就是关系规范化理论，即数据库设计应该遵从的规范化原则。

1．数据库设计中的问题

简单地讲，如果一个关系不是规范化的，可能会出现数据插入、删除、更新等方面的异常。

例 5.6　在学生管理信息数据库中定义学生关系模式为：学生（学号，姓名，性别，出生年月，籍贯，班级编号，班级名称，班长姓名，专业，系编号），则可能的数据如表 5.2 所示。

表 5.2　学生信息

学号	姓名	性别	出生年月	籍贯	班级编号	班级名称	班长姓名	专业	系编号
050101	张三秋	男	1986-6-9	广东	111	计机 1	张三秋	计算机	010
050102	王五	男	1986-8-8	江苏	110	计机 2	刘建	计算机	010
050103	李玉	女	1985-9-12	湖南	115	地理 1	冯家	地理信息	020
050104	黄国度	男	1986-8-13	广东	120	信管 1	张情况	信息管理	010
050105	杜全文	男	1987-1-15	湖北	111	计机 1	张三秋	计算机	010
050106	刘德华	男	1987-5-8	广东	111	计机 1	张三秋	计算机	010
050107	陆珊玉	女	1986-8-9	广东	112	软件 1	经济林	软件工程	010
050108	陈晓丽	女	1985-8-14	广东	115	地理 1	冯家	地理信息	020
050109	王青	男	1986-1-25	广东	120	信管 1	张情况	信息管理	010
050110	梁英华	男	1987-5-23	湖南	110	计机 2	刘建	计算机	010
……	……	……	……	……	……	……	……	……	……

从表中可以看到，针对每个同学，其所在班级的相关信息，包括班级编号、班级名称、班长姓名、专业、班级人数和系编号等属性，都要存储一遍。如果表 5.2 中“信管 1 班”有 30 名同学，则“信管 1 班”的班级编号、班级名称、班长姓名、专业、系编号等字段信息需要存储 30 遍。这些重复存储多遍的信息称为冗余信息。

冗余信息的存储会占用大量存储空间，针对上表，假设某学院共有 30 个班，每班 30 个学生，则共需要存储 30 × 30 × 10 = 9000 个字段的数据。而如果将上表分成学生和班级两张表，学生用学号、姓名、性别、出生年月、籍贯和班级编号 6 个字段描述，班级用班级编号、班级名称、班长姓名、专业、系编号 5 个字段描述，则需要存储的数据共有 30 × 30 × 6+30× 5 = 5550 个字段，可节省约 1/3 的存储空间。另外，冗余信息的存在还会带来下列问题。

（1）更新异常：假设表 5.2 中“信管 1 班”班长由“张情况”更改为“黄国度”，则属于该班的所有同学对应的数据库记录都要更改相应字段。任何一个班长更换，都要修改数据库中的 30 条记录，数据更新的工作量非常大。而如果某同学的记录未及时更新，则数据库中的数据会出现不一致。

（2）插入异常：假设新生入校，要新建 2010 级计机 1 班，在没有分配学生的情况下，不能将班级信息插入数据库，因为此表以学生的学号为主键，在没有分配学生的情况下没办法输入班级数据。

（3）删除异常：假设要将表 5.2 中“计机 1 班”学生全部删除，则“计机 1 班”的相关信息随之被删除，无法找回。

经以上分析可知，例 5.6 中给出的关系模式：学生（学号，姓名，性别，出生年月，籍贯，班级编号，班级名称，班长姓名，专业，系编号）不是一个好的关系模式。使用这一模式存储数据，会带来冗余、插入、删除、修改等多方面的异常。而如果将关系模式设计为：

学生信息（学号，姓名，性别，出生年月，籍贯，班级编号）

班级（班级编号，班级名称，班长姓名，专业，系编号）

利用这两个模式存储数据，则数据冗余相对较少，且不会出现3类异常问题，因此这一关系模式相对是“好的”关系模式。关系模型的规范化理论是专门解决关系模式设计问题的一套理论，它依据关系模式规范化程度定义了关系模式的等级，并给出判定关系模式规范化等级的方法和将低等级关系模式转换成高等级关系模式的方法。本章对这套理论进行了简单介绍，给出最基本的概念和规范化方法，希望读者通过对这部分的学习对关系模式结构设计更加重视。对关系模型的规范化理论有兴趣的读者可参看数据库专业书籍。

2. 函数依赖的基本概念

（1）函数依赖关系

由例5.6可知关系模式：学生（学号，姓名，性别，出生年月，籍贯，班级编号，班级名称，班长姓名，专业，系编号）不是一个好的设计，利用这一关系模式存储数据会出现数据冗余，那么数据冗余是由什么原因产生的呢？对表5.2中的学生信息进行观察可知，所有班级编号相同的元组其班级名称、班长姓名、专业和系编号都是相同的，这一点说明班级编号与班级名称、班长姓名、专业和系编号这些数据之间具有一定的关系。这种关系在关系规范化理论中称为函数依赖关系，记作：

班级编号→（班级名称、班长姓名、专业、系编号）

它表示由班级编号可决定班级名称、班长姓名、专业、系编号等属性，而班级名称、班长姓名、专业、系编号这些属性依赖于班级编号。这一点正好与我们对班级的语义理解是相符合的，即若两个班级的班级编号相同，其班级名称、班长姓名、专业、系编号一定相同，而且由已知的班级编号可查找到唯一的班级名称、班长姓名、专业、系编号等信息。

由此，我们给出函数依赖的形式化定义如下。

定义5.1　函数依赖 设$R(U)$是属性集U上的关系模式，X和Y分别是U的子集。r是$R(U)$中任意给定的一个关系实例。若对于r中任意两个元组s和t，当$s[X] = t[X]$时，就有$s[Y] = t[Y]$，则称X**函数决定**Y或者称Y**函数依赖**X，记为$X \rightarrow Y$，其中称X为**决定因素**（Determinant Factor），Y为**依赖因素**（Dependent Factor）。

注意在定义5.1中，$R(U)$是关系模式，U是属性的集合，如在教师模式：

教师信息表(教师编号，教师姓名，地址，课程编号，课程名称)

其中，R指“教师信息表”，是关系模式名，U={教师编号，教师姓名，地址，课程编号，课程名称}。X和Y是U的子集，如X={教师编号}，Y={教师姓名，地址}。R、U、X、Y都包含在关系模式中，尚未涉及数据，而r则是$R(U)$的一个关系实例，对教师信息表，表5.3所示为一个可能的关系r。

表5.3　$R(U)$的一个可能的关系实例

教师编号	教师姓名	地　址	课程编号	课程名称
T0701	张青	嵩山1幢304	C001	数据库原理
T0701	张青	嵩山1幢304	C002	计算机基础
T0701	张青	嵩山1幢304	C003	专业英语
T0702	李小彤	华山23幢709	C004	新概念英语
T0702	李小彤	华山23幢709	C005	大学英语
T0703	周彦彬	茶山17幢107	C004	新概念英语

在 r 中，任取两个元组，如取图 5.3 中第 1 个元组和第 2 个元组，则：

s =（T0701, 张青，嵩山 1 幢 304, C001，数据库原理）

t =（T0701, 张青，嵩山 1 幢 304 C002，计算机基础）

则：

s[教师编号] =（T0701）

t[教师编号] =（T0701）

s[教师姓名，地址] =（张青，嵩山 1 幢 304）

t[教师姓名，地址] =（张青，嵩山 1 幢 304）

由此可知，两个元组的 X 部分相等且 Y 部分也相等。观察表 5.3 中关系 r 的数据，可发现对任意两个元组，其 X 部分相等时其 Y 部分一定相等。但仅凭表 5.3 中的数据不能说明函数依赖关系{教师编号}→{教师姓名，地址}是成立的，因为定义 5.1 要求对 $R(U)$的任意一个关系实例，当上述结论都成立时函数依赖关系才成立。同时，函数依赖关系对关系模式的所有实例关系实例都成立。

一个关系模式可以拥有无限个关系实例，对其所有实例进行考察来说明一个函数依赖关系是否成立是不可能的。而本质上，函数依赖关系是对关系模式中属性之间的语义关系的形式化描述，它是由数据的语义决定的。因此，我们一般对关系模式中各属性之间的关系进行分析来求取其函数依赖关系。另外，设计者也可依据数据库应用范围强制规定某些函数依赖关系成立，如若规定全校教师不能重名，则上面例子中函数依赖关系“教师姓名→地址”成立。下面给出获取关系模式上函数依赖关系的实例。

例 5.7　有一个关于学生选课、教师任课的关系模式：

R（学号，学生姓名，课程编号，课程名称，课程成绩，教师编号，教师姓名，教师年龄）

假定一门课程只有一名教师教授，请给出该关系模式上的函数依赖关系。

① 因为每个学号只能对应一个学生姓名，则：

学号→学生姓名

② 课程编号决定一门课程，则：

课程编号→课程名称

③ 每个学生每学一门课程，有一个成绩，则：

(学号，课程编号) →课程成绩

④ 还可以写出其他一些函数依赖：

课程编号→ (课程名称，教师编号)

教师编号→ (教师姓名，教师年龄)

一般地，在关系 $R(U)$上，X、Y 是 U 的子集，如果 Y 是 X 的子集，则函数依赖关系 $X→Y$ 一定成立。因此，我们称这种函数依赖关系为平凡的函数依赖关系。而对任意函数依赖关系 $X→Y$，如果 Y 不是 X 的子集，则称这种函数依赖关系为非平凡的函数依赖关系。若无特别声明，一般只讨论非平凡的函数依赖关系。在函数依赖关系的概念基础上，下面分别讨论部分函数依赖和传递函数依赖两类特殊的函数依赖关系。

（2）部分与完全函数依赖

定义 5.2　如果 $X→Y$，但对于 X 中的任意一个真子集 X'，都有 Y 不依赖于 X'，则称 Y 完全依赖于 X。当 Y 完全依赖于 X 时，记为 $X\xrightarrow{F}Y$。

如果 $X→Y$，但 Y 不完全函数依赖于 X，则称 Y 对 X 部分函数依赖，记为 $X\xrightarrow{P}Y$。

例 5.7 中，学号→学生姓名，显然{学号}的真子集只有一个，为空集，则学生姓名为完全函数依赖于学号。而按定义函数依赖关系（学号,课程编号）→学生姓名是成立的，由以上分析，它是部分依赖关系。

（3）传递与直接函数依赖

定义 5.3 设有两个非平凡函数依赖 $X \to Y$ 和 $Y \to Z$，并且 X 不函数依赖于 Y，则称 Z 传递函数（Transitive Functional Dependency，TFD）依赖于 X。

在上述定义中，X 不函数依赖于 Y 意味着 X 与 Y 不是一一对应的；否则，Z 就是直接函数依赖于 X，而不是传递函数依赖于 X 了。

例如，例 5.7 中，函数依赖关系：课程编号→（课程名称, 教师编号），教师编号→（教师姓名，教师年龄）成立。由传递函数依赖的定义，教师年龄传递函数依赖于课程编号。

在第 2 章中已经对候选键、超键、主键等概念进行了介绍。候选键是能够唯一地标识元组且不包含多余属性的属性组，而主键则是由用户选定的一个候选键。由函数依赖的概念可对候选键进行更严格的定义：

在关系模式 $R(U)$中，K 是 U 的一个子集，如果函数依赖关系 $K \to U$ 成立，且不存在 K 的子集 K'使得 $K' \to U$ 成立，则 K 是 R 的**候选键**。

在例 5.7 中，对函数依赖关系进行分析可知：

（学号，课程编号）→（学号, 课程编号, 学生姓名, 课程名称, 课程成绩, 教师编号, 教师姓名, 教师年龄）

成立，且以下两个函数依赖关系不成立：

（学号）→（学号,课程编号, 学生姓名,课程名称, 课程成绩, 教师编号, 教师姓名, 教师年龄）

（课程编号）→（学号,课程编号, 学生姓名,课程名称, 课程成绩, 教师编号, 教师姓名, 教师年龄）

所以,（学号，课程编号）是关系模式“学习”的一个候选码。

一个关系模式可能有多个候选键,一般称包含在某一个候选键中的属性为关系模式的**主属性**，而不包含在任何候选键中的属性为**非主属性**。

3. 范式及其关系

关系规范化理论认为关系数据库中的每一个关系都要满足一定的规范，满足最低要求的称第 1 范式，简称 1 范式（1NF）。在第 1 范式中满足进一步要求的为第 2 范式，简称第 2 范式（2NF），其余范式包括第 3 范式（3NF）、BC 范式（BCNF）、第 4 范式（4NF）和第 5 范式（5NF）等。范式表示一种规范化的级别，所以如果关系模式 R 满足第 X 范式的条件，且不满足第 X+1 级范式的条件，则称为第 X 范式。各范式之间的关系如图 5.8 所示。

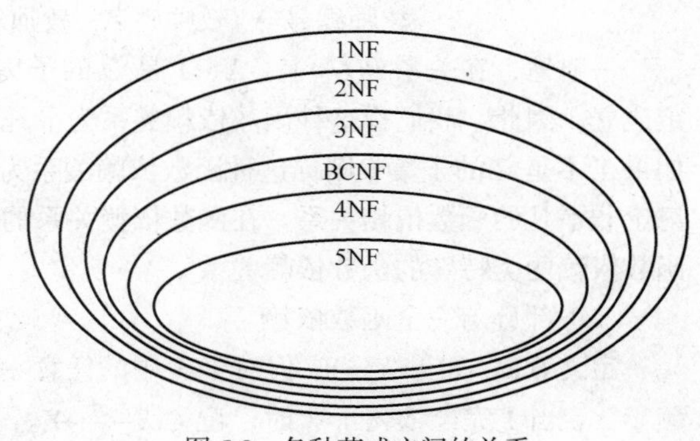

图 5.8　各种范式之间的关系

对常用的范式介绍如下。

定义 5.4 第 1 范式（1NF）：若一个关系模式 R 的所有属性都是不可再分的基本数据项，则该关系模式满足第 1 范式。

现实中很多数据表是不满足第一范式规定的，表 5.4 所示为一张存储学生信息的表，其中学生姓名字段又分为姓氏、名字、英文名和昵称 4 个子属性，也就是说姓名这个属性还可以拆分为更小的数据项，所以此数据表不满足 1NF。在任何关系数据库中，满足第 1 范式是最基本的要求，不满足第 1 范式的数据表不能被关系数据库存储和管理。用户需要将表 5.4 所示数据表转换成 1NF，再存储在关系数据库中。

表 5.4 学生信息

学号	姓名				性别	出生年月	籍贯	班级编号
	姓氏	名字	英文名	昵称				
050101	张	三秋	Nike	张三	男	1986-6-9	广东	111
050102	王	五	John	五儿	男	1986-8-8	江苏	110

定义 5.5 第 2 范式（2NF）：若关系模式 *R* 属于 1NF，且其中每个非主属性完全函数依赖于键（候选健或主键，下同），则 *R* 属于 2NF。

2NF 不允许关系模式中非主属性部分函数依赖于键。由定义可知，第 2 范式的实质是要从第 1 范式中消除非主属性对候选键的部分函数依赖。如果一个关系模式不属于 2NF，就会出现插入、删除、更新异常。

例 5.8 对例 5.7 中给出的描述学生信息的关系模式 *R*，其函数依赖包括：

学号→学生姓名

课程编号→课程名称

(学号，课程编号) →课程成绩

课程编号 → (课程名称，教师编号)

教师编号 → (教师姓名，教师年龄) 等。

由上可知，(学号，课程编号) 是唯一的候选键，因此它也是主键。属性“学号”“课程编号”是主属性，其他属性均为非主属性。此时，由于函数依赖关系 学号→学生姓名成立，因而存在非主属性对键的部分依赖，因此它不是 2NF。

将一个不是 2NF 的关系模式转换为 2NF 的方法是依据函数依赖关系对其进行分解。上例中可看到：

学号 → 学生姓名

课程编号 → (课程名称，教师编号)

教师编号 → (教师姓名，教师年龄)

因此，将关系分解为{*R*1 (学号,学生姓名)，*R*2 (课程编号,课程名称,教师编号)，*R*3 (教师编号,教师姓名,教师年龄)，*R*4 (学号,课程编号,课程成绩)}，则此关系模式集合中关系模式的键分别是学号、(课程编号，课程名称)、教师编号和 (学号，课程编号)。每个关系模式中都不存在非主属性对键的部分依赖，这 4 个关系模式都属于 2NF，因此分解后的关系模式的集合属于 2NF。

定义 5.6 第 3 范式（3NF）：若关系模式 *R* 属于 2NF，且每个非主属性都不传递依赖于键，则 *R* 属于 3NF。

如果关系模式 *R*(*U*)不满足 3NF，则其中一定存在着非主属性 *Y* 对键 *K* 的传递依赖。如例 5.6 中给出的关系模式，即：

学生（学号，姓名，性别，出生年月，籍贯，班级编号，班级名称，班长姓名，专业，系编号）分析这一关系模式可得其中存在的函数依赖关系包括：

学号 → (学生姓名，性别，出生年月，籍贯，班级编号)

班级编号 → (班级名称，班长姓名，专业，系编号)

所在系编号 → 所在学院编号

该关系的主键是学号，而学号 → 班级编号，班级编号 →系编号。所以，系编号传递依赖于学号。然而由于系编号是非主属性，它未出现在任意一个候选键中，因而关系模式学生中存在非主属性对键的传递依赖。因此它不是3NF。

一个关系模式不是3NF，同样会存在插入、删除和更新异常。将一个不是3NF的关系模式转换为3NF的方法同样是依据函数依赖关系对其进行分解。

对上例中学生模式进行分解 {S1(学号, 姓名, 性别, 出生年月, 籍贯, 班级编号), S2(班级编号, 班级名称, 班长姓名, 系编号)}，则 S1、S2 的键分别是学号和班级编号，这两个关系中都不存在非主属性对键的传递依赖，因此都属于3NF。

在实际应用系统中，通常数据库设计要求达到3NF即可，4NF及更高范式较少应用，因此，这里不做详细讨论。

4. 规范化方法

如上所述，低范式的关系模式通过规范化可转化为高一级范式的关系模式的集合，这一过程称为关系模式的规范化，也称模式分解。关系规范化理论提供一系列的模式分解算法来进行关系模式的规范化。模式分解的基本原则是"无损连接分解"和"保持函数依赖"。

当对关系模式 *R* 进行分解时，*R* 的每个关系实例的每个元组将分别在相应属性集上进行投影而产生新的关系。如果对新关系进行自然连接所得到的元组的集合与原关系完全一致，则称这些分解为"无损连接分解"。当对关系模式 *R* 进行分解时，其函数依赖关系也将按相应模式进行分解，如果分解后的函数依赖集与原函数依赖集等价，不会丢失函数依赖关系，则称此分解为"保持函数依赖"的分解。

5.4.3 逻辑结构详细设计

数据库的逻辑结构设计，除了规范化以外，还需要选定数据库管理系统软件，并给出数据库逻辑结构的详细设计，包括每个表的结构及表之间的关联等。

设计表结构是对逻辑模式中给定的每一个关系进行结构设计，确定其表名、所包含字段信息和完整性约束等。其中，字段信息一般包括字段名、数据类型、长度、小数位数、是否可取空值、是否有默认值等，完整性约束则指主键、外键及用户定义的属性必须满足的约束条件。例如，学生信息管理系统中的学生模式，假设要在Access中实现，则其详细结构如表5.5所示。

表5.5　学生表的逻辑结构信息

字段名	数据类型	长度	默认值	规　则	索　引
学号	文本	12	无	无	主键索引
姓名	文本	8	无	无	一般索引
性别	文本	2	男	取值：{男, 女}	
出生年月	日期/时间	短日期	无	[出生年月] > #1950-1-1# And [出生年月] < #2000 - 1 -1#	
籍贯	文本	100	广东	无	
班级编号	文本	6	无	无	一般索引、外键

由表5.5可知，属性"学号"上建立了主键索引，而姓名和班级编号属性上建立了一般索引。本书4.5.1小节介绍索引知识时，曾提到一般索引是索引字段上包含重复值的索引，可通过在表的

设计视图中相应字段的索引属性中选择“有（有重复）”选项建立。另外，如果经常对用户姓名或籍贯进行查询操作也可在相应字段上建立一般索引，以提高查询速度。

属性出生年月上有一个有效性规则：“[出生年月]>#1950-1-1# And [出生年月]<#2000-1-1#”，指所有学生出生日期在 1950 年 1 月 1 日到 2000 年 1 月 1 日之间，对应现实中目前考虑的大学生出生年月范围。用户的输入错误，可通过有效性规则、格式或输入掩码进行约束。这些工具可帮助用户进行输入检查，以保证数据库内数据的正确性。

表 5.6～表 5.12 所示为学生管理信息系统中所有关系模式的详细结构设计，数据库的逻辑结构见例 5.4。

表 5.6 学院

字段名	字段类型	字段长度	默认值	规则	索引类型
学院编号	字符型	1	无	数字、字母	主键索引
学院名称	字符型	40	无	汉字	
院长姓名	字符型	8	无		
电话	字符型	13	无	数字、下划线	
地址	字符型	50	无	无	

表 5.7 系

字段名	字段类型	字段长度	默认值	规则	索引类型
系编号	字符型	6	无	数字、字母	主键索引
系名称	字符型	40	无	汉字	
系主任	字符型	8	无		
学院编号	字符型	1	无	数字、下划线	一般索引，外键

表 5.8 班级

字段名	字段类型	字段长度	默认值	规则	索引类型
班级编号	字符型	6	无	数字、字母	主键索引
班级名称	字符型	40	无	汉字、数字	
班长姓名	字符型	8	无		
专业	字符型	20	无		
系编号	字符型	6	无		一般索引，外键

表 5.9 课程

字段名	字段类型	字段长度	默认值	规则	索引类型
课程编号	字符型	6	无	数字、字母	主键索引
课程名	字符型	12	无	汉字	
学时	数值型	短整型	56	>0	
学分	数值型	单精度	4	>0 且<6	

表5.10 选课

字段名	字段类型	字段长度	默认值	规则	索引类型
学号	字符型	12	无	数字、字母	主键索引、外键
课程编号	字符型	6	0		主键索引、外键
教师编号	字符型	8	0		外键
成绩	数值型	单精度	0	>0 且<=100	

表5.11 教研室

字段名	字段类型	字段长度	默认值	规则	索引类型
教研室编号	字符型	6	无	数字、字母	主键索引
教研室名称	字符型	20	无		
系编号	字符型	6	无		外键

表5.12 教师

字段名	字段类型	字段长度	默认值	规则	索引类型
教师编号	字符型	8	无	数字、字母	主键索引
姓名	字符型	8	无		
性别	字符型	2	“男”	取值:{男,女}	
职务	字符型	8	无		
教研室编号	字符型	6	无		外键

Access 中可对数据表中的字段进行的设置有多种，每种设置的功能与具体方法在第4章中已有介绍。事实上 Access 属于桌面型数据库系统，其设计目标是方便快捷地进行少量数据的处理，因而对数据库用户自定义完整性约束、数据库安全性等方面的支持相对较弱。在大的数据库管理系统中往往提供更多的约束设计方法，以提高数据一致性与完整性。

5.5 物理结构设计

数据库物理结构设计就是为设计好的逻辑数据模型选择最适合应用要求的物理结构。换句话说，就是在应用环境中的物理设备上，为全局逻辑数据模型建立一个能在特定的 DBMS 上实现的关系数据库模式。它依赖于所选择的数据库管理系统和给定的计算机软、硬件环境。

数据库物理结构设计主要分为如下两个方面：

（1）确定数据库的物理结构，在关系数据库中主要指存取方法和存储结构；

（2）对物理结构进行评价，评价的重点是时间效率和空间效率。

如果评价结果满足原设计要求，则可进入下一阶段，否则就需要重新设计或修改物理结构，有时甚至需要重新返回逻辑结构设计阶段修改关系模式或数据模型等内容。

5.5.1 确定数据库的物理结构

不同数据库管理系统提供的物理环境、存取方法和存储结构差距很大，因此没有一种通用的物理结构设计方法可适用于所有数据库的物理结构设计。要做一个好的物理结构设计，首先需要对数据库上要运行的各种事务进行详细分析，获得选择物理数据库设计的必要参数；其次要对所使用的数据库管理系统的特征进行了解，特别是其存储结构和所提供的存取方法等。物理设计阶段的主要工作如下。

（1）设计物理表示方式，即设计关系模式的存取方法，给出关系、索引等数据库文件的存储安排和存储结构，确定数据库系统配置等。

（2）依据应用要求设计数据库的用户视图等结构，并确定每类用户对系统的存取权限等数据库安全机制。

一般大型数据库管理系统，如 Oracle、DB2 等，都提供多种工具辅助用户进行数据库的物理结构设计。Microsoft Access 对数据库物理结构的管理相对较弱，未提供专用工具进行数据库的物理结构设计。在 Access 2003 中，数据库物理结构相关的操作只有索引管理、数据库压缩、编码/解码等。Access 2007 及之后的版本都提供数据库分析工具，用于对数据库性能、表结构等进行分析，辅助完成数据库的物理结构管理。

5.5.2　对物理结构进行评价

数据库物理结构设计过程中，需要对数据库的时间效率、空间效率、维护代价和各种用户要求多个方面进行衡量、综合，这可能产生多个数据库物理存储方案。因此，数据库设计人员需要对不同方案进行细致评价，从中选择一个最优或较优的方案作为数据库的物理结构。若选择的方案能够满足逻辑模型的要求，则进入数据库实施阶段。否则，需要修改或重新设计数据库物理结构，必要时可能需要修正逻辑数据模型，直到得到最佳的数据库物理结构为止。

5.6　数据库实施

完成数据库的物理结构设计后，可进入数据库实施阶段，此阶段设计人员首先要把前一阶段逻辑结构设计和物理结构设计的结果用 DBMS 提供的数据定义语言或其他辅助工具表达出来，在开发系统中建立数据库的结构；其次组织数据入库；最后编写和调试应用程序，实现应用系统所提供的功能。

数据库实施过程中，组织数据入库是一项非常复杂的工作。一般数据库系统的数据量都非常大，而且数据来源于单位的各个不同部门，原始数据的组织方式、结构与格式千差万别。组织数据入库就是要对各个局部应用中已存在的数据进行抽取、录入、清洗、分类等操作，最终形成适合新数据库系统要求的形式，并输入到数据库中。这一工作一般是相当耗时、耗力的。为提高数据入库操作质量和效率，一般会建立数据输入子系统，由计算机辅助完成这项工作。另外，编写和调试应用程序应该与数据库设计同时进行。一般使用实验数据编写和调试应用程序，待数据库实施阶段数据库完成或部分完成后，才使用数据库提供的真实数据。

组织数据入库完成后，系统进入联合调试期。应用程序对数据库进行各种操作，测试其功能和性能是否满足设计要求，同时也对数据库进行功能与性能方面的测试。如果测试的结果与设计目标不符，则返回物理结构设计阶段，重新调整数据库物理结构，修改参数。某些情况下，甚至可能返回数据库逻辑结构设计阶段，修正数据库的逻辑结构。

例如，对学生信息管理系统数据库，此阶段需要做的工作如下：

（1）在 Access 2010 中，利用 CREATE TABLE 语句或交互式图形界面建立学院、系、班级、教研室等 8 张数据表，并定义表上的约束条件与表之间的关联关系；

（2）针对不同应用，为其建立访问数据库的视图，即查询；

（3）输入少量测试数据，对数据库结构进行评价、调整；

（4）组织数据输入到数据库中，必要时调整数据库结构。

5.7 数据库维护

数据库试运行，系统性能达到需求指标后，数据库开发工作基本完成，数据库可投入正式运行。但由于应用环境不断变化、用户提出新的需求等原因，因而对数据库设计进行评价、修整、修改等维护性工作是一项长期任务，同时也是设计工作的继续和提高。数据库运行阶段，维护工作通常由数据库管理员（Database Administrator，DBA）完成。其主要工作内容包括以下几点：

（1）数据库转储和恢复；

（2）数据库安全性和完整性控制；

（3）数据库性能的监督、分析和改进；

（4）数据库的重新组织和重新建构。

小　结

本章介绍了数据库设计的基本步骤，包括需求分析、概念结构设计、逻辑结构设计、物理结构设计、数据库的实施与运行维护等。针对每一步骤，本章列出其具体任务及每一任务的常用处理方法。

然后，详细介绍了数据库的 E-R 模型设计、概念结构到逻辑结构的转换等内容，但对数据库的物理结构设计未做详细介绍，其原因是 Access 2010 本身只是微软公司办公套件中的一个简单的数据管理工具，其面向的是日常办公室应用，主要处理简单、小数据量的数据库应用，Access 2010 对复杂、高效的数据存储结构、较完善的数据一致性维护没有提供支持。有兴趣的读者可以学习 Oracle、DB2 或 SQL Server 等大型数据库管理系统中对物理结构管理相关的内容。另外，关系数据库的规范化理论也不在本书详细介绍之列，有兴趣的读者可以在学习本章内容的基础上通过阅读专业书籍学习相关内容。

通过本章内容的学习，读者可了解一般关系数据库的设计与实施过程，为以后设计与实现数据库应用系统打下基础。

习　题

1. 什么是数据库设计？
2. 数据库需求分析阶段是如何实现的？目标是什么？
3. 试述采用 E-R 模型进行数据库概念设计的过程。

4. 某大学实行学分制，学生可依据自己的情况选课。每名学生可同时选修多门课程，每门课程可由多名教师讲授，每位教师可讲授多门课程。

（1）试用 E-R 图描述教师、学生和课程之间的关系。

（2）指出教师和课程、学生和课程之间联系的类型。

（3）若每名学生有一位教师指导，每个教师指导多名学生，则学生和教师之间是何联系？

（4）请给出该 E-R 模型转换成的数据库模式。

（5）请在 Access 2010 中建立该数据库，并录入适量实验数据。

5. 假设需要建立一个企业数据库，该企业有多个下属单位，每个单位有多名职工，一个职工仅属于一个单位，且每个职工仅在一个项目中工作，但一个工程可有多名职工参加工作，有多个供应商为工程供应不同设备。请完成下列工作：

（1）设计满足上述需求的 E-R 模型，实体的属性自行列出；

（2）将 E-R 模型转换为等价的关系模式；

（3）根据你的理解用下划线标出每个关系的码。

第6章 数据查询

查询是 Access 2010 中数据使用和分析工具，是在指定的（一个或多个）表中根据给定的条件从中筛选所需要的信息，供用户查看、更改和分析使用。本章介绍查询条件下的概念与使用方法，通过查询条件下的设置可准确地表达用户使用数据的意图，查找到所需要的数据。根据数据源操作方式和操作结果的不同，查询一般分为选择查询、生成表查询、追加查询、更新查询、交叉表查询和删除查询 6 类。本章分别介绍每类查询建立与使用的方法。

6.1 查询概述

查询是 Access 数据库中的一个重要对象。利用查询可以对数据表进行检索，筛选出符合条件的记录，构成一个新的数据集合，方便用户对数据库进行查看和分析。查询的过程就是从数据库的一张或多张表或其他数据源中抽出若干行和列组成一张新数据表的过程。人们建立数据库的目的是使用其中的数据，从这个角度来说，数据的查询过程就是使用数据的过程。

查询也可看作数据表，只不过它是以其他数据表（可能是数据库中的表或查询）为数据来源的导出表。对查询，数据库只保存其定义，当用户使用查询时，需要发送运行查询命令，此时由数据库管理系统临时抽取并计算查询结果，并以数据表的方式显现给用户。这样做的优势是可保持查询结果是实时的，与数据源中的数据保持同步。其缺点是查询的运行需要消耗时间，这也是数据库管理系统时间效率与空间效率平衡的结果。

在完备的关系数据库系统中，查询一般被定义成“视图”，即数据库三层架构中的外模式。在数据库设计过程中通过视图的使用，可为不同用户提供不同的数据库“视图”。它一方面可使用户集中精力于其所关注的数据而不必理会整个数据库中大量的、与其无关的数据；另一方面对数据库起保护作用，防止用户对数据库有意或无意的破坏性操作。

在 Access 中，查询不仅可以根据用户要求或条件检索出数据，还可以进行分类、汇总和统计工作，计算出人们想要的数据。如对学生表，查询可统计班级总人数、每个学生各科总成绩，计算各班同学某门课程的平均成绩等。此外，查询还可以对数据表进行数据操纵，包括追加、更新和删除记录等。另外，查询不仅可以单独执行，还可以作为其他查询、窗体和报表的数据源，按窗体或报表的方式显示给用户，满足其使用数据的要求。

按照查询的方式，Access 的查询分为选择查询、生成表查询、追加查询、更新查询、交叉表查询和删除查询 6 类，如图 6.1 所示。

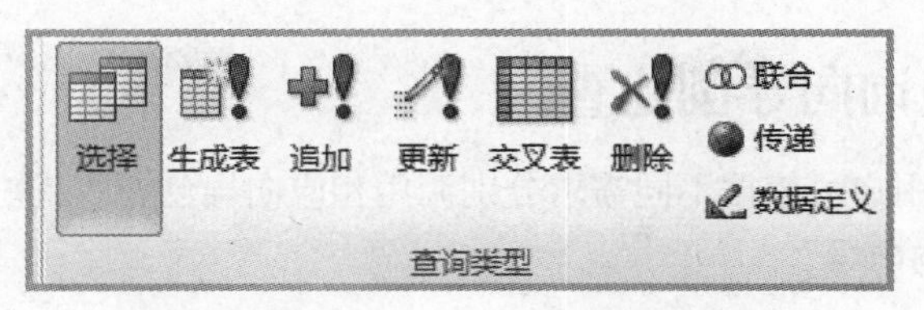

图 6.1　Access 2010 的查询类型

1. 选择查询

选择查询是最常用的查询类型，它从一张或多张相关联的表或查询中检索数据，并且用数据表视图显示结果。用户也可使用选择查询来对记录进行分组，或对记录进行求和、计数、平均值、最大值、最小值及其他类型的计算。

2. 生成表查询

从一张或多张相关联的表或查询中检索数据，并将查询结果存储为一张新表。生成表查询检索数据的方式与选择查询相同，只是选择查询不保存查询结果，而生成表查询会将结果存储起来。

3. 追加查询

从一张或多张相关联的表或查询中检索数据，并将查询结果添加到一张或多张表的尾部。

4. 更新查询

对一张表中的一个或多个符合条件的数据进行修改。

5. 交叉表查询

交叉分析是一种非常实用的统计技术，它是指依据数据内容产生一张矩阵表，在水平和垂直两个方向各设置想要呈现的数据条目，计算行、列交集的结果。Access 提供简单、易用的交叉分析查询功能，以便快速产生数据库中数据的交叉分析表。

6. 删除查询

删除一张表中的一条或多条符合条件的记录。

6.2　创建与维护查询

在 Access 中创建查询的方法有以下几种。

（1）使用查询向导创建查询。

Access 提供的查询向导包括简单查询向导、交叉表查询向导、查找重复项查询向导和查找不匹配查询向导 4 种。简单查询向导可创建针对一个或多个表的较简单的查询。使用交叉表查询向导可创建交叉表查询。使用查找重复项查询向导可创建一个包含数据源中指定字段具有重复字段值的记录的查询。使用查找不匹配查询向导，可创建一个包含与数据源中指定查找字段不匹配的字段值记录的查询。

（2）使用设计视图创建查询。

（3）使用 SQL 语言创建查询。

事实上，创建查询一般将前两种方法结合使用，即首先利用向导生成与查询结果最相似的查询，如果所得查询与想要的结果不完全匹配，则再利用设计视图对其进行修正，直到所得结果完全符合要求。第三种方法，即使用 SQL 语言，可创建所有类型的查询，但需要对 SQL 语言有较好的掌握，本书第 7 章中将对 SQL 语言进行详细介绍。

6.2.1 使用查询向导创建查询

由上述内容可知，用户可依据不同需求分别调用相应向导创建查询。下面分别介绍其用法。

1. 使用“简单查询向导”

（1）打开数据库。

（2）在“创建”\“查询”工具组中单击“查询向导”，如图 6.2 所示，则系统显示“新建查询”对话框，如图 6.3 所示。

图 6.2 “新建查询”工具组

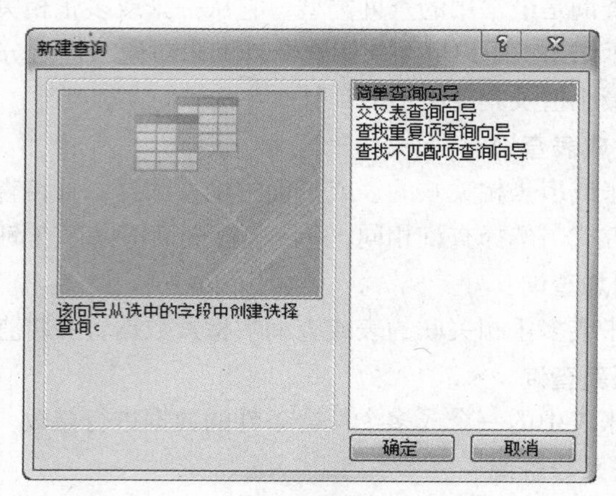

图 6.3 “简单查询向导”对话框

（3）在“新建查询”对话框中选择“简单查询向导”选项，单击“确定”按钮。此时，系统打开图 6.4 所示的“简单查询向导”对话框。在该对话框中，根据向导提示选择数据来源表或查询，选定数据源中要显示的字段，单击“下一步”按钮。

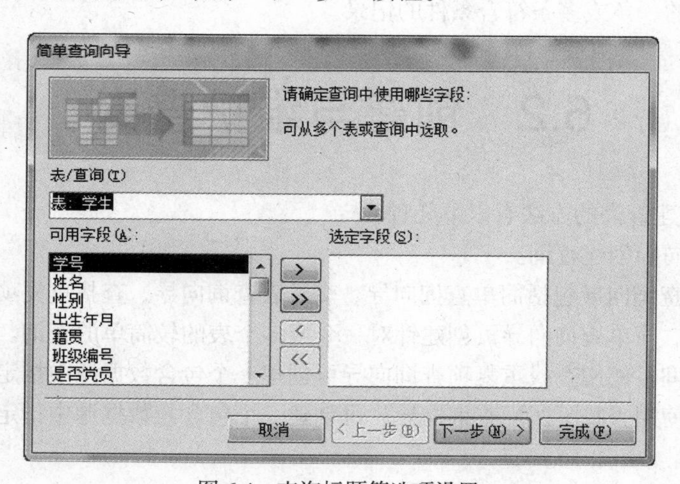

图 6.4 查询标题等选项设置

（4）依系统提示，可继续设置查询标题，并选择“打开查询查看信息”或“修改查询设计”选项。单击“完成”按钮，则依据用户设定的选项进入“打开查询查看信息”或“修改查询设计”界面。

例 6.1 在学生信息管理系统中要查询学生所在班级、学号、姓名、专业和所在系名等信息，试用简单查询向导完成查询的创建，并给出查询结果。

创建此查询操作步骤如下。

（1）打开学生信息管理系统数据库，在“创建”选项卡的“查询”组中，单击“查询向导”，如图 6.2 所示，进行新建查询操作。

（2）选择“简单查询向导”选项，打开“简单查询向导”对话框。在此对话框的“表/查询”下拉列表中选择“表：学生”选项，则系统显示学生表的所有字段作为可用字段。在“可用字段”列表框中选择“学号”选项，单击 > 按钮，则学号字段添加到“选定字段”列表框中。同样，选择“姓名”字段并添加到“选定字段”列表框中。

（3）参照步骤（2），选择“表：班级”，将“班级名称”“专业”字段添加到“选定的字段”列表框。再选择“表：系”，将其“系名称”字段添加到“选定的字段”列表框。字段选择结果如图 6.5 所示。在此注意添加字段的顺序应与题目要求一致，如果不一致，需要删除所选字段重新添加。

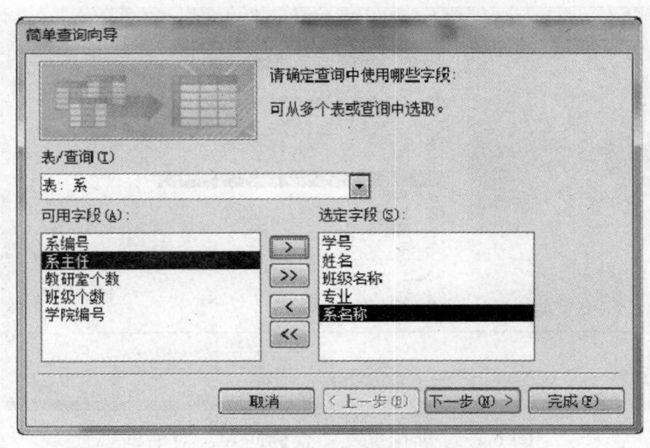

图 6.5 选择字段操作

（4）单击“下一步”按钮进行查询标题设置，并选择“打开查询查看信息”项，查询结果如图 6.6 所示。

学生-班级-系名的查询

学号	姓名	班级名称	专业	系名称
050123	张伟强	马列1	马列	思政系
050126	张新丽	马列1	马列	思政系
050127	林悦洁	马列1	马列	思政系
050130	黄大洪	马列1	马列	思政系
050131	麦勇杰	马列1	马列	思政系
050124	蔡一红	计机3	计算机	计算机系
050102	王五	计机2	计算机	计算机系
050110	梁英华	计机2	计算机	计算机系
050117	陈美丽	计机2	计算机	计算机系
050122	李严伟	计机2	计算机	计算机系
050135	石楠	计机2	计算机	计算机系
050217	陈美凤	计机2	计算机	计算机系
050101	张三秋	计机1	计算机	计算机系
050105	杜全文	计机1	计算机	计算机系
050106	刘德华	计机1	计算机	计算机系
050121	谢英伟	计机1	计算机	计算机系
050107	陆珊玉	软件1	软件工程	计算机系
050111	张玲玲	软件1	软件工程	计算机系
050113	江铃	软件1	软件工程	计算机系
050120	江勇明	软件1	软件工程	计算机系

记录: 第 1 项(共 44 项 无筛选器 搜索

图 6.6 例 6.1 的查询结果

2．使用“查找重复项查询向导”

根据重复项查询向导创建的查询结果，可以确定在表中是否有重复的记录，或确定记录的某个字段是否取相同的值。例如，可以搜索“姓名”字段中的重复值来确定学生中是否有重名的员工记录。建立查找重复项查询可利用“查找重复项查询向导”来进行。下面通过一个实例来介绍其用法。

例6.2 查找选修两门以上课程的学生所学习的所有课程和成绩。

题目的要求可以看作是在选课表中进行学号相同的重复项查询，即查找学号相同的学生的学号、课程编号和成绩字段。其操作步骤如下。

（1）打开学生信息管理系统数据库，进行新建查询操作，选择“查找重复项查询向导”选项，打开“查找重复项查询向导”对话框，如图6.7所示。在“查找重复项查询向导”对话框中选择“表：成绩”作为要搜索重复项的表。

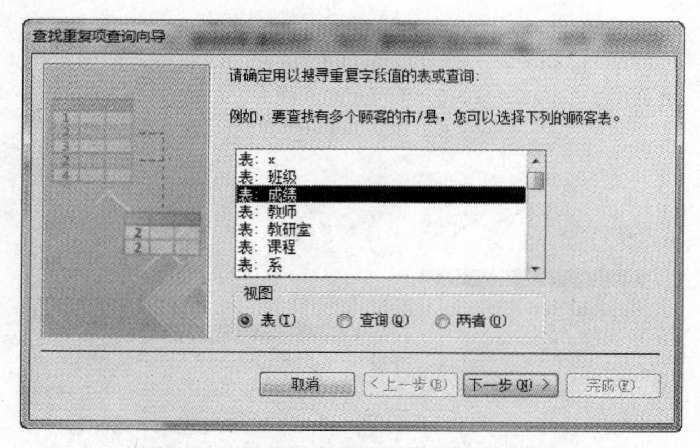

图6.7 “查找重复项查询向导”对话框

（2）单击“下一步”按钮，系统显示图6.8所示的对话框。从中选择“学号”作为重复值字段，并单击“下一步”按钮。

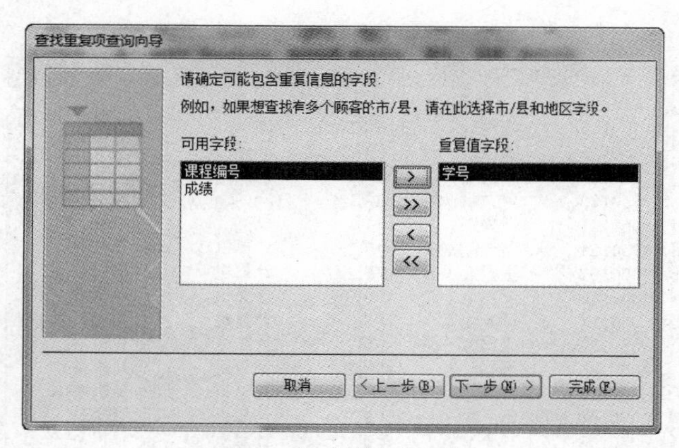

图6.8 选择重复值字段

（3）此时，系统提示要用户选择其他要查询的字段，对话框格式与图6.8相同，其用户选择字段的操作方式也相同。在此选择“课程编号”和“成绩”字段并单击“下一步”按钮。

（4）系统给出填写查询名称、选择“查看结果”或“修改设计”的选项。在此选择项查看结果，则查询结果如图6.9所示。

查找 成绩 的重复项

学号	课程编号	成绩
050101	03333	81
050101	03356	80
050101	03357	78
050101	03360	80
050101	03001	88
050102	03001	80
050102	03333	78
050102	03356	86
050102	03357	88
050103	03360	86
050103	03001	83
050103	03356	76
050104	03356	91
050104	03360	81
050104	03001	86
050105	03001	81
050105	03333	71
050105	03357	86
050106	03001	92

记录: 第 1 项(共 25 项 无筛选器 搜

图 6.9 成绩表上的重复项查询

3. 使用“查找不匹配项查询向导”

查找不匹配项查询的作用是供用户在一个表中找出另一个表中所没有的相关记录。在具有一对多关系的两个数据表中，对于“一”方的表中的每一条记录，在“多”方的表中可能有一条或多条或没有记录与之对应，使用不匹配项查询向导，就可以查找出那些在“多”方中没有对应记录的“一”方数据表中的记录。下面通过一个实例来介绍其用法。

例 6.3 查询所有没有学生选修过的课程的信息。

题目的要求可以看作在课程表与成绩表中查找不匹配项，显示课程的所有字段信息。其操作步骤如下。

（1）打开学生信息管理系统数据库，进行新建查询操作。选择“查找不匹配项查询向导”选项，打开“查找不匹配项查询向导”对话框。此对话框的结构与图 6.6 相似，从中选择“表：课程”作为第一张要比较的表，并单击“下一步”按钮。

（2）此时系统要求输入第二张要比较的表，在对话框中输入“表：成绩”，并单击“下一步”按钮。则系统显示图 6.10 所示的对话框。

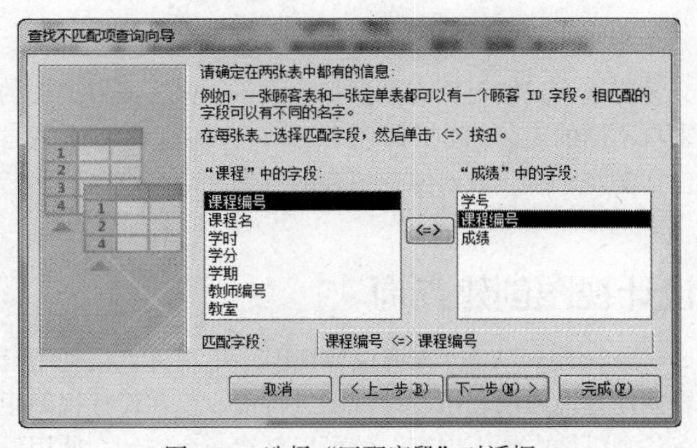

图 6.10 选择“匹配字段”对话框

（3）选择“课程编号”作为两张表匹配的字段，单击“下一步”按钮，则系统提示输入查询结果中所需显示的字段，选择所有字段，然后单击“下一步”按钮。

（4）依据系统提示，输入查询名，并选择“查看结果”然后单击“完成”按钮，则系统显示查询结果如图 6.11 所示。

课程 与 成绩 不匹配

课程编号	课程名	学时	学分	学期	教师编号	教室
03002	马克思主义	56	4	2	30008	1203
03003	哲学	56	4	3	30096	1209
03340	工程力学	60	4	3	30045	1208
03341	现代控制理论	56	3	4	30045	1305
03349	车辆工程学	64	4	4	30025	3109
03351	程序设计	56	4	2	30016	3208
03352	数据结构	60	4	3	30009	3211
03353	操作系统	64	4	4	30010	3304
03358	汇编语言	56	4	4	30018	3307

记录: 第 1 项(共 9 项) 无筛选器 搜索

图 6.11 课程表与成绩表不匹配项的查询结果

4. 使用“交叉表查询向导”

使用交叉表查询计算和重构数据，可以简化数据分析。交叉表查询将用于查询的字段分成两组，一组以行标题的方式显示在表格的左边；一组以列标题的方式显示在表格的顶端，在行和列交叉的地方对数据进行总合、平均、计数或者是其他类型的计算，并显示在交叉点上。使用交叉表查询向导可创建交叉表查询，其操作步骤是依次选择行标题、列标题和汇总函数，最后显示结果。图 6.12 所示给出在系表上建立的交叉表查询，按学院名加系名分别统计的教研室个数的查询结果。此表可以清楚地看到每个学院的不同系的教研室个数，并统计出了每个学院教研室的总个数。

教研室 查询_交叉表

学院名称	总计 教研室编号	工程系	计算机系	数学系	思政系	外语系
工程学院	2	2				
理学院	1			1		
思政部	1				1	
外国语学院	1					1
信息学院	1		1			

记录: 第 1 项(共 5 项) 无筛选器 搜索

图 6.12 在系表上建立的交叉表查询

值得注意的是，交叉表查询只能对所有数据都存在于一张表或查询中的数据构造交叉表。图 6.12 中交叉表的数据来自不同的表。例如，学院名称取自学院表，系名取自系表。因此，需要先用简单查询向导建立包括学院、系、教研室三张表的查询并命名存储，然后才能在此查询基础上建立交叉表查询。

6.2.2 使用设计视图创建查询

设计视图是 Access 给出的一种综合查询设计视图，用户可直接利用设计视图创建和修改查询，也可利用各种向导创建查询后再利用设计视图进行修改。在设计视图中包含了创建查询所需要的各个组件，只需在各个组件中添入内容，就可以创建一个查询。使用设计视图，可以在不了解数据库原理、SQL 语言的情况下，方便地创建查询。

查询的设计视图界面如图 6.13 所示，其中主要包含两个窗体，即表/查询显示窗口和查询设计窗口。表/查询显示窗口用于显示查询的数据来源（表或已有查询）。窗口中的表或查询具有可视性，可列出所有数据源的字段信息。查询设计窗口是用来显示查询字段和查询条件下。查询设计窗口每一列包含上面窗口内的表或查询中单个字段的信息。

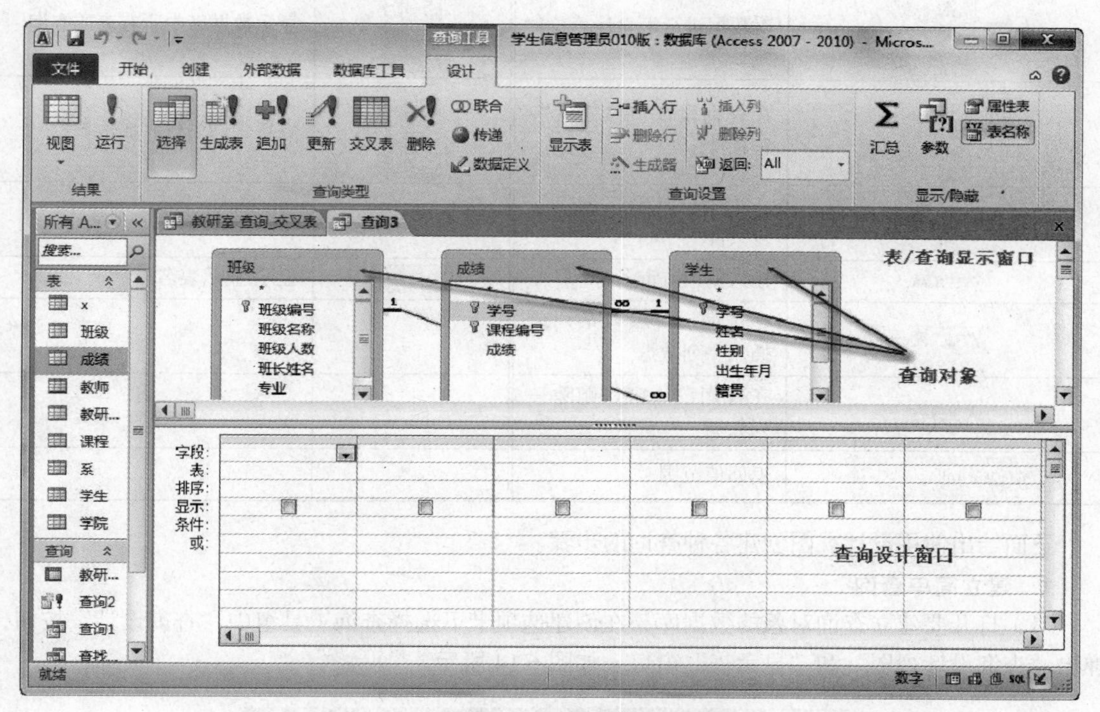

图 6.13　查询设计视图

查询设计窗口是由一些字段列和已命名的行所组成的窗口。其中已命名的行共有 7 行，它们的作用如表 6.1 所示。

表 6.1　查询设计窗口中行的功能

行 的 名 称	作　用
字段	可以在此输入或加入字段名
表	字段所在的表或查询的名称
总计	输入字段在查询中的运算方式，可选 group by、总计、平均值、最大值等
排序	可以选择查询所采用的排序方向，可选升序或降序
显示	利用复选框确定字段是否在数据表中显示
条件	可输入条件来选择数据，不同字段上的条件在同一行出现时处于与关系
或	与条件处于或关系的条件，可增加多行

另外，在查询的“设计”视图中，还经常会用到系统提供的工具栏上的按钮，表 6.2 所示为工具栏上各个按钮的图标及其对应的作用。

表 6.2 常用的按钮图标及其对应的作用

按　钮	功　能	按　钮	功　能
	保存查询设计		撤销上一步或几步操作
视图	选择查询的视图方式	运行	运行查询，生成查询结果
汇总	对数据进行汇总计算	显示表	显示数据库中所有表或查询
插入行	在查询设计窗口插入一行条件	参数	设置查询运行时输入参数
删除行	在查询设计窗口删除一行条件	属性表	显示/不显示所选对象的属性
生成器	输入复杂查询条件	表名称	显示/显示表名
插入列	在查询设计窗口某列前插入一列数据		
删除列	在查询设计窗口删除一列数据		
返回: All	返回值范围		

下面给出使用设计视图创建各种查询的步骤。

1．建立简单查询

（1）打开要建立查询对象的数据库，在创建选项卡下选择查询工具组中“查询设计”按钮，弹出“查询设计视图”和“显示表”窗口，如图 6.14 所示。

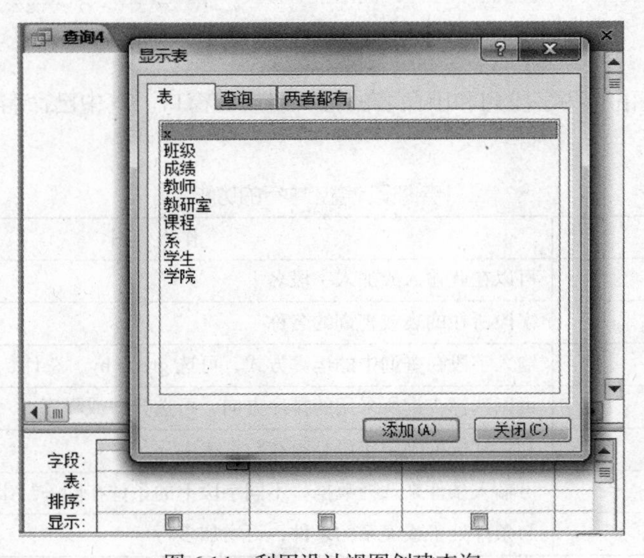

图 6.14　利用设计视图创建查询

（2）选择要查询的表或查询名，单击“添加”按钮，将选择的表添加到查询窗口中表/查询显示窗口。按同样的方法将查询中需要的表依次添加到查询窗口中，然后单击“关闭”按钮，返回到查询窗口。若查询建立过程中需要使用不同表或查询的数据，可将鼠标放在查询设计窗口中，单击右键从右键菜单上选择“显示表”来增加需要的表或查询。

（3）依次选择查询中使用的字段，选择字段可以从表/查询显示窗体的数据源中双击字段或拖动字段到查询设计窗口的字段栏中，也可以在查询设计窗体中的空白列单击字段行。选择字段后可依次输入查询条件、是否显示、是否有排序、总计等内容。

（4）查询设计完成后，通过关闭查询设计窗口或使用工具栏上的“保存”按钮，将查询命名并保存。

（5）在数据库窗口中单击刚刚建立的查询名称，选择“设计”命令可以对查询进行修改，单击“运行”按钮可查看查询结果。如果查询满足使用要求，查询设计过程结束；如果查询结果不理想，则对其进行修改。

下面给出一个简单的设计实例来说明查询设计过程。

例 6.4 对学生表按“出生年月”进行排序。

首先打开学生信息管理系统数据库，选择创建选项卡中查询工具组中的“查询设计”按钮，弹出查询设计视图的添加表窗口，如图 6.14 所示。

选择“学生”表，单击“添加”按钮，再单击“关闭”按钮关闭添加数据源对话框，进入字段操作对话框。选择所有要显示的字段，在出生年月字段上单击“排序”行，选择“升序”或“降序”。最后，单击工具栏中的“运行”按钮，则数据显示如图 6.15 所示。

查询4

学号	姓名	性别	出生年月	籍贯	班级编号	是否党员
050120	江勇明	男		江苏	112	☐
050140	张扬	女				☐
050108	陈晓丽	女	1985/8/14	广东	115	☐
050103	李玉	女	1985/9/12	湖南	115	☐
050131	麦勇杰	男	1986/1/23	湖南	101	☐
050109	林青	男	1986/1/25	广东	120	☑
050133	黄金峰	男	1986/2/24	广东	112	☐
050111	张玲玲	女	1986/3/15	广东	112	☑
050127	林悦洁	女	1986/5/15	广东	101	☐
050101	张三秋	男	1986/6/9	广东	111	☑
050116	江迪	男	1986/8/4	广东	115	☐
050216	江海迪	男	1986/8/4	广东	115	☐
050102	王五	男	1986/8/8	江苏	110	☑
050107	陆珊玉	女	1986/8/9	广东	112	☐
050104	黄国度	男	1986/8/13	广东	120	☐
050117	陈美丽	女	1986/8/15	广东	110	☐
050217	陈美凤	女	1986/8/15	广东	110	☐
050119	容小丽	女	1986/8/25	江西	115	☐
050122	李严伟	男	1986/9/10	广东	110	☐
050114	李勇先	男	1986/9/18	广东	120	☐
050124	蔡一红	男	1986/9/26	江西	109	☐
050125	黄东东	男	1986/11/21	湖南	120	☐
050115	黄丽丽	女	1986/12/6	湖南	120	☐
050215	黄丽扬	女	1986/12/6	湖南	120	☐
050105	杜全文	男	1987/1/15	湖北	111	☑
050187	张仲夏	女	1987/4/16	广东	115	☑

记录: 第 1 项(共 45 项 无筛选器 搜索

图 6.15　简单查询

2. 多表查询

利用设计视图，可从多个数据源中抽取数据并显示，这一般称为多表查询或连接查询。在此需要注意，多个在同一查询中出现的表一般存在关联关系，如果没有关联关系所得到的数据是各表数据的笛卡儿积，通常这样的数据是没有意义的。这种查询可以通过简单查询向导建立，也可通过设计视图建立。

例 6.5 显示每个学生的学生姓名、所在班级名、专业等信息。

操作步骤与单表查询操作步骤基本相同，只是在选择数据源时需要选择学生和班级两张表，操作结果如图 6.16 所示。

查询5

班级名称	专业	姓名
马列1	马列	张伟强
马列1	马列	张新丽
马列1	马列	林悦洁
马列1	马列	黄大洪
马列1	马列	麦勇杰
计机3	计算机	蔡一红
计机2	计算机	王五
计机2	计算机	梁英华
计机2	计算机	陈美丽
计机2	计算机	李严伟
计机2	计算机	石楠
计机2	计算机	陈美凤
计机1	计算机	张三秋
计机1	计算机	杜全文
计机1	计算机	刘德华
计机1	计算机	谢英伟
软件1	软件工程	陆珊玉
软件1	软件工程	张玲玲

记录: 第 1 项(共 44 项 无筛选器 搜索

图 6.16　多表查询实例

3. 参数查询

执行查询过程中，在对话框中输入指定参数，即可查询与该参数相关的所有记录（不显示其他记录），这种查询称为参数式查询。参数查询提高了查询的灵活性，使得查询可一次输入多次运行且每次因输入数据的不同而得到不同结果。

操作方法如下。

（1）在查询工具中选择“参数”命令，或在查询窗口中单击鼠标右键，在弹出的快捷菜单上选择“参数”，可进入“查询参数”窗口，如图 6.17 所示。

图 6.17　查询参数设置对话框

（2）输入“参数名称”，确定“数据类型”，再单击“确定”按钮，返回“选择查询”窗口。

（3）打开“表达式生成器”窗口，确定字段准则，参数可视为准则中的一个“变量”。

（4）保存查询，结束参数查询的创建。

例 6.6 建立查询，要求可依据输入生成不同籍贯的学生的信息。

操作方法：新建查询，选择“查询工具”组中的“参数”选项，在图 6.17 所示对话框中输入参数“d1”，在数据类型中选择“文本”，单击“确定”按钮返回查询设计窗体。此时，在字段中选择籍贯字段，在其条件行中输入条件“=[d1]”完成查询设计，如图 6.18 所示。运行查询，在参数 d1 输入对话框中输入“广东”，则显示所有籍贯是广东的学生，如图 6.19 所示。如果运行查询时输入其他值，则输出籍贯等于其他省学生的信息。

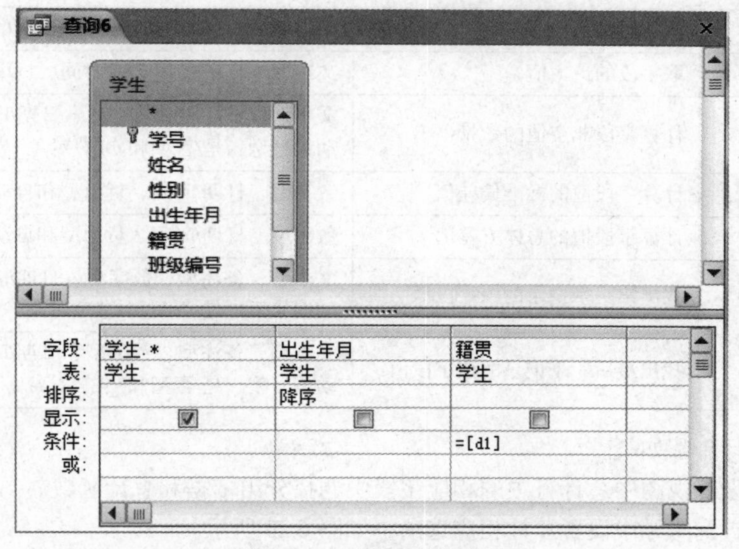

图 6.18 在查询中使用参数

查询6

学号	姓名	性别	出生年月	籍贯
050113	江铃	女	1987/8/19	广东
050121	谢英伟	男	1987/6/4	广东
050106	刘德华	男	1987/5/8	广东
050187	张仲夏	女	1987/4/16	广东
050139	林小北	男	1987/4/16	广东
050138	林心如	女	1987/4/16	广东
050137	林林	男	1987/4/16	广东
050136	王华如	女	1987/4/16	广东
050112	王华如	女	1987/4/16	广东
050114	李勇先	男	1986/9/18	广东
050122	李严伟	男	1986/9/10	广东
050117	陈美丽	女	1986/8/15	广东
050217	陈美凤	女	1986/8/15	广东
050104	黄国度	男	1986/8/13	广东
050107	陆珊玉	女	1986/8/9	广东
050216	江海迪	男	1986/8/4	广东

记录: 第 1 项(共 23 项 无筛选器 搜索

图 6.19 广东籍学生信息显示

4. 总计查询

总计查询可以对表中的记录进行求和、求平均值等操作。总计查询是选择查询中的一种，在单表查询和连接查询中都可以使用。但默认状态下，“总计”一栏没有显示在查询条件窗口中。如果要对数据进行汇总查询，可以通过菜单“视图”的“总计”命令调出“总计”行，在总计行中选择汇总函数进行汇总操作，汇总函数及使用方法如表6.3所示。

表6.3 “总计”行中可使用的函数

选　项	用　途	支持数据类型
求总和（Sum）	计算字段中所有值的总和	数字型、日期/时间、货币型和自动编号型
取平均值（Avg）	计算字段中所有值的平均值	数字型、日期/时间、货币型和自动编号型
取最小值（Min）	取字段的最小值	文本型、数字型、日期/时间、货币型和自动编号型
取最大值（Max）	取字段的最大值	文本型、数字型、日期/时间、货币型和自动编号型
计数（Count）	计算字段非空值的数量	文本型、备注型、数字型、日期/时间、货币型、自动编号型、是/否型和OLE对象
标准差（StDev）	计算字段值的标准偏差值	数字型、日期/时间、货币型和自动编号型
方差（Var）	计算字段值的总体方差值	数字型、日期/时间、货币型和自动编号型
首项记录（First）	找出第一个记录的该字段值	文本型、备注型、数字型、日期/时间、货币型、自动编号型、是/否型和OLE对象
末项记录（Last）	找出最后一个记录的该字段值	文本型、备注型、数字型、日期/时间、货币型、自动编号型、是/否型和OLE对象

总计查询设计步骤如下。

（1）在查询设计视图中总计行中的相应字段中选择分组依据和总计函数。

（2）在简单查询向导中设置总计相应选项，如图6.20所示。

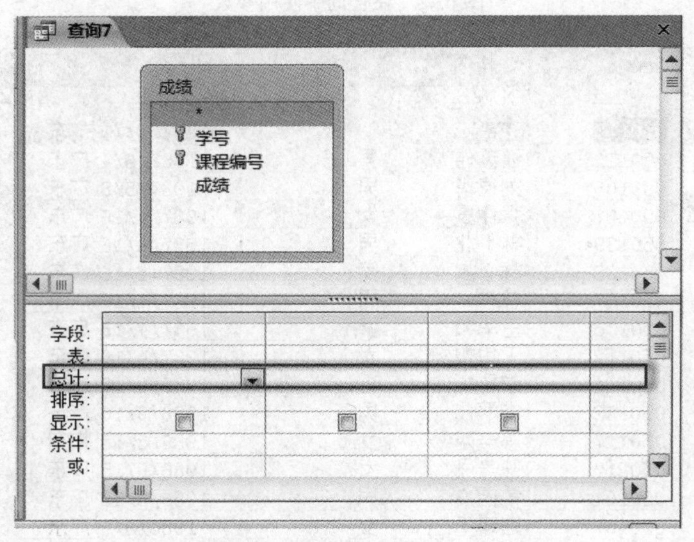

图6.20　设计视图中总计操作

例6.7　统计选课表中每位同学的各科成绩的平均分。

操作步骤如下。

（1）打开数据库，选择利用“查询设计”方式建立新的查询。

（2）选择成绩表作为查询的数据源。

（3）通过查询工具中的“汇总”按钮调出“总计”行，如图 6.20 所示，查询设计窗口中多了一行“总计”。

（4）在查询设计窗口中依次选择学号和成绩两个字段，设定其可显示在结果中。设置学号字段为分组依据，成绩字段的总计函数选择平均值，如图 6.21 所示。查询执行结果如图 6.22 所示。从图 6.22 可看到有些字段显示的值为“########”，这是因为这些数据带循环小数或无限不循环小数，需要通过四舍五入或保留有限位小数的方法来处理。

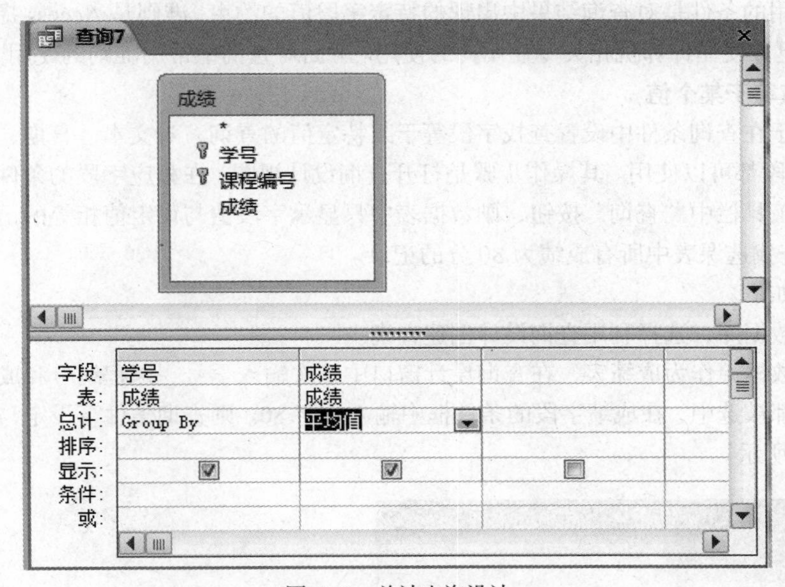

图 6.21　总计查询设计

另外，利用简单查询向导也可建立此查询，操作方法是选择利用“简单查询向导”建立查询，设定数据源为选课表，选择学号和成绩两个字段，如图 6.23 所示，然后在设置汇总选项时选择对成绩字段的“平均”选项。所得查询结果同样在图 6.22 中显示。

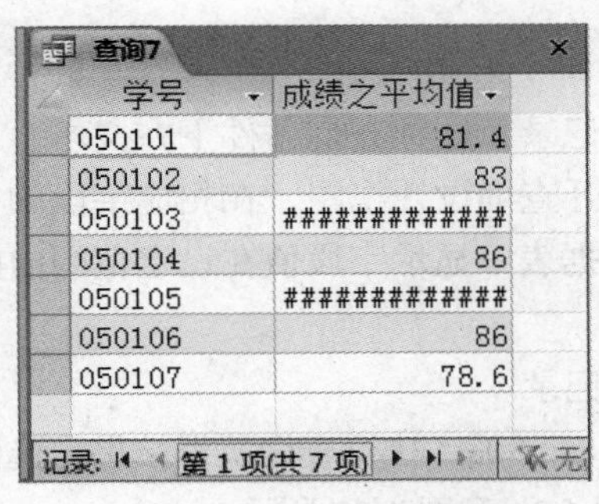

图 6.22　学生平均成绩查询结果

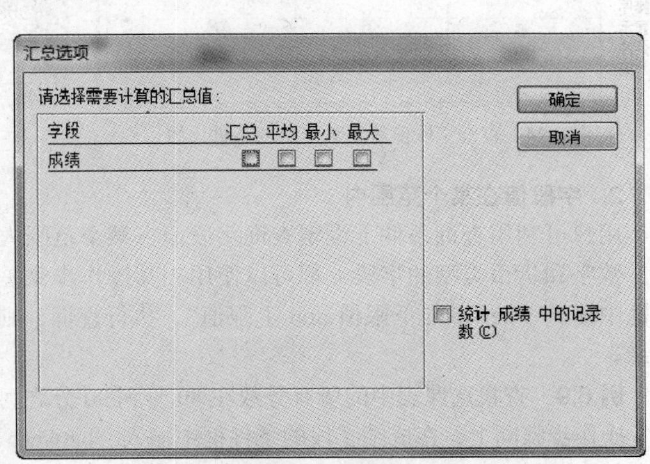

图 6.23　利用“简单查询向导”进行总计操作

6.3 查询条件

查询条件，也称查询条件下，它是一种限制查询范围的方法，主要用来筛选出符合条件的记录。查询条件下可以在查询设计视图窗口的“条件”文本框中进行设置。

6.3.1 查询条件的设置

查询中使用的条件是对查询结果中出现的特定字段值的约束，准则是 Access 提供的对表达式的简写形式，更方便非计算机相关专业用户的使用。下面对查询中常用准则的使用方法进行说明。

1. 字段值等于某个值

该准则用于在查询条件中设置查找字段等于某特定值的查询，对文本、日期、数字、货币和是/否类型的字段都可以使用。其操作步骤是打开查询设计视图，在相应字段的条件框中输入要查找的值，单击工具栏中“查询”按钮，则数据表中只显示字段值与设定值相等的记录。

例 6.8 查找选课表中所有成绩为 80 分的记录。

操作步骤如下。

（1）打开数据库，选择利用查询设计创建查询。

（2）选定数据源作为成绩表，在查询设计窗口中依次输入学号、课程编号和成绩 3 个字段，确保其显示行都被选中，在成绩字段的条件框中输入数字 80。则查询条件下设定与查询结果如图 6.24 和图 6.25 所示。

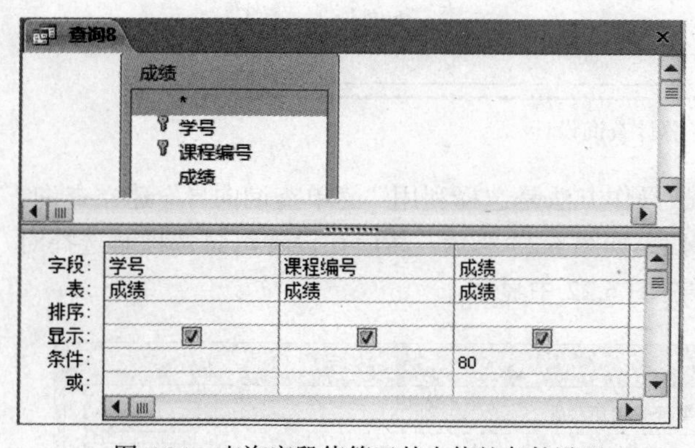

图 6.24 查询字段值等于某个值的条件设置

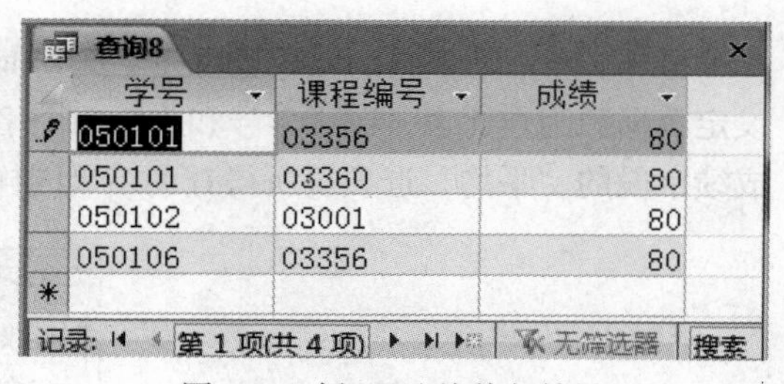

学号	课程编号	成绩
050101	03356	80
050101	03360	80
050102	03001	80
050106	03356	80

图 6.25 例 6.8 查询执行结果

2. 字段值在某个范围内

用户可利用查询条件下设定查询字段值在某个范围内的记录。这种查询条件下在文本、日期、数字和货币类型的字段上都可以使用。其操作步骤是打开查询设计视图，在相应字段的条件框中输入“between 下限值 and 上限值”，执行查询，则数据表中显示字段值在设定范围内的记录。

例 6.9 查找选课表中的所有分数在 80 分到 90 分之间的记录。

操作步骤同上，在成绩字段的条件框中输入“between 80 and 90”，执行查询所得结果为选课表中所有 80 到 90 分的记录。查询条件下设置与执行结果如图 6.26 和图 6.27 所示。

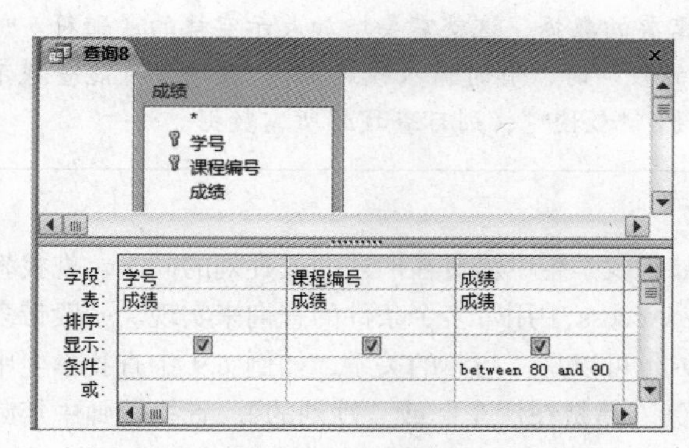

图 6.26 字段值在某个范围的条件设置

学号	课程编号	成绩
050101	03001	88
050101	03333	81
050101	03356	80
050101	03360	80
050102	03001	80
050102	03356	86
050102	03357	88
050103	03001	83
050103	03360	86
050104	03001	86
050104	03360	81
050105	03001	81
050105	03357	86
050106	03356	80
050107	03333	85
050107	03360	81

图 6.27 例 6.9 查询执行结果

3. 字段值的模糊查找

字段值的模糊查找用于在查询条件中设置查找字段值的一部分等于某个特定值或格式上满足特定条件的记录，对文本和日期类型的字段可以使用。其操作步骤是打开查询设计视图，在相应字段的条件框中输入带通配符的模式串，执行查询，得到符合条件的记录。例如，需要查找姓刘的学生、查找“90 后”的学生，查找教授或副教授职称的教师等。关于通配符的用法在本书 4.2.5 节中已有介绍。模式串的构造就是利用通配符构造满足条件的字段值的“样子”，如上面提到的姓刘的同学，模式串表示为“刘*”，因为“*”星号代表零到多个字符，所以此模式串代表的就是刘字开头，其后面带零到多个其他字的串，用这个串在姓名上查找，则正是对姓刘的同学进行查找。“90 后”的模式串为#199*#，教授或副教授则表示为“*教授”。

在学生表中查找姓刘的同学的查询，查询条件输入”刘*”，系统自动将其转换为“like "刘*"”，查询条件下设置与执行结果如图 6.28 和图 6.29 所示。同样查找“90 后”学生，需要在学生表出生年月字段的条件行输入 like #199*#。查找教授或副教授职称的教师，则需要在教师表职称字段的条件行中输入“*教授”。

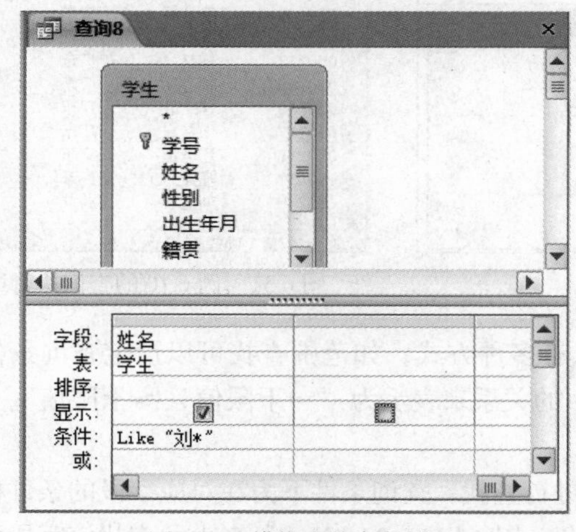

图 6.28 模糊查找条件设置

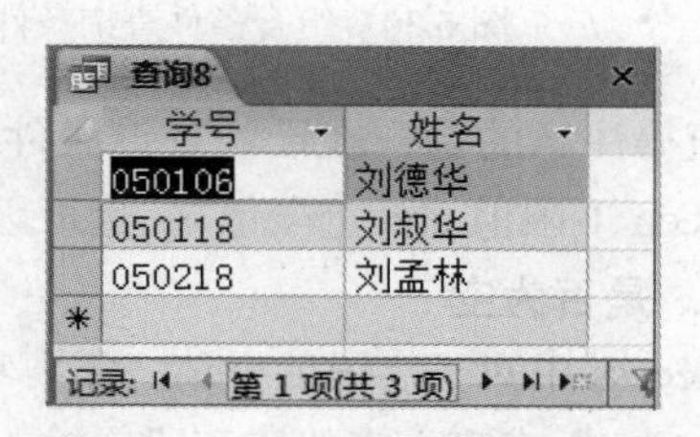

图 6.29 图 6.28 查询的执行结果

文本型数据，在相应条件行输入带通配符的字符串时，系统自动增加关键字 like，而对日期型数据，输入通配符的日期时，系统不会自己增加关键字 like，需要使用者自己输入“like 模式串”。另外，有时有些文本类型字段的数据中会包含多余的空格，此时输入事先设计的模式串可能查找不到需要的数据，这就需要增加表示空格的通配符。例如上例中，查找职称为教授或副教授的教师时，有时输入模式串“*教授”可能查找不到需要的数据。此时，将模式串修改为“*教授*”，则可查找到所需数据。

4. 组合条件查找

现实中对数据的查看常常需要多个条件，如查找学生中籍贯在广东的或姓刘的同学，查找教师中年龄 35 岁以下的女副教授等。这类查找在 Access 中用带多个条件的查询来实现。一般带多个查询条件时，条件之间可以是“或”的关系，也可以是“与”的关系，如例 6.9 中查找学生中籍贯在广东或姓刘的同学，其查询条件可表示为“籍贯在广东”或“姓刘的”。查找教师中年龄 35 岁以下的女副教授查询条件则表示为“年龄 35 岁以下”且“性别为女”且“职称为副教授”。

在 Access 中，查询的条件输入在“条件”这一行时表示所有的查询条件处于“与”的关系，而输入在“或”这一行时表示该行的查询条件与“条件”这一行中的查询条件处于“或”关系。

例 6.10 查找所有学生中籍贯在广东或姓刘的同学。

其查询条件下设置与执行结果如图 6.30 和图 6.31 所示。

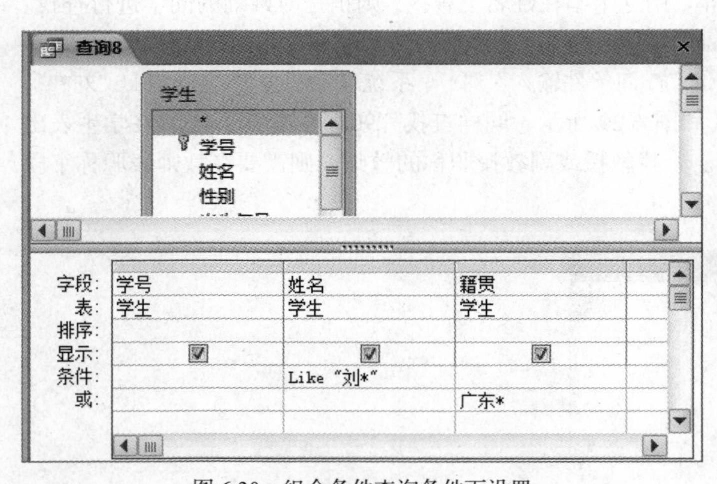

图 6.30 组合条件查询条件下设置

查询8

学号	姓名	籍贯
050101	张三秋	广东
050104	黄国度	广东
050106	刘德华	广东
050107	陆珊玉	广东
050108	陈晓丽	广东
050109	林青	广东
050111	张玲玲	广东
050112	王华如	广东
050113	江铃	广东
050114	李勇先	广东
050116	江迪	广东
050117	陈美丽	广东
050118	刘叔华	湖北
050121	谢英伟	广东
050122	李严伟	广东
050127	林悦洁	广东
050133	黄金峰	广东
050136	王华如	广东
050137	林林	广东
050138	林心如	广东
050139	林小北	广东
050187	张仲夏	广东
050216	江海迪	广东
050217	陈美凤	广东
050218	刘孟林	湖北

记录: 第 1 项(共 25 项 无筛选器 搜索

图 6.31 例 6.10 的查询执行结果

值得注意的是，在设计查询条件下时可以有多种方式，如范围查找可以设定查询条件下为“Between 下限值 and 上限值”，也可以用“与”的关系来表示为“>=下限值且<=上限值”。

5. 是否为空

Access 中对于字段的空值，需要特定条件进行查找。查询条件下为在对应字段的条件框中输入“Is Null”来表示查找该字段未输入值的记录，或输入“Is Not Null”来表示查找该字段已填值的记录。

例 6.11 查找选课表中还没有给出课程成绩的记录。

此查询的实现需要在成绩字段的查询条件下中输入“Is Null”，图 6.32 和图 6.33 所示为查询条件下的设置及执行结果。

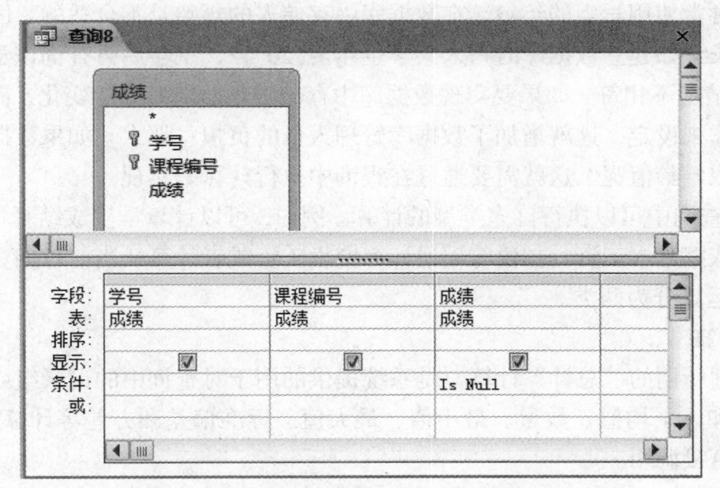

图 6.32 字段为空查询条件下的设置

成绩为空的表

学号	课程编号	成绩
050101	03333	
050102	03333	
050105	03333	
050107	03333	

记录: 第 1 项(共 4 项) 无筛选器 搜索

图 6.33 例 6.11 查询的执行结果

例 6.12 现实中对数据库中数据的查询常常需要很多条件。在学生信息管理数据库中针对下面的查询需求，请用查询条件。

（1）查询“80 后”（20 世纪 80 年代出生的）的学生。

（2）查询姓刘且姓名只有两个字的学生。

（3）籍贯为广东或广西的学生。

（4）职称为副教授的女教师。

（5）07 级学生（学号最初 2 位为“07”）。

对这些数据的查询都需要在设计查询时通过对相应字段设置来实现。以上条件所对应的表达式表示如下。

（1）学生表出生年月字段条件框中输入：between #1980-1-1# and #1989-12-31#。

（2）在学生表姓名字段条件框中输入：“刘?”。

（3）在学生表籍贯字段条件框中输入：“广东”，并在籍贯字段下一行中输入：“广西”。

（4）在教师表中性别字段的条件框中输入：“女”，且在职称字段的条件框中输入：“副教授”。

（5）在学生表学号字段条件框中输入：“07*”。

6.3.2 在查询中执行计算

数据表中的数据是数据库实际存储的数据，而实际应用中很可能不直接使用数据表中的数据，而是使用一些计算后得到的数据。例如，在学生信息管理系统数据库中存储学生的出生日期，但在实际应用中却常常使用学生的年龄。在数据库中存储人的年龄是不合适的，因为年龄会随时间的变化而自动增长，如建立数据库时写入某学生年龄 20 岁，三年后再查询该学生的年龄仍然是 20 岁，这与实际情况不相符。如果要实现数据库中存储的年龄随时间的变化，需要数据库管理人员通过一系列操作来设定，这就增加了数据库管理人员的负担。那么，如果数据库中存储的是出生日期，如何获取年龄值呢？这就需要通过在查询中执行计算来实现。

在 Access 的查询中可以执行许多类型的计算。例如，可以计算学生成绩平均分，统计学习某门课的学生数，依据基本工资、扣税等项目计算应发工资或者计算从当前日期算起一个月后的日期等。Access 将运算分为两类。

1. 预定义计算

预定义计算即所谓的“总计”计算，是系统提供的用于对查询中的记录组或全部记录进行的计算，它包括总和、平均值、数量、最小值、最大值、标准偏差和方差等计算方法。利用 6.2.2 小节中的方法可直接调用。

2. 自定义计算

自定义计算可以用一个或多个字段的数据进行数值、日期和文本计算。例如，使用自定义计算可以将某一字段值乘上某一数量，可以找出存储在不同字段的两个日期间的差别，可以组合文本字段中的几个值等。这种计算需要用户输入自定义计算的表达式，操作相对复杂，但功能更强大。

对于自定义计算，必须直接在设计窗体中创建新的计算字段。创建计算字段的方法是：打开查询设计视图，在设计窗体中单击一个空白列，在其字段行输入计算表达式，则系统自动为表达式命名为“表达式 1”。如果用户输入多个自定义字段，则系统命名为“表达式 2”“表达式 3”，依此类推。用户可修改表达式名字为想在结果中看到的名字。输入完成后执行查询，则可看到计算结果。

例 6.13 在学生表中查看学生年龄，显示学生姓名、性别、籍贯信息。

此查询设计步骤如下。

（1）打开数据库，选择用设计视图创建查询，并选择学生表为查询数据源。

（2）在查询设计窗体中依次选择姓名、性别、籍贯 3 个字段。在第四个字段位置输入表达式“year(date())-year([出生年月])”，如图 6.34 所示，系统自动存储“表达式 1：year(date())-year([出生年月])”。此时，单击工具栏中的查询运行按钮，则查询执行结果如图 6.35 所示。

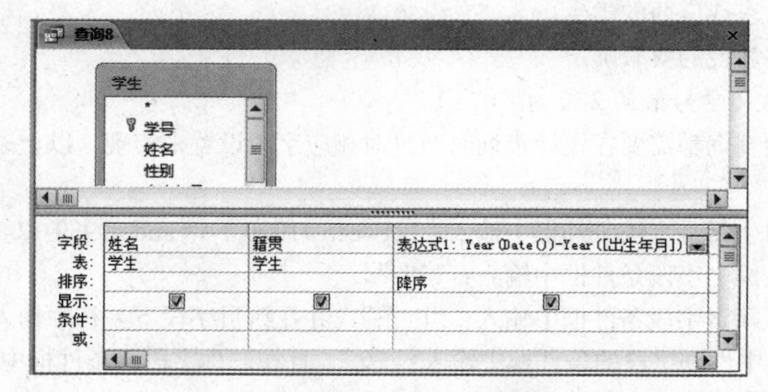

图 6.34 查看学生年龄的查询

（3）再次单击“表达式 1：year(date())-year([出生年月])”列，修改“表达式 1”为“年龄”，则查询结果输出时，最后一列标题显示为年龄。另外，也可以在输入条件表达式时直接录入“年龄: year(date())-year([出生年月])”，效果相同。

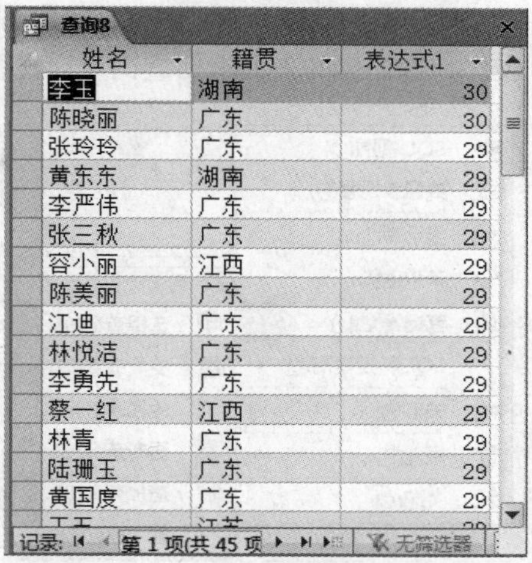

图 6.34 输入的表达式为“year(date())-year ([出生年月])”，其中 year 和 date 是 Access 内置的函数，year(x)的含义是取 x 中的年份，其中 x 必须是一个日期型的数据，函数 date()的含义则是取系统当前日期。因此，上述表达式的含义为取系统当前日期中的年份减去学生出生年月中的年份，也就是年龄，因此查询结果中最后一列显示的是学生的年龄。

查询8

姓名	籍贯	表达式1
李王	湖南	30
陈晓丽	广东	30
张玲玲	广东	29
黄东东	湖南	29
李严伟	广东	29
张三秋	广东	29
容小丽	江西	29
陈美丽	广东	29
江迪	广东	29
林悦洁	广东	29
李勇先	广东	29
蔡一红	江西	29
林青	广东	29
陆珊玉	广东	29
黄国度	广东	29

记录: 第 1 项(共 45 项　无筛选器

图 6.35　例 6.13 的查询执行结果

在此输入的表达式是一个表达要查找数据与表或查询中数据的关系的式子。具体语法规定可参看本书 VBA 编程相关章节。表达式的输入可借助 Access 提供的表达式生成器来进行，在本书 4.2.5 节已介绍过表达式生成器的调用方法和生成简单表达式的方法。

函数是设计条件时经常使用的一种操作数。Access 提供了近百个内置的标准函数，在设计查询或有效性准则时可以直接引用这些函数。本书在 4.2.5 节对常用函数进行了简单介绍，在有效性规则中使用的函数在此同样可以使用。另外，“表达式生成器”也可以在设计查询条件下时使用，其使用方法与 4.2.5 节建立有效性准则时相同。

6.4　动作查询的设计

动作查询也称操作查询，是 Access 查询中的重要组成部分。它是一种在执行时对数据进行修改的查询。依据功能，动作查询包括追加查询、更新查询、删除查询和生成表查询 4 种类型。下面举例说明几类动作查询的创建与执行。

6.4.1　追加查询

追加查询用于将一个或多个表中的一组记录添加到另一张表的尾部。例如，假设已获得了包含某些新生信息的数据库，则可以利用追加查询将其追加到学生信息管理系统中，避免再次键入同样的内容。这种向其他表中添加数据的方法高效、实用，并且一次创建查询可多次使用，只需向数据库中添加不同数据源的数据。下面利用实例来说明追加查询的操作过程。

例 6.14　假设系统中另有一张名为学生 B 的表，其模式为：学生 B（学号（文本，6），姓名（文本，8）），由学生表向其中增加所有记录，字段名相同的对应取数据，学生 B 表中不存在的字段忽略。

其操作过程如下。

（1）打开数据库，利用“查询设计”新建一个查询，并选择学生表作为查询数据源。

（2）在查询窗体中单击鼠标右键，从快捷菜单中选择“查询类型”→“追加查询”命令，如图 6.36 所示。此功能也可从“查询工具”→“查询类型”中选择。

（3）此时，系统弹出图 6.37 所示的对话框，要求用户选择追加到表的表名。在此选择学生 B 表作为追加到的表，返回查询设计视图，此时设计窗体中增加了一行“追加到:”。

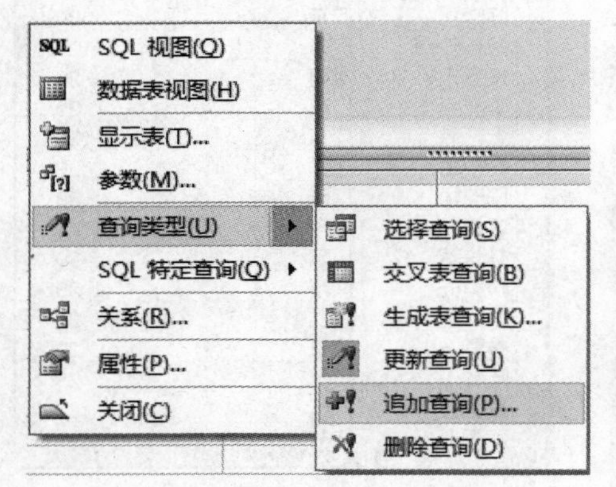

图 6.36 选择使用“追加查询”

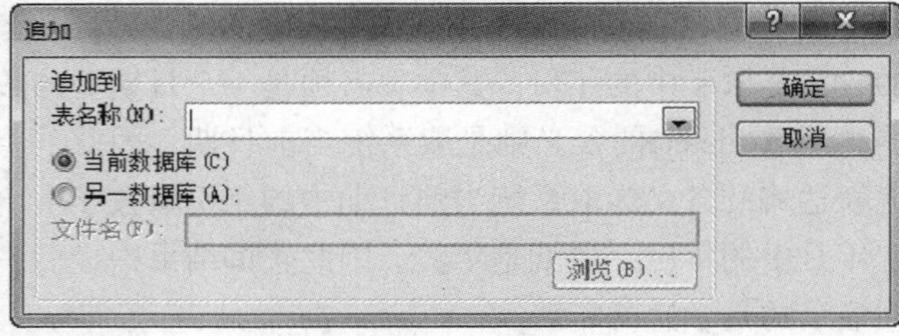

图 6.37 追加查询

（4）在此窗体内选择学生表中的字段，并确定追加到学生 B 表中追加到的字段名，如图 6.38 所示。

（5）单击执行，则系统给出图 6.39 所示的提示，单击“是”按钮，完成追加操作。查看学生 B 表，可看到新追加的数据。

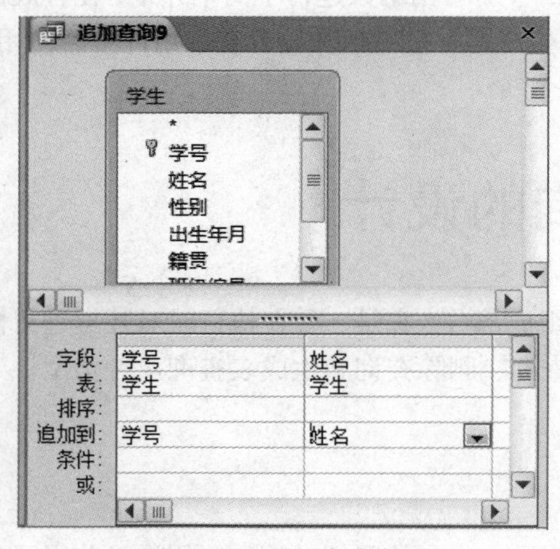

图 6.38 录入追加数据

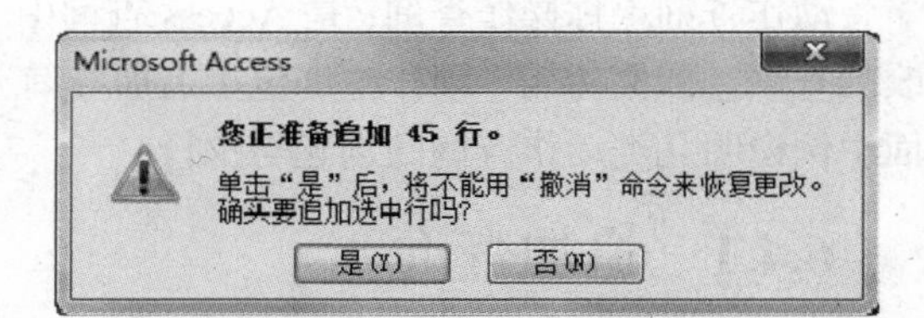

图 6.39 追加操作提示对话框

追加查询中只增加满足条件的数据进入目标数据表。准则的使用与 6.3 节介绍相同。

6.4.2 更新查询

更新查询就是对一个或者多个数据表中的一组记录做全局的更改。这样，就可以通过添加某些特定的条件来批量更新数据库中的记录。例如，全体员工工资上浮 5%，将所有班级编号为“110”的学生的班级编号修改为“112”等，对全体或部分满足条件的记录进行修改，可使用更新操作完成。下面举例说明操作过程。

例 6.15　将学生表中所有班级编号为“110”的学生的班级编号修改为“112”。

查询设计过程如下。

（1）打开数据库，利用“查询设计”新建一个查询，并选择学生表作为查询数据源。

（2）利用图 6.1 或图 6.36 选择查询类型为“更新查询”，此时查询设计窗体如图 6.40 所示，增加了一行“更新到:”，而“排序:”“显示:”两行消失。

（3）在查询设计窗体中选择一个空列，选择班级编号字段，并在此列“条件:”行输入“110”，“更新到:”一行输入“112”。

（4）执行此查询，系统显示正在进行更新操作与更新记录条数，单击“是”按钮完成更新操作。

在上面的示例中，仅就一张表中的字段进行了更新，利用更新查询不仅可以更新同一张表的多个字段，还可以基于另一张表中的数据来更新一张表。

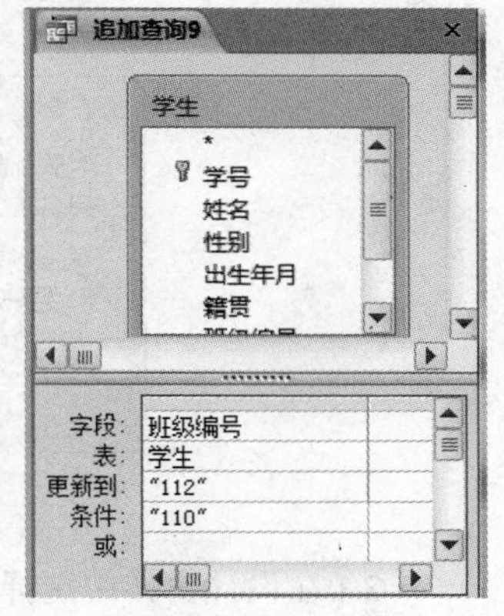

图 6.40　更新查询

6.4.3　删除查询

删除查询是将符合删除条件的整条记录删除。删除查询可以删除一张表内的记录，也可以在多个表内利用表间关系删除相互关联的表间记录。下面举例说明操作过程。

例 6.16　创建删除学生表中 112 班全体学生记录的查询。

删除查询的设计过程如下。

（1）打开数据库，利用“查询设计”新建一个查询，并选择学生表作为查询数据源。

（2）利用图 6.1 或图 6.36 选择查询类型为“删除查询”，此时查询设计窗体如图 6.41 所示，增加了一行“删除:”，而“排序:”“显示:”两行消失。

（3）在查询设计窗体中选择一个空列，设置为班级编号字段，并在此列“条件:”行输入“112”。

（5）执行此查询，系统提示正在进行删除操作与删除记录条数，单击“是”按钮完成删除操作。

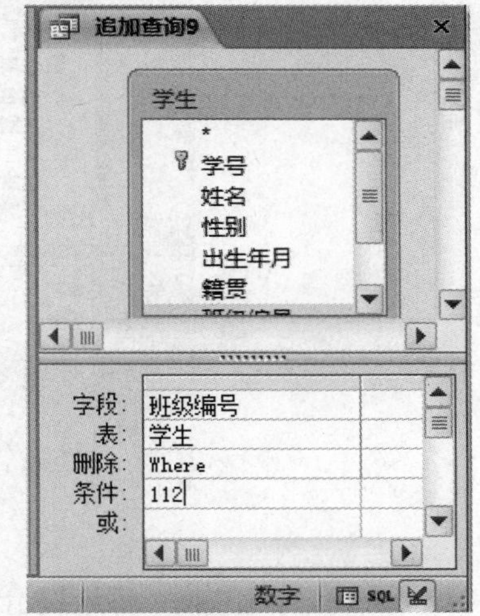

图 6.41　删除查询

6.4.4　生成表查询

生成表查询可以利用一张或多张表中的全部或部分数据新建一张表。生成表查询可以根据一定的准则来新建表，然后再将所生成的表导出到其他数据库中或者在窗体和报表中加以利用。

其实，生成表查询就是将一个前面几节中应用的查询结果保存到一张新表之中。生成表查询将查询之后生成的动态集固定保存下来，可以节省查询所使用的时间。但是建立了新表之后，生成表就不能再反映数据源中数据记录的变化，因为生成表是一张独立于数据源的表。下面举例说明操作过程。

例 6.17　创建查询选择学生表中学生的学号、姓名、年龄字段的数据存放到一张新表中去，表名为“学生年龄”。

查询的设计过程如下。

（1）打开数据库，利用“查询设计”新建一个查询，并选择学生表作为查询数据源。

（2）利用图 6.1 或图 6.36 选择查询类型为“生成表查询”，此时系统提示输入法生成表的表名，如图 6.42 所示，在此输入生成表的名称“学生年龄”，并单击“确定”按钮，系统返回查询设计视图。

图 6.42　录入生成表名称对话框

（3）在设计窗体中选择空列，依次选择学生表中的学号、姓名字段，并在第 3 个列的“字段”行中输入计算年龄的表达式，年龄: Year(date())-Year([出生年月])，如图 6.43 所示。

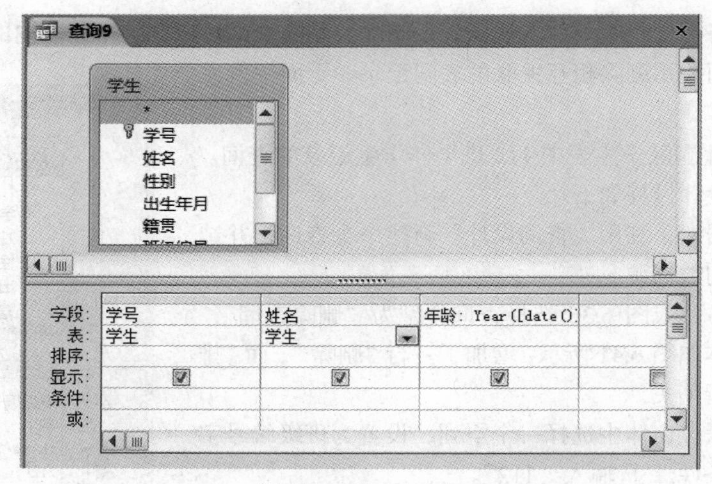

图 6.43　生成表查询

（4）执行此查询，系统提示正在向新表中粘贴记录与记录条数，单击“是”按钮完成建立生成表操作。此时查看系统，可看到所生成的新表，单击新表，则可看到其中数据。

6.5　SQL 特定查询的设计

SQL 特定查询是使用 SQL 语言直接创建的一种查询。SQL 语言，即结构化查询语言，是一种功能强大的标准关系数据库语言。实际上，Access 所有的查询都可以认为是一个 SQL 查询，而且对 Access 所有查询，都有一个系统生成的 SQL 语句与之对应，当查询设计完成后，可以通过右键菜单上的“SQL 视图”查看每个查询所对应的 SQL 语句。不过，并不是所有的查询都可以在系统所提供的查询设计视图中进行创建，有的查询只能通过 SQL 语句来实现查询。例如，将多个表中的某个字段组合在一起成为查询动态集中的一个字段或列，或者向其他类型的数据库产品执行查询。

SQL 特定查询可以分为联合查询、传递查询、数据定义查询 3 类，如图 6.44 所示。

（1）联合查询

联合查询可以将来自一个或多个表或查询的字段（列）组合为查询结果中的一个字段或列。例如，如果有 6 个销售商，它们每月发送库存货物列表，可以使用联合查询将这些列表合并为一个结果集，然后基于这个联合查询创建生成表查询来生成新表。

（2）传递查询

传递查询直接将命令发送到 ODBC 数据库服务器（如 Microsoft SQL 服务器），使用服务器能接受的命令。例如，可以使用传递查询来检索或更改数据。

（3）数据定义查询

数据定义查询可创建或更改数据库对象，如数据表或索引等。用于数据定义查询的 SQL 语句包括 CREATE TABLE、CREATE INDEX、ALTER TABLE、DROP TABLE、DROP INDEX 等，分别用于创建表、创建索引、修改表结构、删除表和删除索引。

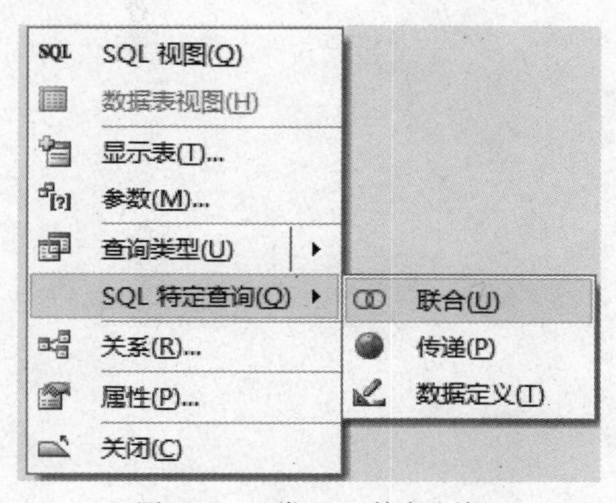

图 6.44 三类 SQL 特定查询

小 结

查询是根据给定的条件从数据库的表或查询中筛选所需要的信息的一种操作，其目的是选择所需要的数据，供使用者查看、更改和分析使用。本章介绍了查询的分类、创建、维护与使用，通过本章学习，读者可以查找所需要的数据，从而更好地使用数据库。在本章中，查询条件下是一个重要的概念，它是一种简化的逻辑表达式，是数据库管理系统提供给普通用户的表达其意图的较简单的方式。

习 题

1. 什么是查询？查询分哪些类型？
2. 查询条件下是什么？在 Access 2010 中如何设置？

3. 试说明多表查询有哪些连接方式？如何设置连接条件？

4. 查找资料，说明查询与数据库三级模式结构中的外模式的区别与联系？

5. 已知学生信息管理系统数据库中包含的表如下：

学生（学号 char(12) primary key, 姓名 char(10), 性别 char(2), 出生日期 datetime, 专业 char(10), 籍贯 char(50), 所在班级 char(10) references 班级(班级编号)）

选课（课号 char(10), 学号 char(12) references 学生(学号), 成绩 int, primary key (课号, 学号)），试建立查询完成下列要求：

（1）查找选课表中的所有分数在 80 分到 90 分之间的记录，显示学生姓名与课号、成绩；

（2）查找所有学生中的“80 后”（出生年月在 20 世纪 80 年代的同学）或姓刘的同学的姓名；

（3）插入一个学生的信息，学生、姓名等属性值分别是“200830690123”，“张宏”，“男”，1988-07-12，“地理信息系统”，“广东梅州”，暂时不知道其所在班级，利用查询完成此题目并给出查询建立关键步骤；

（4）删除“计算机应用技术”专业的所有学生。

第 7 章 SQL 关系数据库标准语言

SQL 是目前流行的关系数据库标准语言，其功能包括数据定义、数据操纵和数据控制等，几乎可完成所有的数据库操作。本章首先介绍 SQL 的特点、功能，然后介绍 SQL 的使用方法，并给出 Access 2010 中使用 SQL 语言完成指定功能的方法。

7.1 SQL 的概述

SQL 即结构化查询语言（Structured Query Language），是集数据定义、数据操纵和数据控制功能于一体的关系型数据库标准语言。

SQL 是 1974 年由 Boyce 和 Chamberlin 提出的，并首先在 IBM 公司研制的关系数据库原型系统 System R 中实现。由于 SQL 具有功能丰富、使用灵活、语言简捷易学等特点，所以它被计算机工业界和学术界所采用。1986 年 SQL 被美国国家标准局批准成为关系型数据库语言的标准，1996 年被国际标准化组织（ISO）采纳为关系型数据库语言的国际标准。自从 SQL 成为标准语言以来，各大数据库软件开发商纷纷推出支持 SQL 的产品，使得不同数据库系统之间的交互操作有了共同基础，从而各种不同数据库可连接为一个整体、共享数据。

SQL 最初是作为特殊的“数据子语言”出现的，但目前它已经变成了计算上完整（Computationally Complete）的语言。在应用中，已没有必要再将 SQL 与一些有区别的“宿主”语言捆绑在一起了。从 SQL 99 起，SQL 开始支持面向对象等概念。目前 SQL 标准的完整版本是 ISO/IEC 9075:2011，新标准 ISO/IEC TR 19075-2:2015 的各个部分还在陆续推出。本章对 SQL 基本使用方法进行介绍，目的是使读者能够在 Access 环境中使用简单的 SQL 语句完成想要执行的操作，并方便在使用功能更强大的数据库系统时对 SQL 的进一步学习。

SQL 是一个非过程化语言，其大多数语句都可独立执行并完成一个特定操作、与上下文无关。在 Access 中使用 SQL 查询，由用户输入 SQL 语句，能够实现各种查询的功能，甚至有些功能只能通过 SQL 查询完成，不能由其他类型查询、菜单命令或工具栏按钮的方式实现。本节将介绍 SQL 的特点与功能，并在后面的章节介绍数据定义、数据查询和数据更新等各类 SQL 语句的语法规定及用法。

7.1.1 SQL 的特点

作为关系型数据库标准语言，SQL 有以下特点。

1. 高度综合

SQL语言可用于表示所有用户对数据库的操作，其中所有用户包括系统管理员、数据库管理员、应用程序员、决策支持系统人员及许多其他类型的终端用户。而所有对数据库的操作可由表7.1所示的命令完成。

表7.1　　SQL主要语句与功能

功　能	SQL语句	详细功能	说　明
数据定义	CREATE TABLE/INDEX、ALTER TABLE/INDEX、DROP TABLE/INDEX	定义、修改与删除基本表和索引	
数据更新	INSERT、UPDATE、DELETE	插入数据、修改数据、删除数据	
数据查询	SELECT	数据库各种查询	
视图管理	CREATE VIEW、DROP VIEW	建立、删除视图	Access不支持
数据控制	GRANT /REVOKE、TRANSACTION、CHECKPOINT等	数据保护、事务管理	Access不支持

SQL将全部任务统一在一种语言中，但基本的SQL命令只需很短的时间就能学会，简单易用。另外，SQL既是自含式语言又是嵌入式语言。它可以在数据库系统提供的操作界面中进行对数据库的所有操作，同时也可作为嵌入式语言嵌入某宿主语言当中，而且作为嵌入式语言的语法规定与自含式语言完全相同。

2. 非过程化（透明性）

SQL是一种高度非过程化的语言，用户只需描述要做什么，而不必告诉系统如何去做。SQL不需要用户指定对数据的存取方法，由关系数据库管理系统自动完成SQL语句的解析、优化与执行。这种特性使用户更易集中精力描述想要得到的结果，简化用户的使用。

3. 采用面向集合的操作方式

SQL采用集合操作方式，其操作对象和操作结果都是元组的集合，即表。如查询操作，其操作对象是元组的集合，查询结果也是元组的集合。同样，插入、删除和更新操作也都是“一次一集合”的操作方法，而不是“一次一元组”。

另外，SQL已成为所有关系数据库的公共语言，而且用SQL编写的数据库操作程序是可以移植的。

7.1.2 SQL的功能

SQL提供数据定义、数据查询与数据控制三大类功能，可完成数据库管理的全部功能，具体包括以下内容。

① 建立、修改和删除数据对象。

② 查询数据。

③ 插入、修改和删除数据。

④ 控制对数据和数据对象的存取。

⑤ 保证数据库一致性和完整性。

⑥ 用户权限管理等安全性保障。

⑦ 数据库重构和维护。

7.2　SQL 的数据定义

7.2.1　SQL 的数据类型

关系模型中一个很重要的概念是域，每个属性的值都来自同一个域。在 SQL 中，域的概念是通过数据类型来实现的，即在定义表的各个属性时必须指定其数据类型。SQL 标准中定义了其所支持的数据类型，Oracle、DB2、SQL Server 等数据库管理系统一般对 SQL 语言定义的数据类型都提供支持，同时它们还定义了更多数据类型以方便用户使用。由此，不同数据库管理系统所提供的 SQL 数据类型不完全相同。在使用一个数据库管理系统时，用户需要查阅相关文档，了解其所提供的数据类型，才能更好地使用它。表 7.2 给出 Access 数据库管理系统所支持的 SQL 数据类型，它们是由 Access 数据库管理系统以及与这些数据类型对应的若干有效同义词定义的。

表 7.2　SQL 的基本数据类型

数据类型	存储大小（字节）	Access 的中文数据类型	说明
BINARY	1		任何类型的数据都可以存储在此类型的字段中，数据输入方式决定其输出方式
BIT、BOOLEAN、LOGICAL、LOGICAL1、YESNO	1	是/否类型	“是”和“否”及其他只取两个值的字段
BYTE、INTEGER1、TINYINT	1	数字（字节）	0 ~ 255 之间的整数值。Access 2010 不支持 TINYINT
MONEY、CURRENCY	8	货币	介于–922 337 203 685 477.5808 ~ 922 337 203 685477.5807 带小数的数值
DATETIME、DATE、TIME	8	日期/时间	年份 100 ~ 9999 的日期或时间值
UNIQUEIDENTIFIER、GUID	128		与远程过程调用一起使用的唯一标识号。Access 2010 不支持 UNIQUEIDENTIFIER
REAL、FLOAT4、SINGLE	4	数字（单精度）	单精度浮点值，其范围为–3.402 823E38 ~ –1.401 298E-45、1.401 298E-45 ~ 3.402 823E38 和 0
FLOAT、FLOAT8、DOUBLE	8	数字（双精度）	双精度浮点值，其范围为–1.797 693 134 862 32E308 ~ –4.940 656 458 412 47E-324、4.940 656 458 412 47E-324 ~ 1.797 693 134 862 32E308（正值）和 0
SMALLINT、SHORT、INTEGER2	2	数字（整型）	–32 768 和 32 767 之间的短整数
INTEGER、INT、LONG、INTEGER4	4	数字（长整型）	–2 147 483 648 ~ 2 147 483 647 的长整数。Access 2010 用 INT
DECIMAL	17	数字（小数）	精确数值类型，可以定义精度（1 ~ 28）和小数位数（0 ~ 指定值）。默认值分别是 18、0。Access 2010 不支持

续表

数据类型	存储大小（字节）	Access 的中文数据类型	说明
MEMO、NOTE	n	备注	0 ~ 2.14GB
IMAGE、OLEOBJECT	根据需要	OLE 对象	0 ~ 2.14GB。用于 OLE 对象
TEXT(n)、CHARACTER、CHAR、VARCHAR	n	文本	0 ~ 255 个字符。注 Access 2010 不支持 CHARACTER

7.2.2 数据定义

SQL 的数据定义操作包括建立和维护关系数据库中操作对象的各种操作，常用的包括创建表、索引和视图，修改表和视图结构、删除表、视图和索引等，其中 Access 系统中的查询功能基本等价于视图，因而不再支持对视图的操作。本节将介绍对数据表的创建、修改和删除操作，以及对索引的建立和删除操作，给出这些语句的功能、语法及在 Access 中的使用。

1. 建立数据表

格式：CREATE TABLE <表名>(<列名 1 > <数据类型 1 >[<长度>] [<列级完整性约束 1>] [,<列名 2> <数据类型 2> [(长度)] [<列级完整性约束 2>]][,…][, <表级完整性约束 1>]][,…]);

功能：创建一个以<表名>为表名，指定列属性定义的表结构。

说明：

（1）在本语句及以下所有 SQL 语句介绍中，符号含义规定如下：[ ]表示可选项；< >名词不可拆分项；[, …]表示前面的项可重复多次。

（2）使用 CREATE TABLE 语句可定义新表及其字段和字段约束。表的完整性约束一般分列级和表级两种。列级约束是对单个列的约束，如果某个约束涉及多个列，则必须定义为表级约束。一般表级约束和列级约束的定义格式如下。

① NOT NULL 是列级约束。如果在字段定义时，写在“<列名 ><数据类型名><长度>”的后面，则输入数据时不允许该字段值为空。系统默认值为 NULL，即如果没有为字段指定 NOT NULL，则向表中输入新记录时，相应字段可以取空值。其作用与 Access 表的设计视图中“必填字段”相同。

② PRIMARY KEY 是表级或列级约束。如果单个字段做主健，可在“<列名 ><数据类型名><长度>”的后面写“PRIMARY KEY”，定义其为主键。如果表的主键需要一个或多个字段，则需在所有字段定义完成后写“PRIMARY KEY (<列名 1>, <列名 2>, …)”。其作用与 Access 表的设计视图中“主键”相同。

③ FOREIGN KEY 是外键约束。如果外键只有一列，可定义为列级约束，在本列“<列名 ><数据类型名> <长度>”后面输入“REFERENCES <表名> (<列名>)”。如果外键包含一个或多个列，可定义为表级约束，即在所有字段定义完成后输入“FOREIGN KEY (<列名 1>,<列名 2>,…) REFERENCES <表名> (<列名 1’>,<列名 2’>,…)”，其中“(<列名 1>,<列名 2>,…)”是本表中定义的字段，“<列名 1’>,<列名 2’>,…”是参照表中的对应字段。注意，在参照表（表名由 REFERENCES 后面的<表名>定义）中，这些对应字段必须是已建立了唯一性索引，否则该建表语句无法执行。

④ CHECK 是域完整性约束，用于在输入列值时对输入数据进行有效性检查。其作用与 Access 表的设计视图中“有效性规则”相同。

⑤ UNIQUE 是唯一性约束，要求不同记录在此字段上取值不能相等。

SQL 语言中这几类表和列级约束与 Access 中规定完全相同。详细内容参照本书 4.1.1 节。这些约束在 Access 中使用数据定义查询进行定义，其语法规定完全符合 SQL 语言的语法。相同的功能大部分可以在 Access 中通过表的“设计视图”来设定。但 SQL 语言可设定的约束条件更多。

例 7.1　建立如表 7.3 所示的职员数据表。

表 7.3　职员数据表的结构信息

字 段 名	数 据 类 型	长　度	是否有默认值	规　则	索　引	备　注
staffID	文本	12	无	无	主键索引	职员编号
name	文本	8	无	唯一		姓名
birthdate	日期/时间		无	无		生日
married	是/否	100	否	非空		婚否
salary	数字（2 位小数）	8	无	无		工资
resume	备注					简历

创建此表的 SQL 语句如下：

```
CREATE TABLE  staff
(staffID    TEXT(12)  PRIMARY KEY,
name       TEXT(8)   UNIQUE,
birthdate   DATE,
married LOGICAL NOT NULL,
salary     MONEY,
resume     MEMO);
```

其中，staffID 字段有列级约束“PRIMARY KEY”，此约束将 staffID 字段定义为表的主键。name 字段有一个列级约束定义此字段值是唯一的。在 Access 中使用 SQL 语言创建表的操作步骤如下。

① 打开数据库，在“创建”选项卡上的“查询”组中，单击“查询向导”，并弹出“显示表”对话框。在“查询工具”选项卡上选择“SQL 视图”选项，或在查询窗口直接右键单击“SQL 视图”选项，进入 SQL 视图的查询对话框（可在该窗口中输入具有任何功能的 SQL 语句）。

② 在查询对话框中输入上述 SQL 语句。

③ 单击“查询工具”选项卡上的“运行”按钮，并保存此查询。

创建此表的 SQL 视图与执行后创建表的结果如图 7.1 和图 7.2 所示。

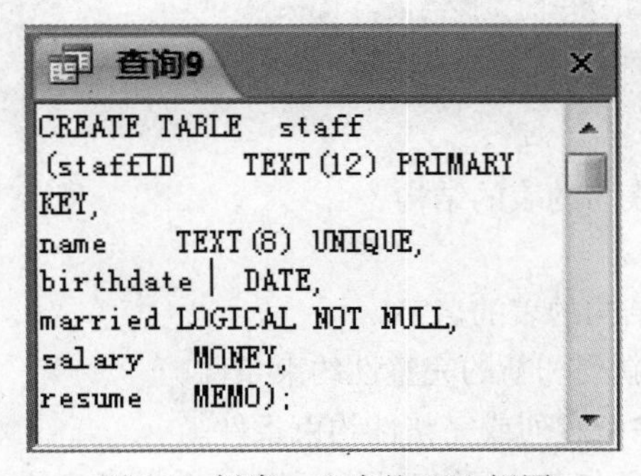

图 7.1　创建 staff 表的 SQL 视图

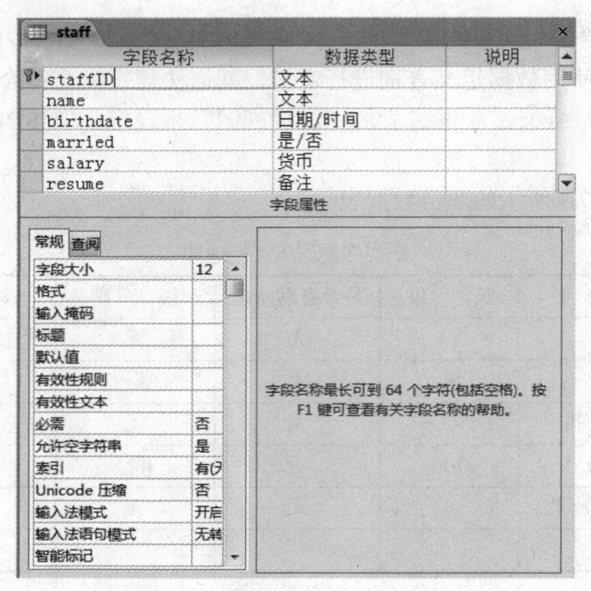

图 7.2　利用 SQL 语句建立的表

另外，在学生信息管理系统中，创建系表的 SQL 语句如下：

```
CREATE TABLE 系
(系编号   CHAR(6)       NOT NULL,
系名称    CHAR(40)      NOT NULL UNIQUE,
系主任    CHAR(8),
学院编号   CHAR(1),
PRIMARY   KEY(系编号),
FOREIGN   KEY(学院编号) REFERENCES 学院(学院编号)
);
```

其中 PRIMARY KEY、FOREIGN KEY 是表级约束，而关于系编号的约束“NOT NULL”则是列级约束。

2. 修改数据表

修改数据表的 SQL 语句如下：

```
ALTER  TABLE  <表名>
[ ADD  <列名>  <数据类型>  [<完整性约束>][,…]]
[ DROP  [[[CONSTRAINT]  <约束名>]|[COLUMN  <列名>]][,…]]
[ALTER <列名> <数据类型> [,…]  ];
```

功能：修改以<表名>为表名的表的结构。

说明：

（1）<表名>表示要修改结构的表的名字。

（2）ADD 子句用于增加新列和新的完整性约束条件。

（3）DROP 子句用于删除指定列或完整性约束条件。

（4）ALTER 用于修改已存在表，可修改列的宽度、数据类型等。但对已添加记录的表，修改列的数据类型时，新数据类型必须与旧的数据类型是相容的。例如，整数类型可以修改为实数类型，但实数类型不能修改为整数类型。宽度一般可以增加，但不能减少，因为减少后可能已存在的数据不能满足新数据的长度要求。

（5）如果某个列是本表的主键或是另一个表的外键或存在数据，则不能对相应字段进行修改或删除。用户需要依据出错信息判定操作是否违背了数据库的完整性约束。

此语句可对表结构进行多个方面的修改，如插入新字段、删除已有字段、修改已有字段名或数据类型、长度等信息，增加或删除约束等。下面举例进行说明。

例 7.2　在学生表上，给出完成下列操作的 SQL 语句。

（1）增加“入学时间”列，其数据类型为日期类型。

（2）将“入学时间”字段由日期类型改为整数类型。

（3）删除“入学时间”字段。

完成上述操作的 SQL 语句依次为：

```
ALTER TABLE  学生 ADD 入学时间  DATE;
ALTER TABLE  学生 ALTER 入学时间 INT;
ALTER TABLE  学生 DROP 入学时间;
```

在 Access 中使用 ALTER TABLE 语句的操作步骤与创建表的操作步骤相同，只需在输入 SQL 语句时输入 ALTER TABLE 语句即可。Access 中不支持批处理操作，这三条语句分别执行。

3. 删除数据表

格式：`DROP  TABLE  <表名>`

功能：删除以<表名>为表名的表。

说明：

（1）<表名>表示要删除的表的名字。

（2）表一旦被删除，表中的数据、此表上建立的索引和查询等结构都将自动被删除，并且无法恢复，因此一定要格外小心。

（3）DROP 删除指定表时，如果该表中某些字段被引用为外键或具有其他约束条件与之相关，则删除操作被禁止。此时需要先删除引用该表的表，去除引用关系后才能成功删除该表（设置了级联删除关联表除外）。

例 7.3　使用 SQL 语句完成在前面设计的学生信息管理系统数据库中删除学生和班级两张表。

此例中使用的 SQL 语句如下：

```
DROP TABLE  班级;
DROP TABLE  学生;
```

在实际操作时要注意两张表之间是否存在关联关系。如果存在关联关系，则必须先删除学生表，之后才能删除班级表。如果顺序颠倒则一般不能成功执行。

在 Access 中使用 DROP TABLE 语句的操作步骤与建表的操作步骤基本相同，只需在输入 SQL 语句时输入 DROP TABLE 语句即可。

4. 索引操作语句

关系数据库中索引是一个很重要的概念，在本书第 4 章中对查询的定义、作用进行了详细的介绍。利用SQL语句可完成索引的建立与删除操作。

（1）建立索引

格式：CREATE [UNIQUE] [CLUSTERED] INDEX <索引名> ON <表名>(<列名1> [ASC|DESC] [,<列名2> [ASC|DESC]] [,……])

功能：为以<表名>为名的表创建索引。

说明：

① <表名>表示要创建索引的表的名字，<索引名>则表示要创建的索引文件的名字。

② [ASC|DESC]：索引值的排列顺序，其中ASC为升序，DESC为降序。

③ [CLUSTERED]：聚集索引，按物理顺序的索引组织。注意，Access 2010不支持此种索引。

④ [UNIQUE]：唯一索引，如果没有[UNIQUE]和[CLUSTERED]选项则是一般索引。

例7.4 给出建立下列索引的SQL语句。

① 为系表建立系编号字段上的唯一索引。

② 为系表建立学院编号字段上的一般索引。

SQL语句如下：

```
CREATE UNIQUE INDEX 系表的系编号 ON 系(系编号);
CREATE INDEX 系表的学院编号 ON 系(学院编号);
```

（2）删除索引

格式：DROP INDEX 索引名

功能：删除以<索引名>为名的索引。

说明：

<索引名>是要删除的索引的名字。

例7.5 给出删除例7.4建立的两个索引的SQL语句。

```
DROP INDEX 系表的系编号 ON 系;
DROP INDEX 系表的学院编号 ON 系;
```

值得注意的是，索引的建立需要用户给出命令，但索引的使用和维护则由系统自动完成。索引的维护工作包括在表数据发生变化时，如插入、删除或修改一些记录时，索引中记录也要随之变化，以反映表中最新数据在索引字段上的排序。索引主要用于数据库管理系统对用户查询的实现。在查询执行时，如果存在可用的索引，则系统会自动利用它优化查询，提高查询执行效率。事实上索引的建立与删除一般是DBA的任务，DBA或系统管理员在数据库运行一段时间后可查看近期数据库使用情况，如果某个表的某个字段查询较频繁，则DBA需要依据经验和原则建立新的索引或删除长期不用的索引。

7.3 SQL语言的数据查询

7.3.1 Select语句

格式：

```
SELECT [ALL|DISTINCT] <列名>|<目标列表达式>|<函数> [,…… ]
FROM <表名或视图名> [,…… ]
[WHERE <条件表达式>]
[GROUP BY <列名 1> [HAVING <条件表达式>]]
[ORDER BY <列名 2> [ASC] | [DESC]]
```

功能：

从指定的基本表或视图中，创建一个由指定范围内、满足条件、按某字段分组、按某字段排序的指定字段组成的新记录集。

说明：

（1）Where <条件表达式>：符合条件的记录集。

（2）<函数>：查询计算函数。

（3）Group By <分组字段名>：查询结果按指定字段分组。

（4）Having <条件表达式>：只对满足条件的查询结果分组。

（5）Order By <排序字段> [ASC][DESC]：查询结果按指定字段排序。

（6）All|Distinct：参数 ALL 是指显示所有满足条件的记录，Distinct 则指只显示不重复的结果数据，对查询结果中相同的记录，只保留一份。Access 中此选项默认值为 ALL，如果需要过滤重复数据，则需要添加 DISTINCT 参数。

（7）函数是指数据库提供的聚集函数和数学函数。

（8）WHERE 子句中的表达式为数据库进行记录过滤的依据。其编写方法与本书 4.2 节给出的表达式表示方法相同，只是在此要求表达式书写要符合语法规定，其格式比查询中使用的准则和表结构中的有效性规则要严格一些。

SQL 语言中经常使用的运算符与简单的示例表达式如表 7.4 所示。Access 有效性规则和查询准则中使用的运算符与 SQL 语言中的运算符基本相同。事实是 SQL 语言的运算符更多一些，如对 EXISTS、ALL、ANY、SOME 等谓词，在 SQL 语言中提供支持，但在 Access 中是不支持的。在这里大家可简单地认为 Access 与 SQL 语言的常用运算符及其含义、用法是相同的，以避免引起混淆。

表 7.4　　SQL 语言的常用运算符表

运算符		含义	运算符		含义
集合成员运算符	IN NOT IN	在集合中 不在集合中	算术运算符	>	大于
				>=	大于等于
				<	小于
字符串匹配运算符	LIKE	与*和?进行单个、多个字符匹配		<=	小于等于
				=	等于
				<>	不等于
空值比较运算符	IS NULL IS NOT NULL	为空 不能为空	逻辑运算符	AND	与
				OR	或
				NOT	非

下面将分别介绍查询语句的用法，以下查询均在学生信息管理系统中建立并执行。

7.3.2 简单查询语句

单表查询是指数据来源是一个表或一个视图的查询操作，它是最简单的查询操作。

1. 检索表中所有的行和列

例 7.6 假设学院表包含的数据如表 7.5 所示，编写查询语句查询所有学院的各项信息。

表 7.5 学生信息管理系统中学院表的数据

学院编号	学院名称	院长姓名	电话	地址
a	信息学院	刘万	85285555	嵩山
b	地理学院	宽带里	65433213	东山
c	理学院	刘利	85285524	华山
d	工程学院	李红军	85282254	华山
e	外国语学院	何志成	85245697	华山
f	思政部	陈志军	85269842	陆湖

查询学院表的 SQL 语句如下：

```
Select 学院编号，学院名称，院长姓名，电话，地址 From 学院;
```

在 SQL 语句中，规定在查询所有列时可用通配符表示一个表中所有字段，因此上述查询也可写作：

```
SELECT * FROM 学院;
```

其查询结果与表 7.5 相同。

但在很多情况下，用户只对表中一部分列感兴趣，这时可通过在 SELECT 子句中的<目标列表达式>中指定查询的属性列。

2. 检索表中指定的列

例 7.7 查询所有学院的名称和联系方式。

查询所有学院的名称和联系方式的 SQL 语句如下：

```
SELECT 学院名称，电话，地址 FROM 学院;
```

该查询从学院表中提取元组，取出该元组在学院名称、电话和地址三个字段上的值，形成一个新的元组作为输出结果中的一个元组，然后对学院中每一个元组执行相同操作，得到最终查询执行结果如表 7.6 所示。

表 7.6 学院的联系方式

学院名称	电话	地址
信息学院	85285555	嵩山
地理学院	65433213	东山
理学院	85285524	华山
工程学院	85282254	华山
外国语学院	85245697	华山
思政部	85269842	陆湖

3. 检索表中指定的列和产生新列

SELECT 子句中的<目标表达式>不仅可以是属性列，而且可以取常量或表达式，通过这样的方法可以查询出由表中数据计算才能得到的、用户需要的数据。

例 7.8　查询员工工资表，给出员工的员工编号、姓名、时间、扣款、税款和实发工资。假设员工工资表的模式结构为：工资（员工编号 CHAR(10)，姓名 CHAR(10)，时间 DATE，应发工资 REAL，扣款 REAL，税款 REAL）。

SQL 语句如下：

```
SELECT 员工编号，姓名，时间，扣款，税款，应发工资-扣款-税款 AS 实发工资
FROM 工资;
```

员工工资表中没有存储汇总后员工工资的数值，因为实发工资可由应发工资、扣款和税款计算得出。这样做可减少数据冗余，数据库中对能够由已存储字段计算得到的数据可以不存储。当用户需要查看数据时，可以在 SQL 语句的 SELECT 子句中增加一个表达式来计算所要数据。此处的表达式为“应发工资-扣款-税款”。

此语句中表达式“应发工资-扣款-税款”后面还有一个 AS 短语，即“AS 实发工资”，其功能是查询得到的列重新指定名字。如果没有该短语，则输出查询结果时这一列自动命名为“表达式1”。另外，该短语也可用于数据表中已有字段的显示，用于改变查询结果输出时的列标题。

这类 SQL 语句的功能与第 6 章介绍的“在查询中执行计算”的功能是相同的，不同的是在此通过 SQL 语言进行操作，而第 6 章是通过查询设计来完成该功能的。

例 7.9　查询学生表中的学生年龄，显示学生学号、姓名和年龄三个字段，且将学号字段的标题显示为“学生号码”。

SQL 语句如下：

```
SELECT 学号 AS 学生号码，姓名，YEAR(NOW())-YEAR(出生年月) AS 年龄 FROM 学生;
```

查询结果数据如表 7.7 所示。此语句的功能与第 6 章例 6.10 相似，只是二者显示的字段不同。可见在 Access 中，同一功能可以有多种实现方法，既可使用查询来完成这一功能，也可以使用 SQL 语句来完成相同功能。

表 7.7　　例 7.9 的输出结果

学生号码	姓名	年龄
050101	张三秋	23
050102	王五	23
050103	李玉	24
050104	黄国度	23
050105	杜全文	22
050106	刘德华	22
050107	陆珊玉	23
050108	陈晓丽	24
050109	王青	23
050110	梁英华	22

续表

学生号码	姓名	年龄
050111	张玲玲	23
050112	王华如	22
050113	江铃	22
…	…	…

4．检索表中指定的列和指定的行

查询满足条件的元组可以通过 WHERE 子句来实现。WHERE 子句中使用的查询条件是一个关系或逻辑表达式，常用的查询条件如表 7.8 所示。下面举例来说明查询条件的用法。

表 7.8　常用查询条件

查询条件	运算符	实例
比较	=, >, <, >=, <=, <>	成绩>85
多重条件	NOT, AND, OR	成绩>=80 AND 成绩<=90
字符匹配	LIKE	性别 LIKE '男*'
确定范围	BETWEEN AND	成绩 BETWEEN 80 AND 90
是否为空	IS NULL	出生日期 IS NULL
确定集合	IN, NOT IN	学院名称 IN {'经管学院', '人文学院', '理学院'…}

例 7.10　查询信息学院的名称和联系方式。

SQL 语句如下：

```
SELECT 学院名称，院长姓名，电话，地址
FROM 学院
WHERE 学院名称 = '信息学院';
```

例 7.11　查询有不及格成绩的学生的学号、课程编号和成绩。

SQL 语句如下：

```
SELECT 学号，课程编号，成绩
FROM 选课
WHERE 成绩<60;
```

例 7.12　查询年龄在 20～23 岁的学生的学号、姓名和出生年月。

SQL 语句如下：

```
SELECT 学号，姓名，出生年月
FROM 学生
WHERE YEAR(NOW())-YEAR(出生年月) BETWEEN 20 AND 23;
```

此句使用了 BETWEEN …AND…谓词其语义上等价于 X >=A and X<=B，所以上例的 SQL 语句等价于以下 SQL 语句：

```
SELECT 学号，姓名，出生年月
FROM 学生
WHERE (YEAR(NOW())-YEAR(出生年月) >= 20) AND (YEAR(NOW())-YEAR(出生年月) <= 23);
```

5. 字符串匹配

关键词“LIKE”可以看作谓词，用以进行字符串的匹配，其一般格式如下：

```
[Not]Like '<匹配串>' [Escape '<换码字符>']
```

上述格式语句表示查找指定属性列的值与<匹配串>相匹配的元组。<匹配串>通常是含有通配符“?”和“*”的字符串。

例 7.13　查询叫张玲玲的学生的详细信息。

SQL 语句如下：

```
SELECT*
FROM 学生
WHERE 姓名='张玲玲';
```

例 7.14　查询姓张且姓名只有两个字的同学的姓名、学号、出生年月、籍贯信息。

SQL 语句如下：

```
SELECT 姓名，学号，出生年月，籍贯
FROM 学生
WHERE 姓名 LIKE '张?';
```

例 7.15　查询姓名中包含“丽”字的学生的姓名、学号、出生年月、籍贯信息。

SQL 语句如下：

```
SELECT 姓名，学号，出生年月，籍贯
FROM 学生
WHERE 姓名 LIKE '*丽*';
```

6. 检索表中分组统计结果

在 SQL 语句中常用的统计函数与 Access 中使用的函数相同，参看表 6.3，利用这些函数可完成简单的数据汇总工作。

例 7.16　统计每门课程的平均分。

SQL 语句如下：

```
SELECT 课程编号， AVG(成绩) AS 平均分
FROM 选课
GROUP BY 课程编号;
```

查询结果如表 7.9 所示。表 7.9 中平均分数有多位小数，这是由数据的计算精确度决定的，如果要保留小数点后 1 位小数，可使用 Access 提供的四舍五入函数 ROUND()指定保留小数位数，即例 7.16 的 SQL 语句修改如下：

```
SELECT 课程编号，ROUND(AVG(成绩),1) AS 平均分
```

```
FROM 选课
GROUP BY 课程编号;
```

表 7.9　　例 7.16 的查询结果

课程编号	平均分
03001	86.142 857 14
03333	78.75
03356	83.333 333 33
03357	77.5
03360	83.25

例 7.17　按性别统计学生人数。

SQL 语句如下：

```
SELECT 性别, COUNT(学号) AS 人数
FROM 学生
GROUP BY 性别;
```

例 7.18　统计选课表中各门课程的最高分。

SQL 语句如下：

```
SELECT 课程编号, MAX(成绩) AS 最高分
FROM 选课
GROUP BY 课程编号;
```

例 7.19　计算课程编号为 03001 的课程的平均成绩。

SQL 语句如下：

```
SELECT  AVG(成绩) AS 平均分
FROM 选课
WHERE 课程编号='03001';
```

7. 检索表中排序结果

利用 SQL 语句的 ORDER BY 子句可以对查询的结果进行排序。

例 7.20　将学生按出生年月由小到大进行排序。

SQL 语句如下：

```
SELECT  *
FROM 学生
ORDER BY 出生年月;
```

如果按由大到小进行排序，则 SQL 语句如下：

```
SELECT  *
FROM 学生
ORDER BY 出生年月 DESC;
```

再如，对例 7.16 中的查询结果，按平均分由大到小进行排序，SQL 语句表示如下：

```
SELECT 课程编号, AVG(成绩) AS 平均分
FROM 选课
GROUP BY 课程编号
ORDER BY AVG(成绩) DESC;
```

查询结果如表 7.10 所示。

表 7.10　　例 7.20 的查询结果

课程编号	平均分
3001	86.142 857 14
3356	83.333 333 33
3360	83.25
3333	78.75
3357	77.5

8. 空值问题

例 7.21　查询课程中还没有给出所有学生成绩的课程编号。

SQL 语句如下：

```
SELECT 课程编号
FROM 选课
WHERE 成绩 IS NULL;
```

7.3.3 连接查询

把多个表的信息集中在一起输出，需要用到“连接”操作，SQL 的连接操作是通过关联表间记录的匹配进行的。其实多表查询与单表查询本质是一样的，如果用户的数据不在同一张表中，则需要从多张表中寻找数据。该操作在创建查询时通过选择两张或多张表创建查询来实现。在这里则通过在 FROM 子句中使用多个表名来实现，多个表名在 FROM 子句中通过逗号隔开。另外还可以用 WHERE 子句给定表的连接条件。

1. 两表连接

例 7.22　查询每个学生的姓名、所在班级名称和专业。

这里，学生的姓名在学生表中，而班级名称和专业则在班级表中，因此要用到两张数据表。所以 SELECT 语句的 FROM 子句中包含学生和班级两张表。同时，SELECT 语句的 WHERE 子句中还需给出两张表的连接条件。连接条件是两张表数据之间的联系，需要依据数据关系进行设定。本例中，学生表中的班级编号是其所在班级的编号，利用这个编号可以在班级表中找到该学生所在班的名称和专业信息，因此连接条件为“学生.班级编号=班级.班级编号”。经以上分析所得 SQL 语句如下：

```
SELECT 学号, 姓名, 班级名称, 专业
FROM 学生, 班级
WHERE 学生.班级编号=班级.班级编号;
```

查询结果如表7.11所示。

表7.11　　　　　　　　　　例7.22的查询结果

学　号	姓　名	班级名称	专　业
050101	张三秋	软工1	软件工程
050102	王五	计机2	计算机
050103	李玉	地理1	地理信息
050104	黄国度	信管1	信息管理
050105	杜全文	软工1	软件工程
050106	刘德华	软工1	软件工程
…	…	…	…

事实上表之间不仅可以进行等值连接，还可以有不等值连接。例如，大于、小于、大于等于、小于等于或不等于。

例7.23　对于例2.11中表2.15（a）和（b）中的关系R和关系S，连接运算$R \underset{C<E}{\bowtie} S$为非等值连接，用SQL语句表示如下：

```
SELECT *
FROM  R, S
WHERE  R.C<S.E;
```

此连接执行的结果如表2.15（c）所示。

2. 多表连接

连接操作可以是两个以上的表之间进行的，此时连接条件必须是两两之间给出，且所有表都可被连接。

例7.24　查询学生的学号和姓名及所在学院、系和班级的名称。

此查询中所需要的数据分布在学院、系、班级和学生四张表中。因此需要逐个考虑表之间的连接条件。分析可知学院和系表之间的连接条件为“学院编号”字段相等，系和班级表之间的连接条件为“系编号”字段相等，而班级和学生表之间的连接条件为“班级编号”字段相等。因此，查询的SQL语句如下：

```
SELECT 学院.学院名称, 系.系名称, 班级.班级名称, 学生.学号, 学生.姓名
FROM 学院, 系, 班级, 学生
WHERE(学院.学院编号=系.学院编号)AND(系.系编号=班级.系编号)AND(班级.班级编号=学生.班级编号);
```

查询结果如表7.12所示。

表7.12　　　　　　　　　　例7.24的查询结果

学院名称	系名称	班级名称	学　号	姓　名
信息学院	计算机系	计机2	050102	王五
信息学院	计算机系	计机2	050110	梁英华
信息学院	计算机系	计机2	050117	陈美丽
信息学院	计算机系	计机2	050122	李严伟

续表

学 院 名 称	系　名　称	班 级 名 称	学　　号	姓　　名
信息学院	计算机系	计机 2	050135	石楠
信息学院	计算机系	信管 1	050104	黄国度
信息学院	计算机系	信管 1	050109	王青
信息学院	计算机系	信管 1	050114	李勇先
信息学院	计算机系	信管 1	050115	黄丽丽
信息学院	计算机系	信管 1	050132	吴丽娟
信息学院	计算机系	软件 1	050107	陆珊玉
信息学院	计算机系	软件 1	050111	张玲玲
信息学院	计算机系	软件 1	050113	江铃
信息学院	地理系	地理 1	050103	李玉
信息学院	地理系	地理 1	050108	陈晓丽
信息学院	地理系	地理 1	050112	王华如
信息学院	地理系	地理 1	050116	江迪
思政部	思政系	马列 1	050123	张伟强
思政部	思政系	马列 1	050130	黄大洪
思政部	思政系	马列 1	050131	麦勇杰
…	…	…	…	…

7.3.4　其他查询

1. 嵌套查询

使用 SQL 中，一个 Select … From … Where …语句产生一个新的数据集，一个查询语句完全嵌套到另一个查询语句中的 Where 或 Having 的“条件”短语中，这种查询称为嵌套查询。

例如下面的语句：

```
SELECT * FROM 学生
WHERE 学号 IN (SELECT 学号 FROM 选课 WHERE 课程编号=' 03001')
```

本例中，查询语句“SELECT 学号 FROM 选课 WHERE 课程编号='03001' ”出现在另一个查询语句的 WHERE 子句中，一般嵌套在某个查询中的查询语句称内层查询或子查询，嵌套了其他查询语句的查询语句则称外层查询或父查询。

嵌套查询的求解方法是“由里到外”进行的，从最内层的子查询做起，依次由里到外完成计算。即每个子查询在其上一级查询未处理之前已完成计算，其结果用于建立父查询的查询条件。例如，上例中内层查询的含义是查找所有选修了“03001”号课程的学生的学号，这些学号形成一个集合，在此称该集合为 S。外层循环的含义是查找学号在 S 中的学生的详细信息。因此，此嵌套查询的含义是查询选修了编号为“03001”课程的学生的详细信息。

例 7.25　查询计算机系、地理系和外语系的所有学生的姓名和专业。

SQL 语句如下：

```
SELECT 姓名,专业
FROM 学生, 班级
WHERE 学生.班级编号=班级.班级编号 AND 班级.系编号 IN
(SELECT 系编号 FROM 系 WHERE 系名称 IN ('计算机系','地理系','外语系'));
```

2. 集合查询

使用SQL中，可以把多个Select产生的数据集进行合并。SQL提供的集合操作主要包括并、交和差三类，分别用UNION，INTERSECT和EXCEPT表示，其含义与集合操作相同。

例7.26 输出所有教师和学生的姓名和性别字段。

SQL语句如下：

```
SELECT  姓名, 性别  FROM 教师
  UNION
SELECT 姓名, 性别  FROM 学生;
```

例7.27 查询既选修课程“03001”，又选修课程“03360”的学生的学号。

SQL语句如下：

```
SELECT 学号 FROM 选课 WHERE 课程编号='03001'
 INTERSECT
SELECT 学号 FROM 选课 WHERE 课程编号='03360';
```

（注：Access中目前不支持INTERSECT和EXCEPT两种操作。）

7.4 SQL的数据更新

SQL数据更新操作有三类，向表中插入、修改或删除若干行数据，其对应的SQL命令分别是INSERT、UPDATE和DELETE命令。这三种数据更新操作分别对应Access中的追加查询、更新查询和删除查询，利用SQL语句与使用相应的查询效果相同。

7.4.1 INSERT命令

格式：

```
INSERT INTO <表名>[(<列名 1>[,<列名 2>,…])]
VALUES ([<表达式 1>[,<表达式 2>,…])
```

功能：

将一个新记录（一行数据）插入指定的表中。

下面举例说明此语句的用法。

例7.28 在学院表中插入一个新学院，学院编号、学院名、院长姓名、电话和地址分别是'g'，'建筑学院'，'刘宏'，'83383291'，'30号楼'。

SQL语句如下：

```
INSERT INTO 学院(学院编号, 学院名称, 院长姓名, 电话, 地址)
```

```
VALUES('g', '建筑学院', '刘宏', '83383291', '30号楼');
```

如果新插入记录的每个列上都有值，则可省略掉字段列表，例 7.28 可写为：

```
INSERT INTO 学院
VALUES('g', '建筑学院', '刘宏', '83383291', '30号楼');
```

注意，如果新插入数据不满足数据库的完整性约束，系统会给出错误提示，且插入不执行。如在学院表中增加一个新学院（'h', '经济管理学院', '张乐', '85283299', '科技楼'），同时为其增加一个"公共事业管理系"。此操作使用的 SQL 语句分别如下：

```
INSERT INTO 学院(学院编号, 学院名称, 院长姓名, 电话, 地址)
VALUES ('h', '经济管理学院', '张乐', '85283299', '科技楼');
INSERT INTO 系(系编号, 系名称, 系主任, 学院编号)
VALUES('X0021', '公共事业管理系', '张洋', 'h');
```

这两个语句一定要先执行插入学院的语句，再执行插入系表的语句。如果颠倒执行顺序，则插入系表时会出现在学院表中找不到学院编号为"h"的学院的问题，即违背外键约束的情况，此时语句将无法成功执行。

7.4.2　UPDATE 命令

格式：

```
UPDATE <表名> SET  <列名>=<表达式>
[, <列名>=<表达式>]   [,……]
[WHERE <条件>]
```

功能：

更新以<表名>为名的表中数据。

下面举例说明此语句的用法。

例 7.29　修改 a 学院的电话为 85288888。

SQL 语句如下：

```
UPDATE 学院
SET 电话= '85288888'
WHERE 学院编号= 'a';
```

该语句可批量修改数据表中的数据。

例 7.30　修改系表，将属于 a 学院的系都改为属于 b 学院。

其 SQL 语句如下：

```
UPDATE 系
SET 学院编号= 'b'
WHERE 学院编号= 'a';
```

7.4.3 DELETE 命令

格式：

```
DELETE FROM <表名> [WHERE <条件>]
```

功能：

删除以<表名>为名的表中满足<条件>的数据。

下面举例说明此语句的用法。

例 7.31 删除 a 学院的所有系。

SQL 语句如下：

```
DELETE FROM 系 WHERE 学院编号='a';
```

注意，例 7.31 中如果要删除的系中包含一些班级或教研室，则删除操作会引起破坏数据完整性规则，此时用户有两种选择。

（1）级联删除班级表或教研室表中属于该系的所有记录。

（2）不执行删除操作。

这两种操作执行哪一种，可经在定义关系表之间的关联时设置。图 7.3 给出建立或编辑学院与系表之间关联的对话框。如果在此对话框中选择“实施参照完整性”选项，并进一步选择“级联删除相关记录”选项，则在删除学院表中某个记录时，系表中属于该学院的记录都会被删除。同样，如果系与班级、教研室也设置了“级联删除相关记录”，则属于该系的所有班级、教研室也都会跟着删除。以此类推，删除会一直进行下去，直到所关联的最后一个表。这种级联删除常常会引起大量数据的删除，因此设置时需慎重。

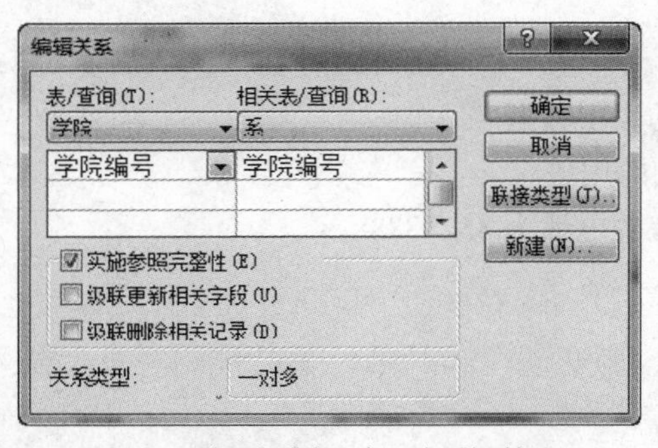

图 7.3 “级联删除”与“级联更新”

可以看到图 7.3 中还有一个“级联更新相关字段”选项，该选项是对更新操作是否级联进行的规定。如果选择该选项，则任何对参照表的修改都会对与之相关联的从表中相应字段进行级联修改。因此这一选项也需慎重设置。

小 结

本章介绍 SQL 的特点、功能及其使用方法，并给出 Access 2010 中使用 SQL 完成指定功能的方法。SQL 是关系型数据库标准语言，因此本章所讲授内容不仅可在 Access 2010 中使用，还可应用于其他关系数据库中。但还需要注意，不同数据库管理系统对 SQL 语言的支持有细微差别，因此在不同系统上使用 SQL 还需查看用户手册或相关资料。

通过本章的学习，读者可利用 SQL 对数据库进行更高效的管理和使用。同时由于 SQL 的标准性，本章内容也可应用在其他关系数据库系统中。

习　题

1. SELECT 语句中何时使用分组子句，何时不必使用分组子句？
2. 试述第 6 章所介绍各类查询与 SQL 语言的关系。
3. 试列出 Access 中所有批量删除数据、插入数据和修改数据的方法。
4. 设有下列关系表 R：

```
R(no, name, sex, age, class)
```

其中 no 为学号，name 为学生姓名，sex 为性别，age 为年龄，class 为所在班级编号。写出实现下列功能的 SQL 语句。

（1）插入一个记录（25，'李明'，'男'，21，95031）

（2）插入 95031 班学号为 0，姓名为“郑和”的学生记录。

（3）将学号为 10 的学生姓名修改为“王华”。

（4）将所有 95031 班号修改为 95011。

（5）查询所有姓王的学生。

（6）删除所有男生的信息。

5. 已知表结构如第 6 章习题 5 所示，完成下列问题。

（1）请给出 Access 2010 中建立两张表的 SQL 语句。

（2）请给出完成第 6 章习题 5 所有查询的 SQL 语句。

第8章 数据库应用开发技术

数据库应用开发技术强调使用数据库管理系统中的相关数据库对象解决实际数据库应用中的问题。在 Access 2010 中，可以使用窗体、报表、宏等数据库对象进行数据库应用开发，用于实现用户的数据库应用系统使用需要。

8.1 窗　体

窗体是 Access 2010 数据库中的一个非常重要的对象，同时也是很复杂和灵活的对象。窗体可以为用户提供一个形式友好、内容丰富的数据库操作界面。通过窗体，用户可以方便地输入数据、编辑数据、显示统计和查询数据，是用户和数据库进行交互的桥梁。窗体的设计能体现数据库设计者的能力与个性，利用窗体可以将整个数据库应用程序组织起来，控制数据库操作流程，形成一个完整的应用系统。

在 Access 2010 中，窗体具有可视化的设计风格，而大多数窗体都是以表和查询作为基础创建的。

8.1.1 窗体的概念及其组成

窗体提供了查阅、新建、编辑和删除数据的可视化方法。可以说，窗体是 Access 2010 数据库中最灵活的部分。对用户而言，窗体是操作应用系统的界面，通过菜单或按钮提示用户进行业务流程操作，不论数据库应用系统的业务性质如何不同，都可设置一个主窗体来提供系统的各种功能，用户通过选择不同操作进入下一步操作的界面，完成操作后返回主窗体。

窗体通常由窗体页眉、窗体页脚、页面页眉、页面页脚和主体组成，每一部分称为窗体的“节”，除主体节外，其他节可通过设置确定有无，但所有窗体必须有主体节。其结构如图 8.1 所示。

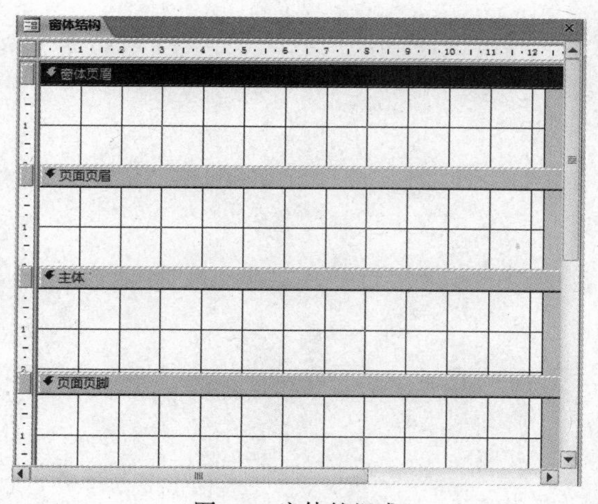

图 8.1　窗体的组成

（1）窗体页眉：位于窗体的顶部位置，一般用于显示窗体标题、窗体使用说明或放置窗体任务按钮等。窗体页眉在执行窗体时可显示。

（2）页面页眉：只显示在应用于打印的窗体上，用于设置窗体在打印时的页眉信息。例如，标题、图像、列标题、打印页上方显示的内容。页面页眉只在打印时输出。

（3）主体：主体是窗体的主要部分，绝大多数的控件及信息都出现在主体节中，通常用来显示记录数据，是数据库系统数据处理的主要工作界面。

（4）页面页脚：在打印时用于设置窗体的页脚信息。例如，日期、页码、打印页下方显示的内容。页面页脚只在打印时输出。

（5）窗体页脚：功能与窗体页眉基本相同，位于窗体底部，一般用来显示对记录的操作说明、设置命令按钮等。

在 Access 2010 中，可以隐藏节或调整其大小、添加图片或设置节的背景颜色等，还可以设置节的属性以及对节内容的打印格式进行自定义。在设计时，主要使用标签、文本框、组合框、列表框、命令按钮、复选框、切换与选项按钮、选项卡、图像等控件对象，以设计出面向不同应用与功能的窗体。

8.1.2　窗体的类型

窗体的分类方法有很多，从逻辑上可分为主窗体和子窗体，子窗体是主窗体的组成部分，嵌套在主窗体内使用。按功能可以分为命令选择式窗体和数据交互式窗体。命令选择式窗体主要用于信息系统的控制界面，一般在窗体中设置一些命令按钮，单击这些按钮时可调用相应功能。数据交互式窗体则用于展示或输入数据。图 8.2 给出命令选择式窗体，用于选择学生信息管理的具体的工作，如果教研室设置、班级设置等。图 8.3 是展示学院信息的数据交互式窗体，利用窗体最下面一行的工具栏，可翻页显示每一个学院的信息。

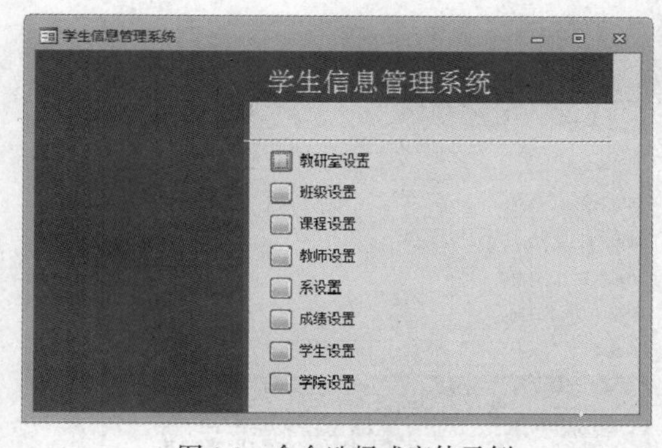

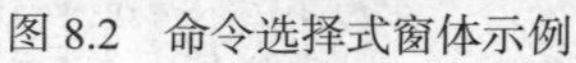
图 8.2　命令选择式窗体示例

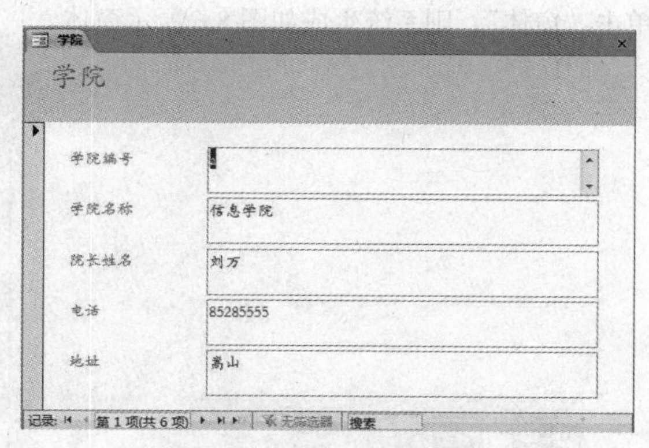

图 8.3　数据交互式窗体示例

8.1.3　窗体视图

Access 提供多种窗体视图，不同视图的窗体以不同的布局形式来显示数据。图 8.4 是 Access 给出的窗体类按钮，当打开一个窗体时，单击 Access “开始”选项卡最左边视图按钮，可切换窗体的视图。下面对各种视图进行简单介绍。

窗体视图：如果要查看当前数据库中的所有窗体列表，可以在导航窗格的窗体列表中双击某个对象，即可打开该窗体的窗体视图。窗体视图是作为软件提供给用户使用的界面，通过它用户可查看、添加和修改数据。图 8.3 是一个学院信息展示的窗体视图。

数据表视图：数据输入和显示的视图，以表格的形式显示所有数据。

数据透视表视图：其设计界面与数据表的交叉表视图相似。通过指定视图的行字段、列字段和汇总字段来形成新的显示新的数据记录。即以行、列和交叉点统计分析数据的交叉表。

数据透视图视图：以图形方式显示数据的窗体，包括饼图、柱状图和折线图等。

布局视图：用于修改窗体的最直观的视图。其界面和窗体视图相同，区别在于控件位置可移动，可对各控件进行重新布局，但不像设计视图一样可添加控件。

设计视图：对窗体进行添加控件、布局操作的视图。在此视图下可对窗体进行文本格式修改、控件加减、图片增删、页眉页脚的增删等操作，还可进行绑定数据源等工作。

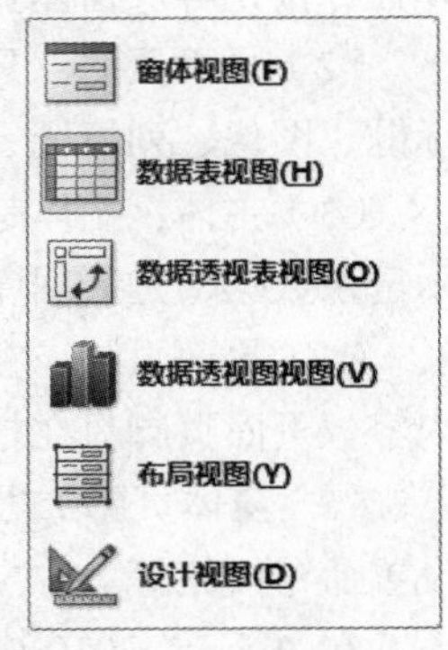

图 8.4　窗体类型选项

8.1.4　创建窗体

Access 2010 提供了快速创建窗体的方法，用户可以利用窗体工具、窗体向导、空白窗体工具、设计视图和数据透视表窗体工具等创建窗体。下面分别介绍：

1．使用窗体工具创建窗体

“创建”选项卡上的“窗体”组如图 8.5 所示，“窗体”组中左边第一个按钮即为窗体工具。

使用窗体工具创建窗体的步骤如下：

（1）启动 Access 2010 应用程序，打开学生管理信息系统数据库。

（2）在导航窗格的“表”组中选择“班级”数据表，在“创建”选项卡上的“窗体”组中，单击“窗体”，则系统生成如图 8.6 所示窗体。

图 8.5　窗体组

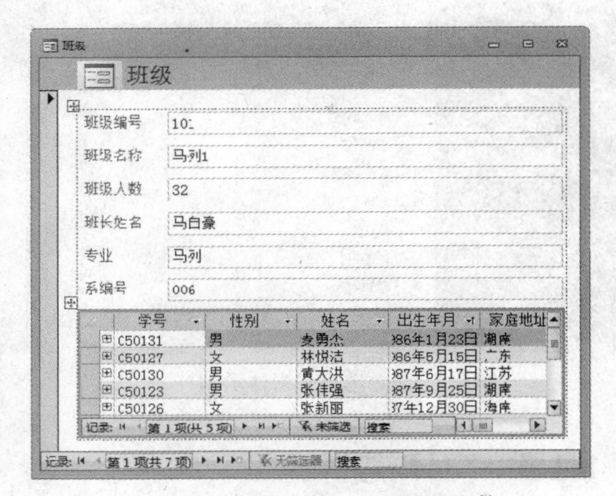

图 8.6　利用窗体工具生成的窗体

（3）单击快捷工具栏中的“保存”按钮，可对此窗体进行存储。

由于选择了班级数据表作为数据源，此窗体以纵栏格式显示班级表中的数据。利用此窗体最下方导航栏中定位按钮可选择察看班级表中所有班级数据。

另外，因为设置了班级与学生表之间的关联关系，此处属于当前正在显示的班级的学生会直接显示在班级信息下方。同样利用此子窗体最下方导航栏中定位按钮可选择察看班级中所有学生。

这种窗体一般称为分割式窗体，可用来显示多个相关联的数据表的内容。如果数据源表中没有数据表，则窗体工具所创建的窗体只包含窗体上半部分，不会有子数据表部分。

2. 使用 “窗体向导”创建窗体

使用“窗体向导”创建数据窗体时，用户可以选择窗体包含的字段个数，还可以定义数据窗体布局和样式。下面以创建“成绩”窗体为例，给出具体操作步骤。

（1）启动 Access 2010 应用程序，打开学生管理信息系统数据库。

（2）在“创建”选项卡上的“窗体”组中，单击“窗体向导”，打开“窗体向导”对话框。

（3）在“窗体向导”对话框中，在“表/查询”选项中选择窗体上使用的字段所在的表或查询，在“可用字段”选项中选择相应的字段，双击字段可自动将其放入“选定的字段”选项中，如图 8.7 所示。选择完成后单击“下一步”按钮。

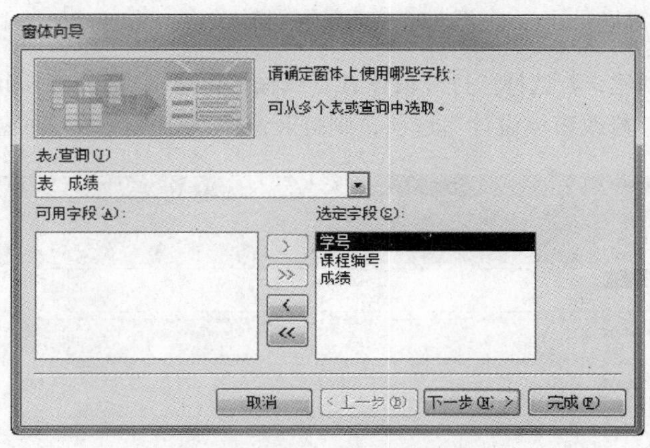

图 8.7 选择表/查询和字段

（4）接下来，在“窗体向导”对话框中确定查看数据的方式，如图 8.8 所示。选择一种方式完成后，单击“下一步”按钮。

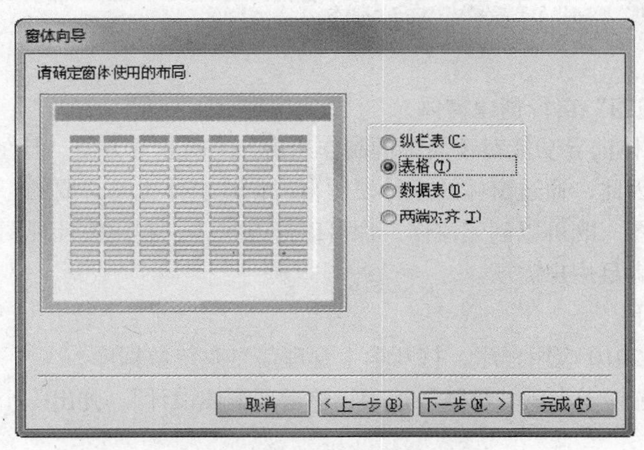

图 8.8 确定窗体布局

（5）最后，在打开对话框的“请为窗体指定标题”选项中填入窗体标题，在此，我们输入“成绩信息”作为窗体标题。在“请确定是要打开窗体还是要修改窗体设计”选项中选择“打开窗体查看或输入信息”选项，如图 8.9 所示。单击“完成”按钮。

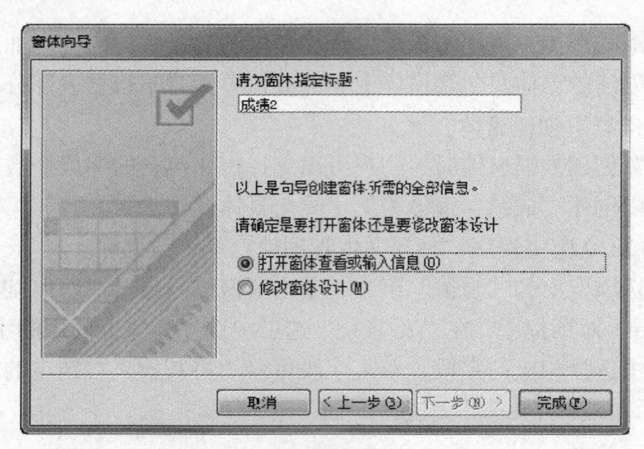

图8.9　窗体向导—窗体命名

（6）结束窗体的创建，若选择“打开窗体查看或输入信息”，则会打开此窗体，其设置效果图8.10所示。如果选择“修改窗体设计”选项，则打开窗体设计视图，可对窗体进行修改。

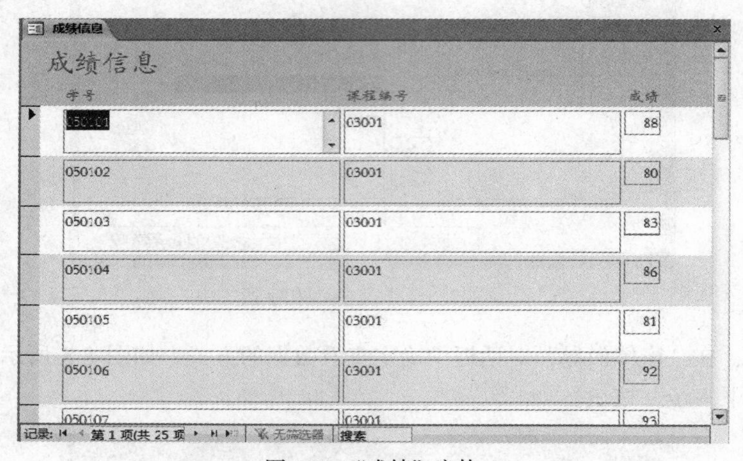

图8.10　“成绩”窗体

3. 通过“设计视图”自行创建窗体

Access 2010的窗体向导功能对于简单的制作来讲，的确非常方便。但在实际应用中，用户的需求是千变万化的。因此，通过窗体的设计视图自行创建窗体也是必要的。

使用窗体设计视图，既可以创建窗体，也可以修改窗体。利用设计视图创建窗体不受系统约束，可以最大限度地满足用户需求。

具体操作步骤如下。

（1）启动Access 2010应用程序，打开学生管理信息系统数据库。

（2）在“创建”选项卡上的“窗体”组中，单击“窗体设计”，弹出一个空白窗体，如图8.11所示。

（3）此时系统工具栏显示“窗体设计工具”单击“属性表”按钮，可弹出窗体本身的属性对话框，如图8.12所示。窗体属性可分为格式、数据、事件、其他4类。格式属性包括窗体是否可见、高度、背景色等，对其值进行设置，存储后可看到设置效果。数据属性主要是数据来源，可通过“窗体设计工具”组中“添加现有字段”，依据提示选择数据逐个添加。事件属性是对窗体包含对象操作的事件及方法。其他类属性是不易分类的一些属性，包括弹出方式、模式等。

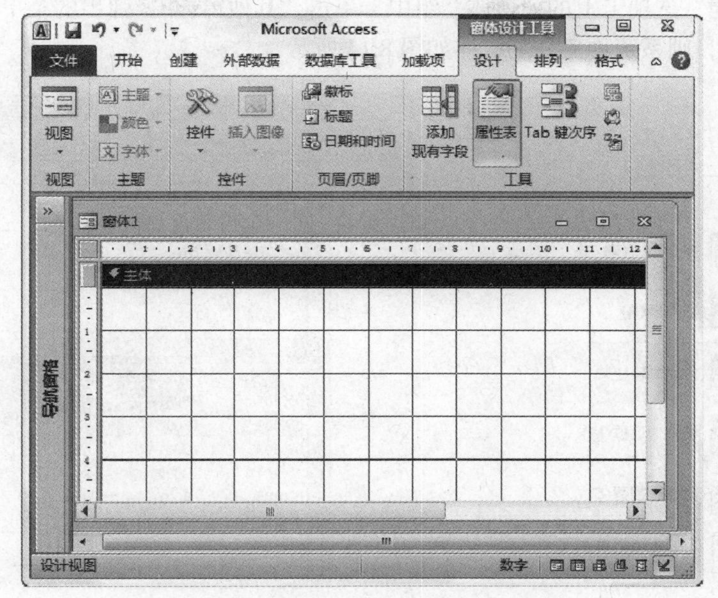

图 8.11　空白窗体

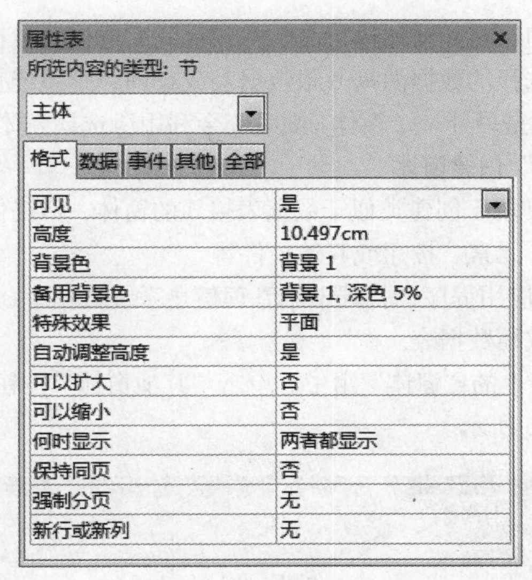

图 8.12　“属性表”对话框

（4）此时可以命名和保存窗体，结束窗体的创建。也可通过添加字段、格式等对窗体进行进一步设置。

4. 通过“分割窗体工具”创建窗体

分割窗体在同一窗体中对数据提供两种展示方法，纵栏式和数据表式。这两个视图指向同一数据源，并且总是保持同步。如果在窗体一个部分选择了一个字段，则窗体另一部分也会选择相同的字段，对任意一部分中数据的增、删和改操作的操作结果也立刻在另一部分显示出来。下面以成绩表为例，给出创建分割窗体的步骤。

（1）启动 Access 2010 应用程序，打开学生管理信息系统数据库

（2）选中“表”中的成绩数据表。

（3）在“创建”选项卡上的“窗体”组中，单击“其他窗体”，弹出的菜单如图 8.13 所示，选择“分割窗体”，则系统创建分割窗体如图 8.14 所示。

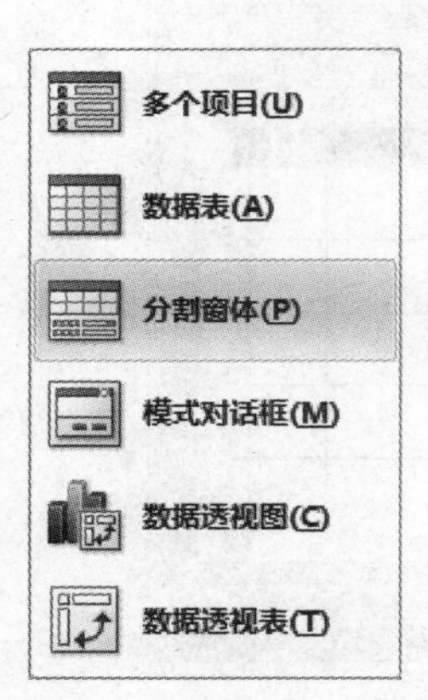

图 8.13 “其他窗体”菜单

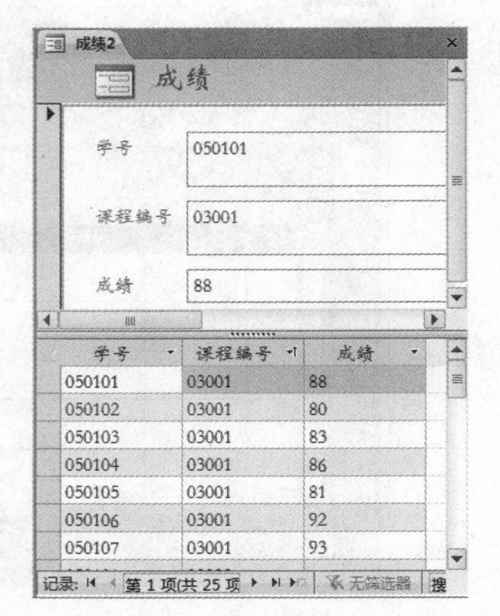

图 8.14 分割窗体示例

（4）单击“保存”按钮，对此窗体进行命名并保存，完成创建过程。

分割窗体创建时，若选择的数据源是一张数据表或查询，则系统直接创建此数据表或查询的分割窗体。若选择的数据源是另外一个窗体，则系统会利用所选择窗体的数据源来创建分割窗体。

5. 通过“多项目工具”创建窗体

Access 提供多项目工具用于创建类似于数据表格式的窗体，但提供比数据表窗体更多的自定义选项，例如，可添加图形元素、按钮或其他控件等。

（1）启动 Access 2010 应用程序，打开学生管理信息系统数据库

（2）选中“表”中的成绩数据表。

（3）在“创建”选项卡上的“窗体”组中，单击“其他窗体”按钮，选择“多个项目”。则系统创建多项目窗体如图 8.15 所示。

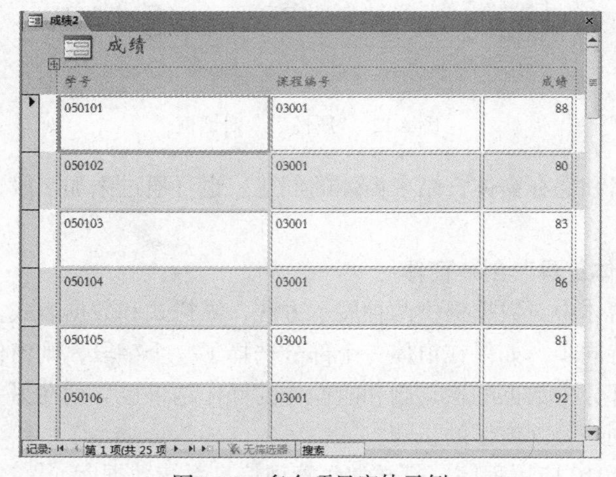

图 8.15 多个项目窗体示例

（4）单击“保存”按钮，对此窗体进行命名并保存，完成创建过程。

Access2010 还提供“数据透视表”“数据透视图”两种创建窗体的方法，利用它们可为具有复杂关系的数据创建窗体。

8.1.5　窗体控件

控件是窗体设计的主要对象，其功能主要用于显示数据和执行操作。按控件与数据源的关系可以分为绑定型控件、非绑定型控件和计算型控件。绑定型控件用于指定数据表或查询中的一个字段作为控件的数据源，如文本框、组合框和列表框等控件可作为绑定型控件使用。窗体运行时，绑定型控件的值与作为数据源的表或查询的内容始终保持一致。没有指定数据源的控件称为非绑定型控件，主要用来显示提示信息、线条、矩形及图像等。例如，标签、线条、矩形及图像等控件。计算型控件以表达式作为数据源，表达式可以使用窗体或报表所引用的表或查询中的字段数据，也可以是窗体或报表上其他控件的值。窗体运行时，这类控件的值不能被编辑。例如，文本框可以用作计算控件使用，以显示“合计”值等。

在窗体设计视图中设计窗体时，随时可以使用工具箱中的各种控件，它包含标准控件和 ActiveX 控件。实际上，设计窗体的过程主要是设计控件。打开窗体“设计视图”，功能区会出现窗体设计工具中的控件按钮，如图 8.16 所示。下面给出各窗体控件的作用及其常用属性的设置。

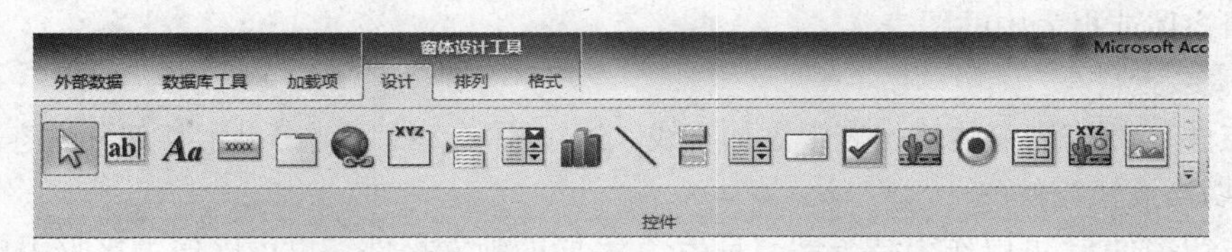

图 8.16　窗体控件

（1）选取对象控件

选取对象控件的作用是选择一个或一组窗体控件。当该控件按钮被按下时，只要在窗体中拖曳一个方框，方框内的所有控件将被选中，可按 Shift 键控制多控件的选取。

（2）文本框控件

文本框控件主要用于显示、输入或编辑窗体的基础记录源数据，显示计算结果或者接收输入的数据。

文本框控件与标签控件的区别在于它们使用的数据源是不同的。标签控件的数据源来自于标签控件的标题属性，文本框控件的数据源来自于表或键盘输入的信息。

（3）标签控件

标签控件是按一定格式显示在窗体上的文本信息，用来显示窗体中各种说明和提示信息。标签控件的属性一旦被定义，输出信息将根据这些定义按照指定的格式进行输出。

标签控件的属性主要包括标签的大小、颜色以及标签所显示文本的内容、字体、大小和风格等。

（4）命令按钮控件

命令按钮控件主要用于控制程序的执行过程以及控制对窗体数据的操作等。

在设计系统程序时，程序设计者经常在窗体中添加具有不同功能的命令按钮，供用户执行各种操作。当窗体打开时，触发某一命令按钮控件，将执行该命令按钮的事件代码，完成指定操作。

命令按钮控件的属性主要包括命令按钮的大小、显示文本的内容及字体大小、风格和颜色等。

（5）选项卡控件

选项卡控件用来创建多页的选项卡对话框。在选项卡控件上也可以添加其他类型的控件。

（6）超链接控件

超链接控件是用于创建指向某个网页、图片、邮件地址或程序的链接。

（7）选项组控件

选项组控件用于控制在多个选项卡中只选择其中一个选项卡的操作。一般在系统程序中选项组控件成组出现在窗体中，用户可以从一系列选项中选择其中一个选项完成系统程序的某一操作。

（8）分页符控件

分页符控件将通过插入分页符控件，在打印窗体上开始一个新页。

（9）组合框控件

组合框控件由一个列表框和一个文本框组成，主要用于从列表项中选取数据，并将数据显示在编辑窗口中。

组合框控件的属性主要包括组合框控件的大小、组合框输出信息字体的大小、风格等。

（10）图表控件

图表控件用于添加图表，可在窗体或报表中用图表显示数据，并可以使用微软自带的图表工具来编辑窗体或报表中的图表。

（11）直线控件

直线控件用来向窗体或报表中添加直线，通过添加直线可突出显示某部分内容。

（12）切换按钮控件

切换按钮控件可以作为结合到“是/否”字段的独立控件，也可以作为接收用户在自定义对话框中输入数据的非结合控件，还可以作为选项组的一部分。切换按钮只有两种可选状态。

（13）列表框控件

列表框控件是以一种表格式的显示方式输入/输出数据的，表格中有若干行和列。

在窗体打开时，可以从列表中选择一个值作为新纪录的字段值或更改记录的已有字段值。列表框控件的主要属性是表格的列数。

（14）矩形控件

矩形控件用于在窗体或报表中绘制矩形，从而将相关的一组控件或其他对象组织到一起，以突出显示。

（15）复选框控件

复选框控件与选项按钮控件的作用相同。

（16）未绑定对象框控件

未绑定对象框控件控件用来在窗体中显示OLE对象，不过此对象与窗体所基于的表或查询无任何联系，其内容并不随着当前记录的改变而改变。

（17）选项按钮控件

选项按钮控件用于显示数据源中是/否字段的值。如果选择了选项按钮，则字段值为“是”，否则为“否”。

（18）绑定对象框控件

绑定对象框控件用来在窗体中显示OLE对象，该对象的内容随着当前记录的变化而变化。

（19）图像控件

图像控件用来在窗体中显示静态图片。静态图片不是 OLE 对象，一旦添加到窗体中将无法再对其编辑。

（20）子窗体/子报表控件

子窗体/子报表控件是在主窗体中显示与其数据来源相关的子数据表中数据的窗体。

8.1.6　窗体控件的使用

一个窗体的好坏，不仅取决于窗体自身的属性，还取决于窗体的布局。窗体的布局与控件的分布和属性有直接的关系，即窗体设计主要是设计窗体控件的布局和属性，充分体现控件自身的特性、外观和行为，以及它所包含的文本或数据的特性。本节将介绍窗体中控件的基本操作和常用控件的使用方法。

1．窗体控件的基本操作

（1）选定控件

对窗体中的控件进行复制、移动或调整大小时，都必须先选定要操作的控件。控件被选定后其周围会出现 8 个黑色控点，表示该控件已被选定，若要取消选定，只需在该控件外单击鼠标即可。

（2）改变控件的大小

选定控件后，将鼠标指向该控件除左上角控点外的其余 7 个控点上，鼠标的指针将变成双向箭头，此时拖曳鼠标即可在相应方向上调整控件的大小。若要对控件大小进行微调，可以在按住 Shift 键的同时，按键盘上的 4 个方向键，即可在相应方向上进行微调。

（3）移动控件

选定控件后，将鼠标指向该控件左上角的控点或该控件的边缘，鼠标的指针将变成手形，此时拖曳鼠标即可在相应方向上移动控件。若要对控件进行微小的移动，可以在按住 Ctrl 键的同时，按键盘上的 4 个方向键，即可在相应方向上进行微小的移动。

（4）多个控件的对齐

选定要对齐的多个控件后，用鼠标右键单击要对齐的任意控件，在弹出的快捷菜单中选择“对齐”选项，然后再选择对齐的方式：“靠左”“靠右”“靠上”或“靠下”。

（5）复制控件

选定控件后，按 Ctrl+C 组合键，然后按 Ctrl+V 组合键；也可以用鼠标右键单击要复制的控件，在弹出的快捷菜单中选择“复制”菜单项，然后在目标处再次单击鼠标右键，在弹出的快捷菜单中选择“粘帖”选项即可。

（6）删除控件

选定控件后，按 Delete 键即可删除选定的控件。

2．常用控件的使用

这里以创建“学生设置”窗体为例，如图 8.17 所示，简要介绍常用窗体控件的使用方法和过程。

（1）启动 Access 2010 应用程序，打开学生管理信息系统数据库

（2）在“创建”选项卡中单击“窗体”组中的“窗体设计”按钮，得到一个空白窗体（注意，此时若已选中某个表、查询或窗体，单击此按钮得到的不是一个空白窗体，而是一个包含了此表、查询或窗体的数据源的信息的纵栏式窗体）。

（3）单击“窗体设计工具”组中的“添加字段”按钮，则系统显示本数据库中数据字段列表，如图 8.18 所示。

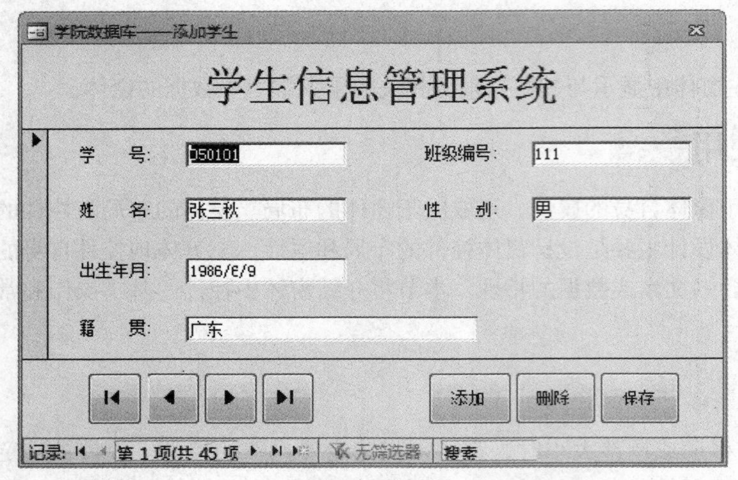

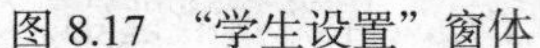

图 8.17 “学生设置”窗体

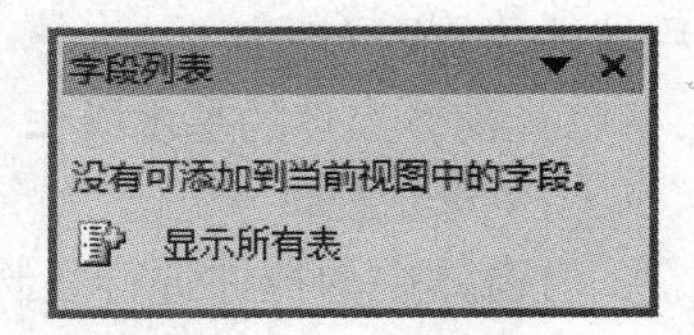

图 8.18 字段列表

（4）单击“显示所有表”，从数据表的列表中找到学生表，单击学生表前的加号，可看到所有字段。选择学号、姓名、班级编号、性别、出生年月和籍贯六个字段拖到窗体中并安排位置。

（5）鼠标停在窗体任意位置，单击右键从菜单中选择并单击“窗体页眉/页脚(H)”按钮，增加窗体页眉。注意此按钮是开关式的，单击此按钮会增加窗体的页眉，再次单击此按钮，窗体页眉会消失。

（6）单击“标签”图标，在窗体页眉中拖曳鼠标画出一个矩形标签，将内容命名为“学生信息管理系统”。设置结果如图 8.19 所示。

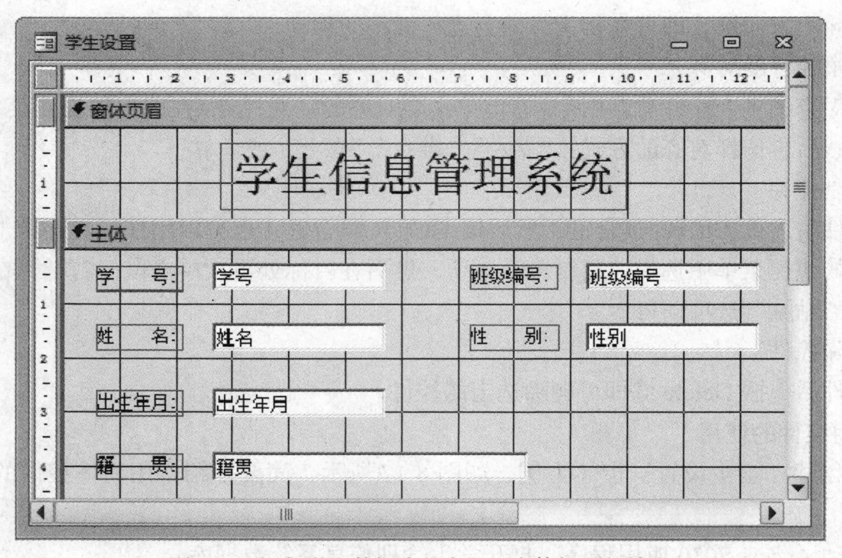

图 8.19 添加学生数据表的字段、窗体标题的效果

（7）单击“窗体设计工具”中控件组下拉按钮，选择“使用控件向导”选项。注意这也是一个开关项，单击此按钮变为选中状态，表示使用控件向导，再次单击，变为未选中状态则表示不

使用控件向导。设置效果如图 8.20 所示。

图 8.20　使用控件向导选项设置

（8）单击“窗体设计工具”中控件组中“命令按钮”铵钮，在窗体页脚处画出一个按钮，弹出“命令按钮向导”对话框，如图 8.21 所示。在“类别”选项中选择“记录导航”选项，然后在“操作”中选择“转至第一项记录”选项。

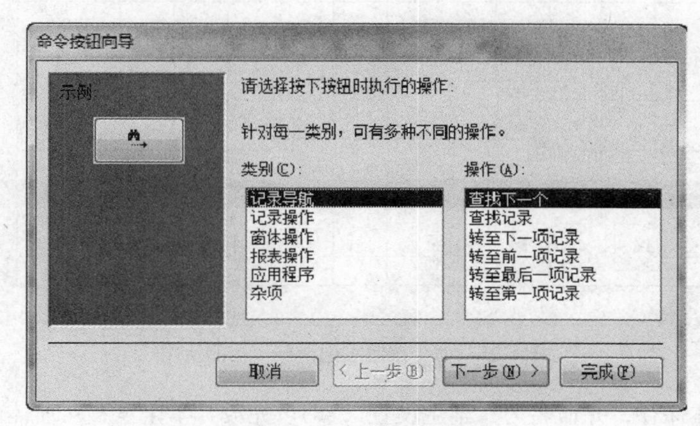

图 8.21　命令按钮向导

（9）单击“下一步”按钮，如图 8.22 所示，单击“图片”前的选项按钮，然后单击“下一步”按钮，可指定按钮的名称（可以不指定），单击“完成”按钮，结束该命令按钮创建。按照创建命令按钮的步骤，同样可以创建“转至前一项记录”“转至下一项记录”和“转至最后一项记录”3 个按钮。

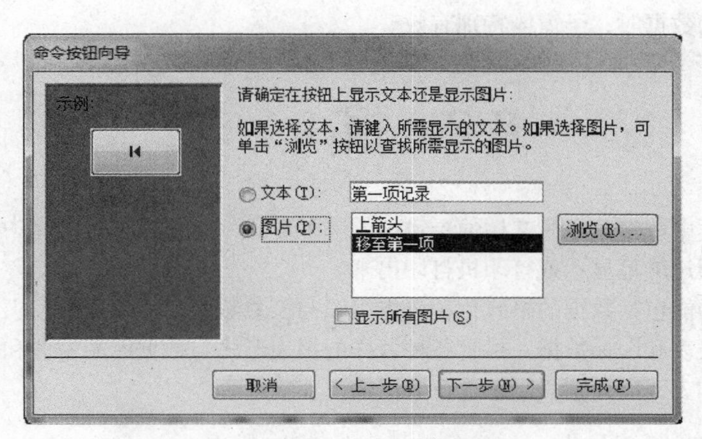

图 8.22　选择“图片”选项按钮

（10）可用类似方法增加“记录操作”类的“添加记录”“删除记录”“保存记录”按钮，在“请确定在按钮上显示文本还是显示图片”窗体中选择文本，分别输入“添加”“删除”和“保存”。

按钮设置及整个窗体的设置效果如图 8.23 所示。其中，“添加”按钮的作用是将“主体”中各文本框清空，以填入相应记录；“删除”按钮将当前记录删除；“保存”按钮将填入各文本框中的记录保存到表中。

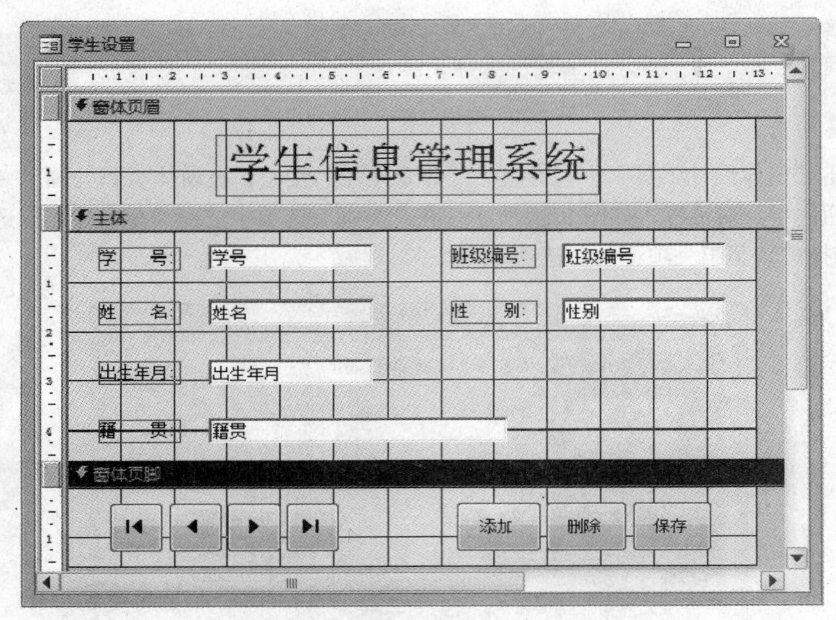

图 8.23　命令按钮（记录操作）的使用

（11）将该窗体保存，并命名为“学生设置”，即可完成“学生设置”窗体的创建。

图表窗体就是以图表方式显示用户的数据，这样在比较数据方面显得更加直观方便。在 Access 2010 中，用户既可以单独使用图表窗体，也可以在窗体中插入图表控件。

数据透视表窗体是一种交互式的表，可以进行选定的计算，它是 Access 2010 在指定表或查询的基础上产生一个导入 Excel 的分析表格，并允许对表格中的数据进行一些扩展和其他的操作。

主窗体/子窗体也称为阶层式窗体、主窗体/细节窗体或父窗体/子窗体，在显示具有一对多关系的表或查询中的数据时，子窗体特别有效。

8.2 报　　表

报表是数据库中数据信息和文档信息输出的一种形式，它可以将数据库中的数据信息和文档信息以多种形式通过屏幕显示或打印机打印出来。

报表的主要功能包括数据的格式化；分组组织与汇总数据；实现计数、求平均值、求和等计算；可以包含子报表和图标数据。尽管各种各样的报表形式与数据库的窗体和表十分相似，但它的功能却与窗体和表不同，它只用来进行数据输出。

8.2.1　报表的组成

报表通常由报表页眉、报表页脚、页面页眉、页面页脚和主体 5 部分组成，这些部分称为报表的节，每个节都有其特定的功能。报表各节的分布如图 8.24 所示。

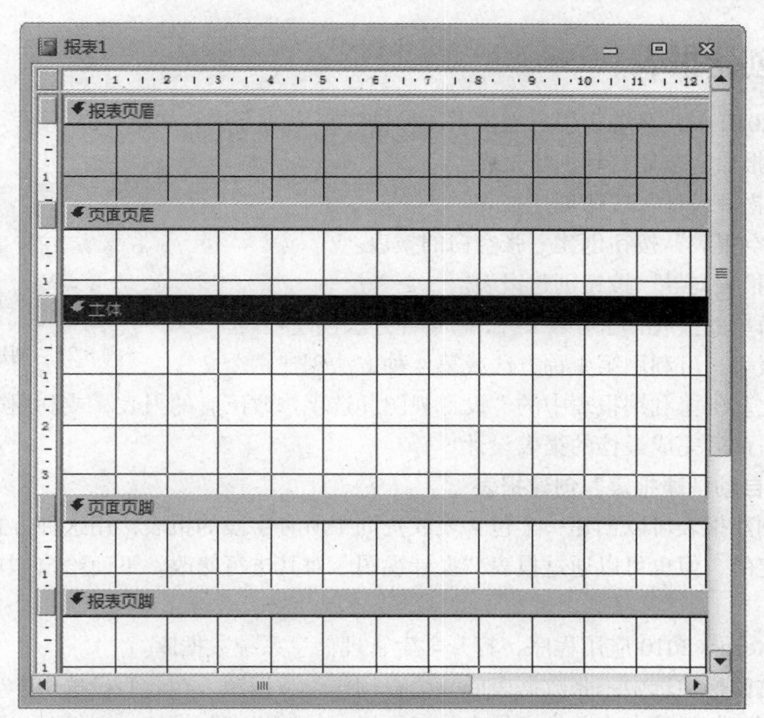

图 8.24　报表的组成

1. 报表页眉

报表页眉是整个报表的页眉，用来显示整个报表的标题、说明性文字、图形、制作时间或单位等，每个报表只有一个报表页眉。在报表页眉中，一般以大字体将报表的标题放在顶端的一个标签控件中，也可以在报表页眉中输入任意内容。一般来说，报表页眉主要用于封面，仅在报表的首页打印输出。

2. 页面页眉

页面页眉用于显示报表每列的列标题，主要是字段名称或记录的分组名称。如果把报表的标题放在页面页眉中，则该标题在每一页上都显示或打印。

3. 主体

主体是报表的主体部分，用于表或查询中的记录数据。该节对每个记录而言都是重复的，数据源中的每一条记录都放置在主体节中。可以将数据源中的字段直接拖曳到主体节中，或者将报表控件放到“主体”节中显示数据内容。

4. 页面页脚

页面页脚的内容是在报表的每页底部打印输出的，可以用它显示控制项的合计内容、页码等，数据显示安排在文本框和其他一些类型的控件中。

5. 报表页脚

报表页脚的内容是在整个报表的页脚打印输出的，可以用它显示报表总计等。报表页脚的数据是在所有的主体和组页脚被输出完成后才会打印在报表的最后面。

选择“视图”中的“报表页眉/页脚”“页面页眉/页脚”命令，可以添加或删除对应的节。

如果对报表数据进行分组，以实现报表的分组输出和分组统计，报表设计视图中将会增加“组页眉/组页脚”节。

8.2.2 创建报表

在 Access 2010 中，系统为用户提供了 4 种创建报表的方法，如图 8.25 所示。

- 单击“报表”按钮自动创建报表。
- 单击“报表设计”按钮创建报表。
- 单击“空报表”按钮创建一张空白的报表。
- 单击“报表向导”按钮创建报表。

图 8.25　创建报表的方法

对于一些简单的报表，可用第 1 种、第 4 种方法创建报表。对于较复杂的报表，可利用第 1 种方法或第 4 种方法创建一个报表，然后在此基础上利用报表中的“设计视图”选项修改已有的报表，或利用第 3 种方法创建一个空白报表，最后完成最佳的报表设计。

1. 使用“自动创建报表”创建报表

使用自动创建报表可以创建一个包含表或查询中所有字段的报表，用这种方式创建的报表格式是由系统规定的，但也可以通过报表“设计视图”对其进行修改。下面给出“自动创建报表”的操作步骤。

（1）启动 Access 2010 应用程序，打开学生管理信息系统数据库。

（2）在导航窗格中选中一张数据表或一个查询作为数据源，在此假设选中学生数据表。

（3）在“创建”选项卡中单击“报表”工具组中的“报表”按钮，则得到一张关于学生的表格式报表，系统自动命名其为“学生”。此时系统显示此报表的设计视图，并显示“报表布局工具”组，允许用户对报表格式进行修改，如图 8.26 所示。

学生

2015年7月3日
10:16:06

学号	姓名	性别	出生年月	家庭地址	班级编号
050120	江勇明	男		江苏	112
050140	张扬	女			
050108	陈晓丽	女	1985年8月14日	广东	115
050103	李土	女	1985年9月12日	湖南	115
050131	麦勇杰	男	1986年1月23日	湖南	101
050109	林青	男	1986年1月25日	广东	120

图 8.26　使用“报表”工具创建的报表

2. 使用“报表向导”创建报表

使用报表向导可以创建报表，报表包含的字段个数在创建报表时可以选择，另外还可以定义报表布局和样式来定制报表。

这里以创建学生成绩报表为例，介绍使用“报表向导”创建报表的操作步骤。

（1）启动 Access 2010 应用程序，打开学生管理信息系统数据库

（2）在“创建”选项中单击“报表”工具组中的“报表向导”按钮，系统显示窗口，让用户选择报表中使用的数据表和字段，如图 8.27 所示。在此选择学生表中的姓名、班级编号字段，选择成绩数据表中学号、课程号和成绩三个字段。

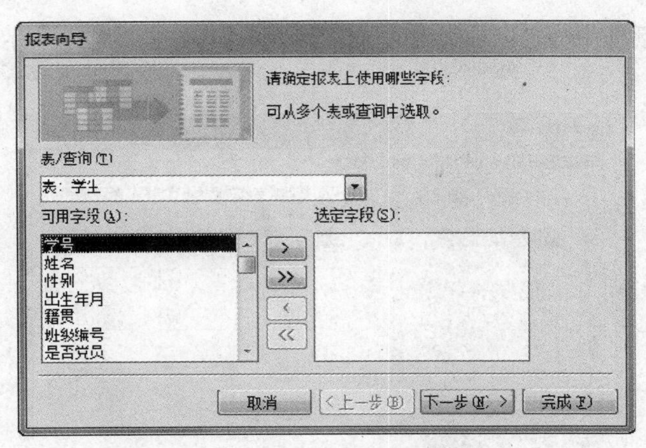

图 8.27　选择服表上使用的字段

（3）完成字段选择后单击“下一步”按钮，系统显示确定查看数据方式窗口，如图 8.28。因为选择了两张表中的数据，此处有两种报表数据查看方式，读者可分别选择查看数据显示效果。在此选择“通过成绩”选项，单击“下一步”按钮，设置报表分组信息。

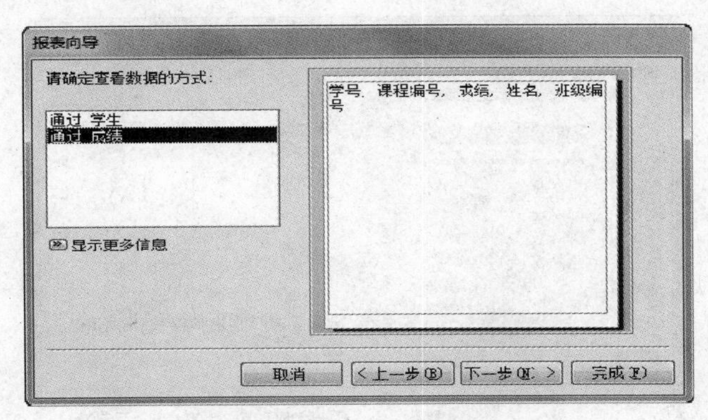

图 8.28　选择查看数据的方式

（4）在打开的对话框中确定是否添加分组级别，在此选择“课程编号”为分组依据，如图 8.29 所示，然后单击“下一步”按钮。

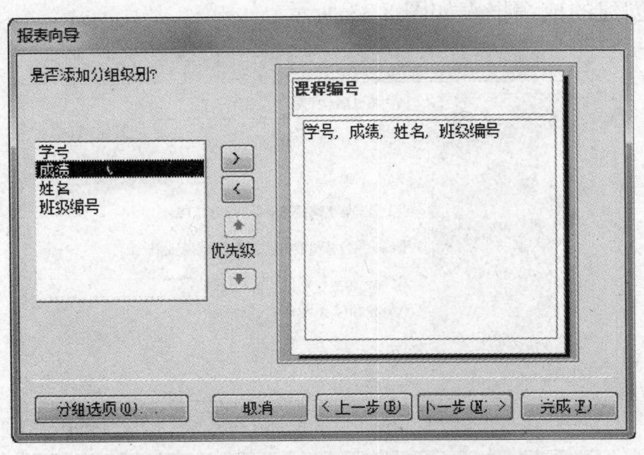

图 8.29　确定分组级别

（5）在打开的对话框中确定记录所用的排序字段和次序，如图8.30所示，然后单击“下一步”按钮。

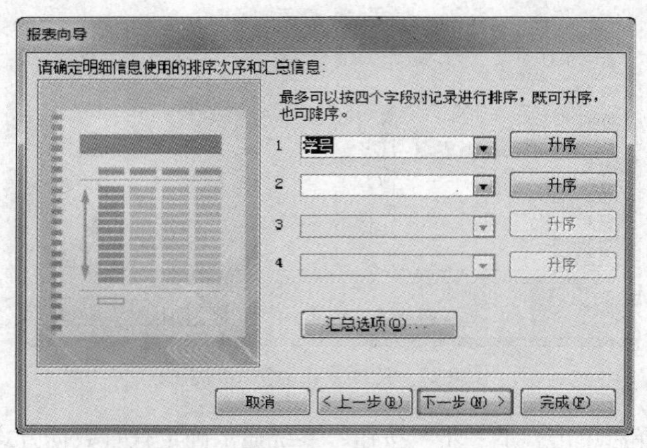

图8.30　确定记录所用的排序次序

（6）在打开的对话框中确定报表的布局方式，如图8.31所示，然后单击“下一步”按钮。

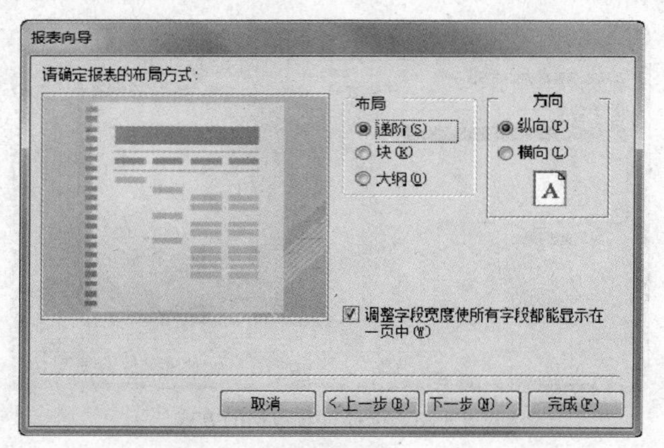

图8.31　确定报表的布局方式

（7）在打开的对话框中将报表指定标题为“成绩”，如图8.32所示，然后单击“完成”按钮，结束报表的创建。所创建的成绩报表如图8.33所示。

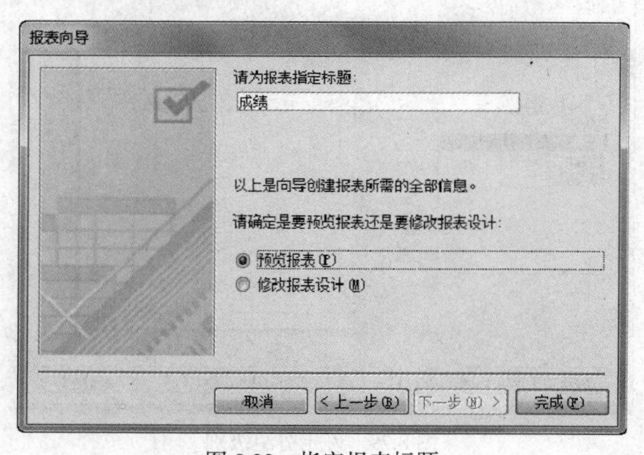

图8.32　指定报表标题

成绩

课程编号	学号	成绩	姓名	班级编号
03001				
	050101	88	张三秋	111
	050102	80	王五	110
	050103	83	李玉	115
	050104	86	黄国度	120
	050105	81	杜全文	111
	050106	92	刘德华	111
	050107	93	陆珊玉	112
03333				
	050101	81	张三秋	111
	050102	78	王五	110
	050105	71	杜全文	111
	050107	85	陆珊玉	112
03356				
	050101	80	张三秋	111
	050102	86	王五	110
	050103	76	李玉	115
	050104	91	黄国度	120
	050106	80	刘德华	111
	050107	76	陆珊玉	112
03357				
	050101	78	张三秋	111

1　无筛选器

图 8.33　成绩报表效果图

3. 使用“设计视图”创建报表

在报表设计视图窗口中，可以根据设计者的需求设计报表包含的数据来源以及报表的布局、样式等。此处省略使用设计视图创建报表的具体操作步骤，读者可以自行操作。

4. 将窗体转换为报表

通过前面的介绍可以知道，报表的设计与窗体的设计方式有很多共同之处。由此，这也给利用窗体创建报表带来了可能性。利用窗体创建报表可以使报表的创建变得更加简单，另外还可以使窗体的内容便于阅读。

具体操作步骤如下。

（1）启动 Access 2010 应用程序，打开学生管理信息系统数据库

（2）选择“窗体”为操作对象，选中某一个窗体，单击“打开”按钮。

（3）在“窗体”窗口，打开“文件”选项卡，选择“对象另存为”选项，如图 8.34 所示。

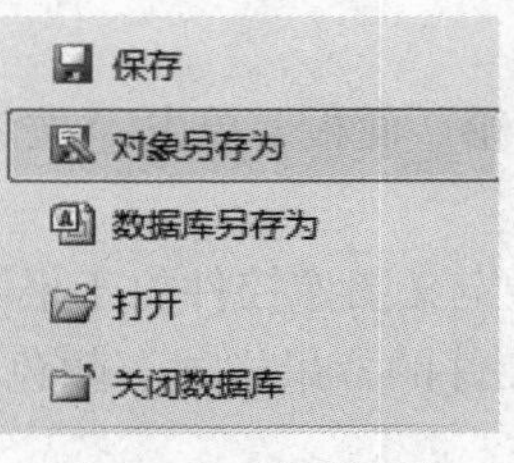

图 8.34　对象另存为

（4）在“另存为”对话框中输入报表名称，选择“保存类型”为“报表”，如图 8.35 所示，单击“确定”按钮。

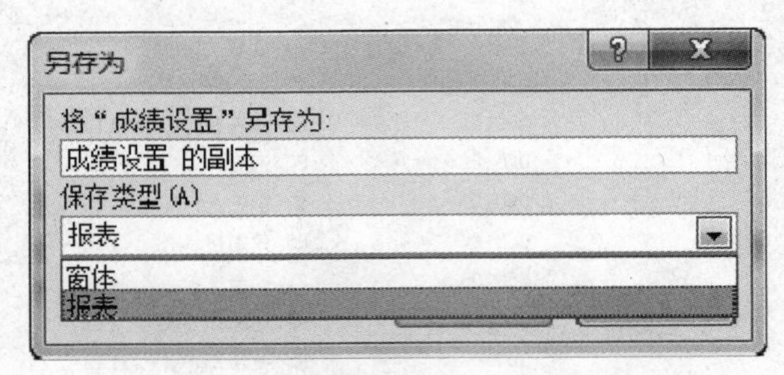

图 8.35 改变窗体的保存类型为报表

（5）预览报表，结束窗体转换为报表的创建过程。

8.2.3 报表编辑

报表编辑是利用报表设计视图、报表和对已有的报表进行修改的操作。

在一般情况下，创建报表多数是用 Access 2010 系统提供的报表设计工具完成的，它的许多参数都是系统自动设置完成的，这样的报表有时在某种程度上并不能完全满足用户的需要，这时可以使用报表设计视图对报表加以修改。

1. 报表控件的使用

报表的设计主要依赖于系统提供的一些报表控件，其中最常用的是标签和文本框控件，但有时为了更全面地显示报表的内容，也可以在报表中添加一些其他控件。这里简单介绍几个常用控件的使用方法。

（1）报表中标签控件的使用

在报表设计视图中，打开“工具箱”面板，单击 Aa 按钮，移动鼠标，拖曳控件至报表节中，定义标签控件的属性。

定义标签控件的属性，主要用于定义标签控件位于报表的什么位置，标签控件的标题，标签控件所显示内容的字体、字号、字体的粗细，标签控件的背景颜色、前景颜色，标签控件边框样式、颜色、宽度等。

（2）报表中文本框控件的使用

在报表设计视图中，打开“工具箱”面板，单击 ab| 按钮，移动鼠标，拖曳控件至报表节中，定义文本框控件的属性。

定义文本框控件的属性，主要用于定义文本框控件位于报表的什么位置，文本框控件的数据来源，文本框控件所显示内容的格式，文本框控件的背景样式、颜色，文本框控件边框样式、颜色、宽度等属性。

（3）报表中图像控件的使用

在报表设计视图中，打开“工具箱”面板，单击按钮，移动鼠标，拖曳控件至报表节中，定义图像控件的属性。

定义图像控件的属性，主要用于定义图像控件位于报表的什么位置，图像控件的数据来源，图像控件所显示内容的格式，图像控件的背景样式、颜色，图像控件边框样式、颜色、宽度等属性。

2. 报表的页面设置

报表的页面设置是用来确定报表页的大小以及页眉、页脚的样式。这些内容需要根据所使用的打印机的特性来设置。

在一个报表打开时，“报表设计工具”会自动打开，如图 8.36 所示。打开其中页面设置选项卡，可设置纸张大小、页边距、纸张方向等参数。单击“页面设计”则可打开页面格式的“打印设置”“页”和“列”三个选项卡。

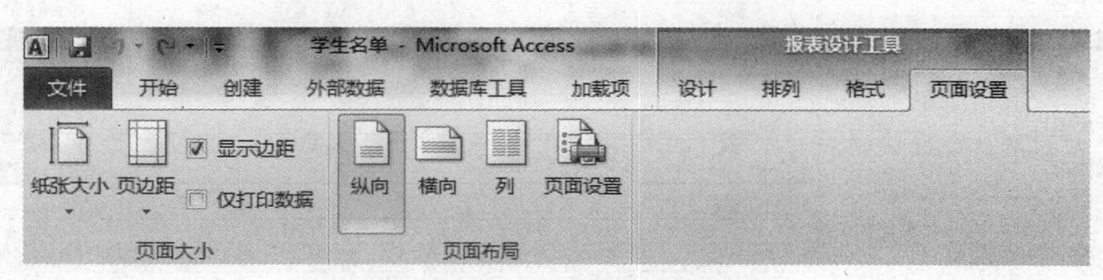

图 8.36　页面设置

3. 报表布局设置

在“报表”窗口中有若干个分区，每个分区实现的功能各不相同，由于各个控件在报表设计功能中的位置不同，可按需要调整控件的位置、大小和间距。

在“报表”窗口中，打开要修改的报表，选定控件后，再单击“开始”选项卡中的“文本格式”选项，可以设计和修改报表的布局。

4. 设计汇总报表

对报表进行统计汇总是依照系统提供的统计计算函数完成的。在报表中可以对已有的数据源按照某一字段值进行分组，对相同字段值的各组记录进行统计汇总，也可以对已有的数据源中的全部记录进行统计汇总。表 8.1 列出了报表统计计算函数。

表 8.1　常用统计计算函数

函　数	功　能
Avg	计算指定范围内的多个记录中指定字段的平均值
Count	计算指定范围内的记录个数
First	返回指定范围内的多个记录中第一个记录指定字段的值
Last	返回指定范围内的多个记录中最后一个记录指定字段的值
Max	返回指定范围内的多个记录中指定字段的最大值
Min	返回指定范围内的多个记录中指定字段的最小值
Sum	返回指定范围内的多个记录中指定字段的和
Stdev	计算标准方差
Var	计算总体方差

设计汇总报表的操作步骤如下。

（1）启动 Access 2010 应用程序，打开学生管理信息系统数据库

（2）在导航窗格中选中一张报表，在此假设选中学生成绩报表。

（3）鼠标停在任意位置单击右键，可右键菜单如图 8.37 所示，从中选择“排序和分组”。

（4）选择排序与分组后系统在报表下方显示添加分组、添加排序选项。单击“添加分组”按

钮，选择班级编号为分组依据，如图 8.38 所示，报表中增加一个“班级编号”页眉，且数据自动按班级编号升序排列。单击班级编号后面的“升序”按钮可修改排序方式。

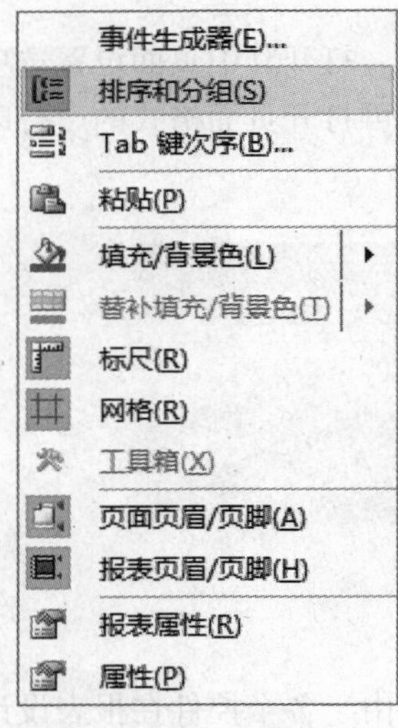

图 8.37　报表右键菜单

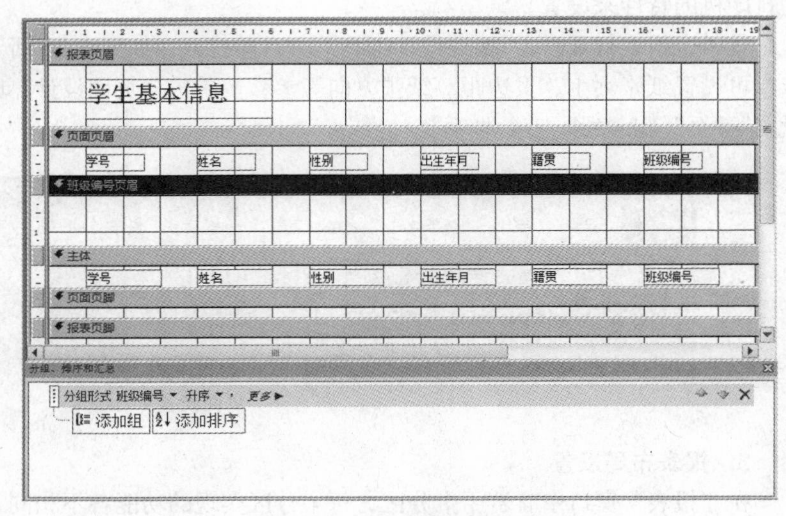

图 8.38　添加“班级编号”分组

（5）将页面页眉中标签“班级编号”和主体节中文本框“班级编号”拖曳到“班级编号页眉”中，如图 8.39 所示。

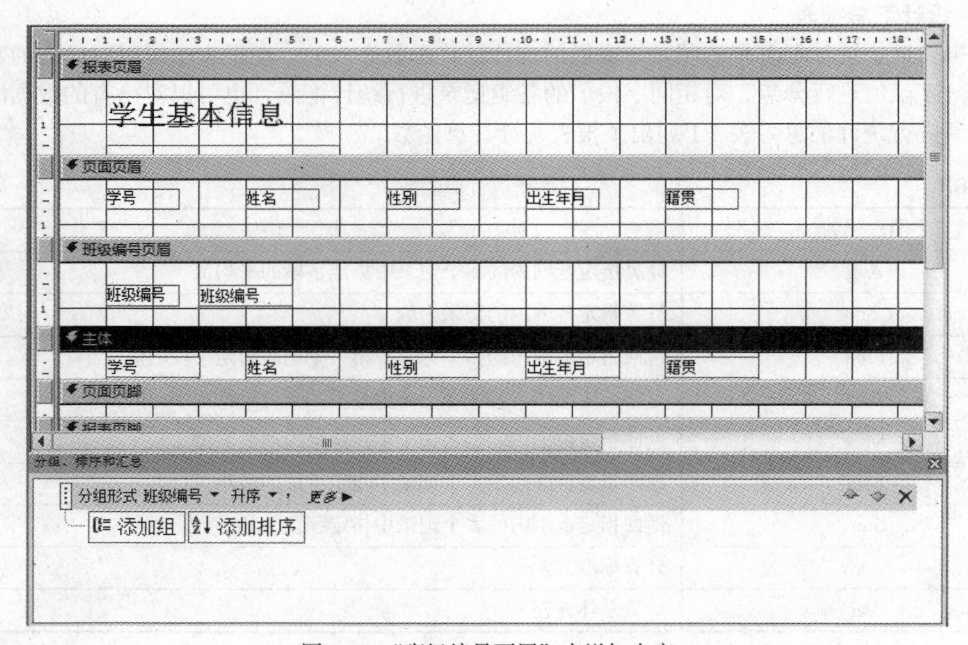

图 8.39　“班级编号页眉”中增加内容

（6）单击图 8.40 中页面底部“分组、排序和汇总”中“更多”选项，将本节修改为“有页脚节”增加班级编号页脚，并在页脚中添加文本框，在文本框说明中添加文字“班级人数”，在文本框中添加汇总公式“=count(*)”，如图 8.40 所示。

（7）保存并预览报表，结束对报表进行的统计汇总操作。报表效果如图 8.41 所示。

报表页眉
学生基本信息
页面页眉
学号
姓名
性别
出生年月
籍贯
班级编号页眉
班级编号
班级编号
主体
学号
姓名
性别
出生年月
籍贯
班级编号页脚
学生人数:
=Count(*)
页面页脚
分组、排序和汇总
分组形式 班级编号 ▼ 升序 ▼ , 更多 ▶
添加组
添加排序

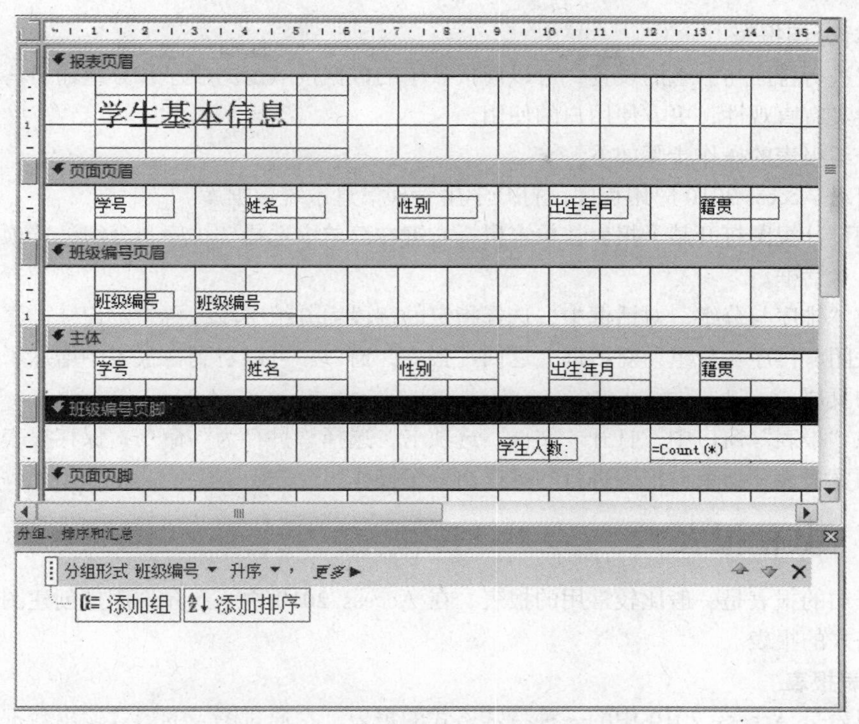

图 8.40 在“班级编页脚”中添加汇总函数

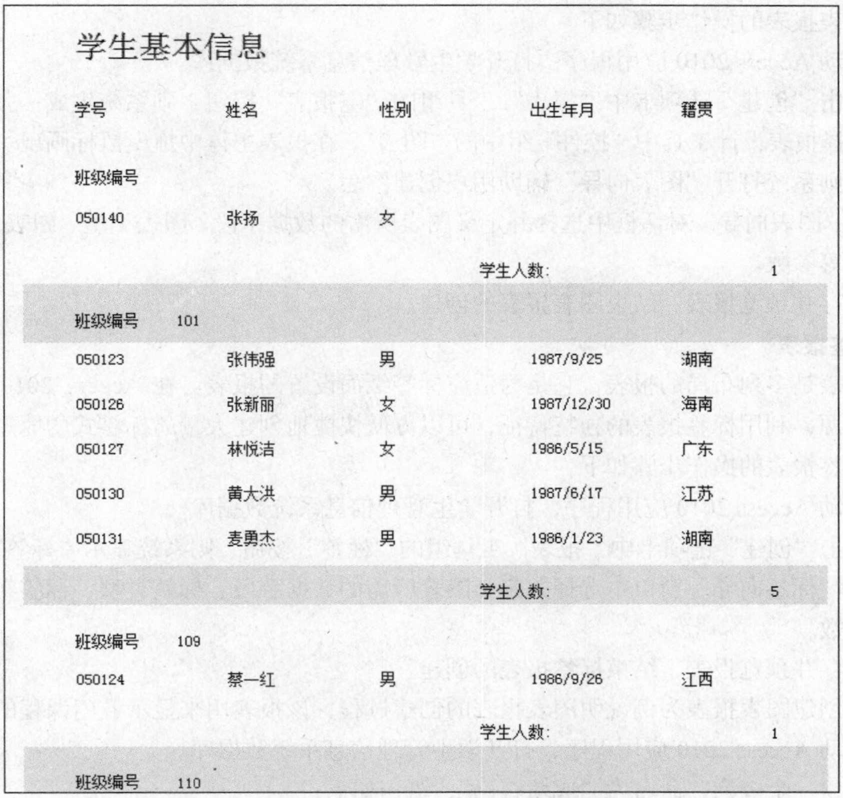

学生基本信息
学号 姓名 性别 出生年月 籍贯
班级编号
050140 张扬 女
学生人数: 1
班级编号 101
050123 张伟强 男 1987/9/25 湖南
050126 张新丽 女 1987/12/30 海南
050127 林悦洁 女 1986/5/15 广东
050130 黄大洪 男 1987/6/17 江苏
050131 麦勇杰 男 1986/1/23 湖南
学生人数: 5
班级编号 109
050124 蔡一红 男 1986/9/26 江西
学生人数: 1
班级编号 110

图 8.41 报表效果图

5. 设计分组报表

对报表进行排序与分组的设置，可以使报表中的数据按一定的顺序和分组输出，这样的报表既有针对性又有直观性，更方便用户的使用。

设计分组报表的操作步骤如下。

（1）启动 Access 2010 应用程序，打开学生管理信息系统数据库。

（2）用设计视图打开某个报表，单击鼠标右键在菜单中选择“排序与分组”选项，打开“排序与分组”对话框。

（3）在“排序与分组”对话框中，选择指定的字段为分组字段，再指定记录排序字段。

（4）关闭“排序与分组”对话框，返回“报表”窗口。可以看到在报表中增加了一个以分组字段为名的页眉。

（5）在“报表”窗口中，打开“文件”选项卡，选择“另存为”命令，保存报表。

（6）预览报表，结束对报表进行的排序与分组操作。

8.2.4 其他报表

以上介绍的报表是一般比较常用的报表。在 Access 2010 中，还允许用户创建图表、标签和明信片等格式的报表。

1. 图表报表

图表报表是 Access 2010 中的一种特殊格式的报表，它通过图表的形式输出数据源中两组数据间的关系。这种用图形方式展示的数据间的关系图，可以使数据阅读更方便、更直观。

创建图表报表的操作步骤如下。

（1）启动 Access 2010 应用程序，打开学生管理信息系统数据库。

（2）单击“创建”选项卡中“报表”工具组的“空报表”按钮，则系统生成一张空白报表。

（3）选择报表设计工具中“控件”组中的“图表”，在报表主体中拖曳鼠标画出一个区域用于存放图表，则系统打开“图表向导”辅助用户创建图表。

（4）在“图表向导”对话框中选择并定义图表所需的数据字段、图表类型、图表的布局方式、图表的标题等参数。

（5）保存并预览报表，结束图表报表的创建。

2. 标签报表

标签报表是多列布局的报表，它是为适应标签纸而设置的报表。在 Access 2010 中，通过已有的数据资源，利用标签报表的独特特征，可以方便快捷地创建大量的标签式的简短信息报表。

创建标签报表的操作步骤如下。

（1）启动 Access 2010 应用程序，打开学生管理信息系统数据库。

（2）单击“创建”选项卡中“报表”工具组的“标签”按钮，则系统显示“标签向导”窗口。

（3）在“标签向导”窗口中选择并定义图表所需的数据字段、标签类型、标签布局方式、标签标题等参数。

（4）保存并预览报表，结束标签报表的创建。

这里以创建图表报表为例说明图表报表的创建过程，该报表用来显示各门课程的最高成绩。

（1）启动 Access 2010 应用程序，打开学生管理信息系统数据库。

（2）新建一个查询，命名为“成绩查询”，语句如下：

```
SELECT 成绩.成绩, 课程.课程名 FROM 课程
INNER JOIN 成绩 ON 课程.课程编号=成绩.课程编号
```

（3）单击“创建”选项卡中“报表”组的“空报表”，或直接选择“报表设计”，则系统生成一张空报表，且处于设计视图状态。

（4）选择报表设计工具中“图表”控件，双击该“图表”控件，在打开的“图表向导”对话框中选择上一步创建的“成绩查询”，如图 8.42 所示，然后单击“下一步”按钮。

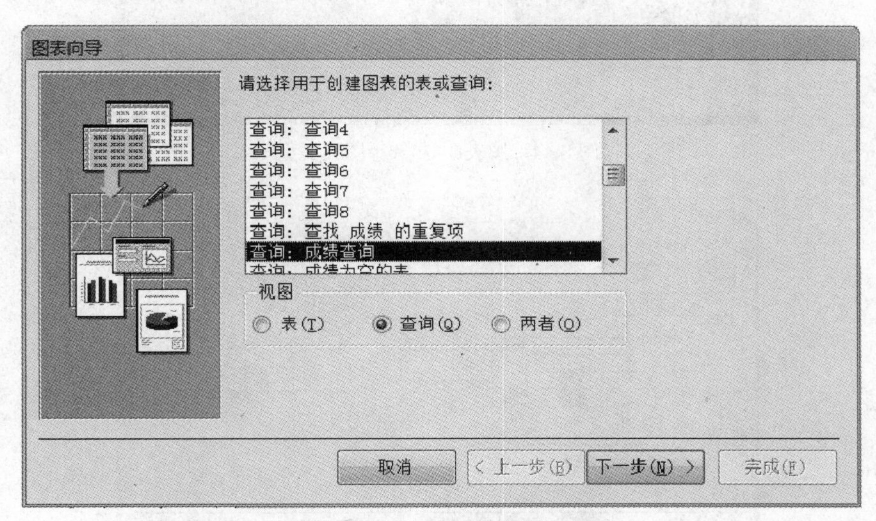

图 8.42　图表向导-选择数据源

（5）此时“图表向导”对话框如图 8.43 所示，选择所有字段，并单击“下一步”按钮。

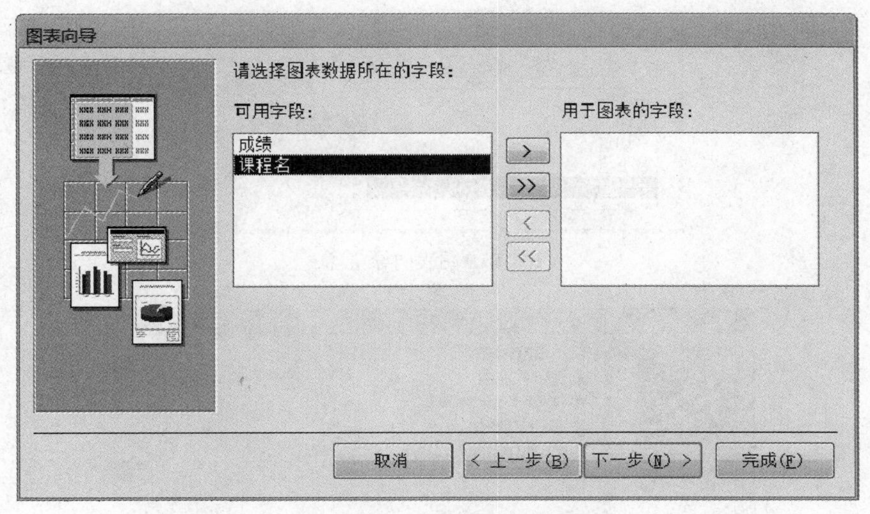

图 8.43　图表向导-选择字段

（6）在图 8.44 中选择“柱型图”图表类型并单击“下一步”按钮。

（7）在图 8.45 中双击“成绩合计”，在图 8.46 中选择“最大值”选项。

（8）单击“确定”按钮，然后在图 8.47 中指定图表标题如“各门课程最高成绩”，单击“完成”按钮，并保存关闭该报表。

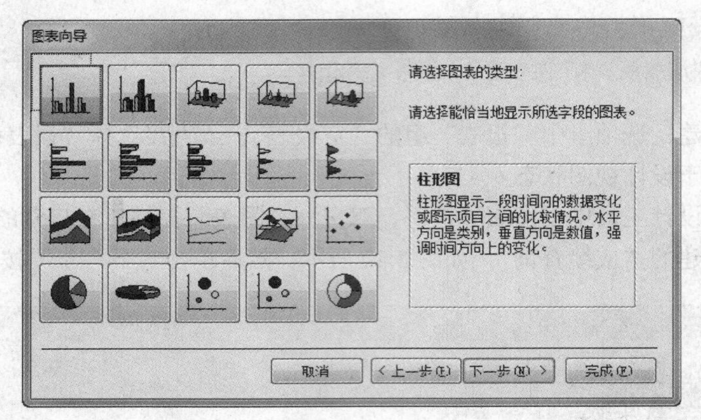

图 8.44　图表向导-选择图表类型

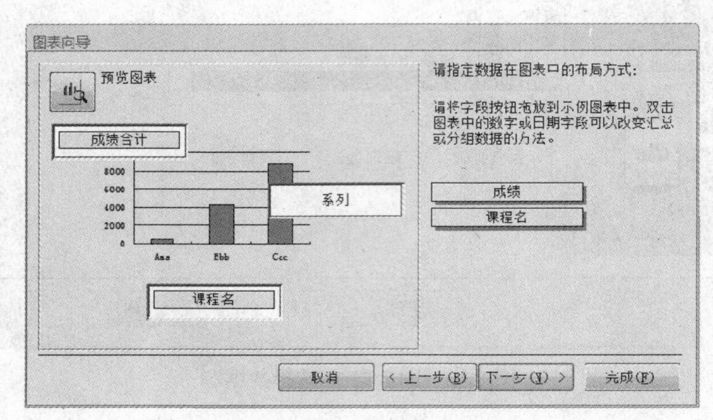

图 8.45　图表向导-选择统计方式

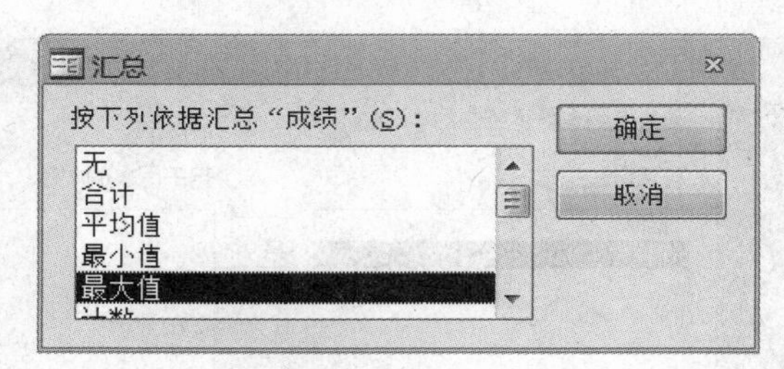

图 8.46　图表向导-汇总

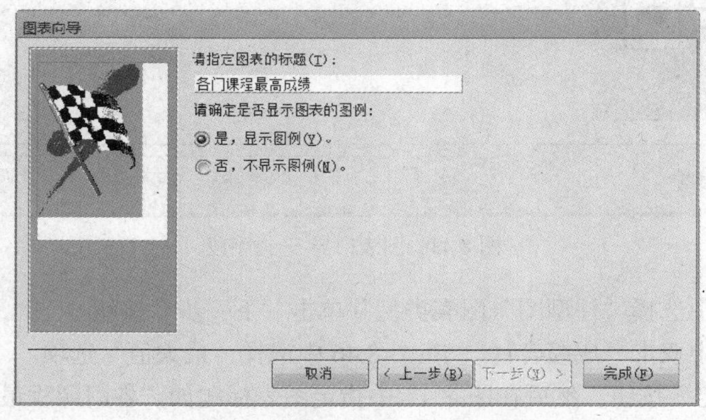

图 8.47　图表向导-指定图表的标题

（9）重新打开该图表报表，如图 8.48 所示。

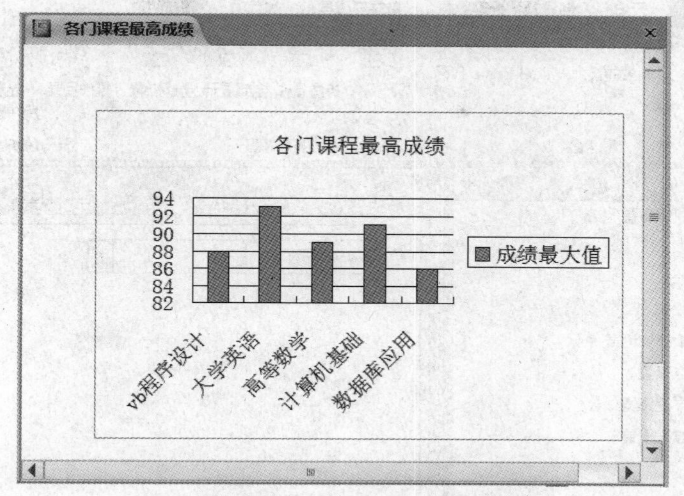

图 8.48　各门课程最高成绩图表报表

8.3　宏

在 Access 2010 中，除了表、查询、窗体等数据对象外，还有一个重要的操作对象——宏。

宏是由一系列操作组成的命令集合，可以对数据库中的对象进行各种操作。使用宏可以为数据库应用程序添加许多自动化的功能，并将各种对象连接成有机的整体。

宏既可以单独控制数据库其他对象的操作，也可以作为窗体或报表中控件的事件响应代码控制数据库其他对象的操作，还可以成为实用的数据库管理系统选项卡的操作命令，从而控制整个管理系统的操作流程。

8.3.1　宏的概念

宏是一种特定的编码，是一个或多个操作命令的集合。宏以动作为基本单位，一个宏命令能够完成一个操作动作。每一个宏命令由动作名和操作参数组成。

宏也可以是包含一个或多个宏命令的集合。若是由多个宏命令组成的宏，其操作动作的执行是按宏命令的排列顺序依次完成的。另外，还可以在宏中加入条件表达式，限制宏在满足一定条件时完成某种操作。

8.3.2　宏的设计

在 Access 2010 中，宏设计器是创建宏的唯一环境。在宏设计器中，可以完成选择宏，设置宏条件、宏参数，添加或删除宏，更改宏顺序，注释和分组等操作。

在宏设计器中，可以编辑单一的宏命令或多个顺序排列的宏命令，如图 8.49 所示。宏的“操作目录”如图 8.50 所示，此面板分类列举出所有宏操作命令。选择一个宏命令后，面板中会显示相应的操作说明信息，方便用户操作。

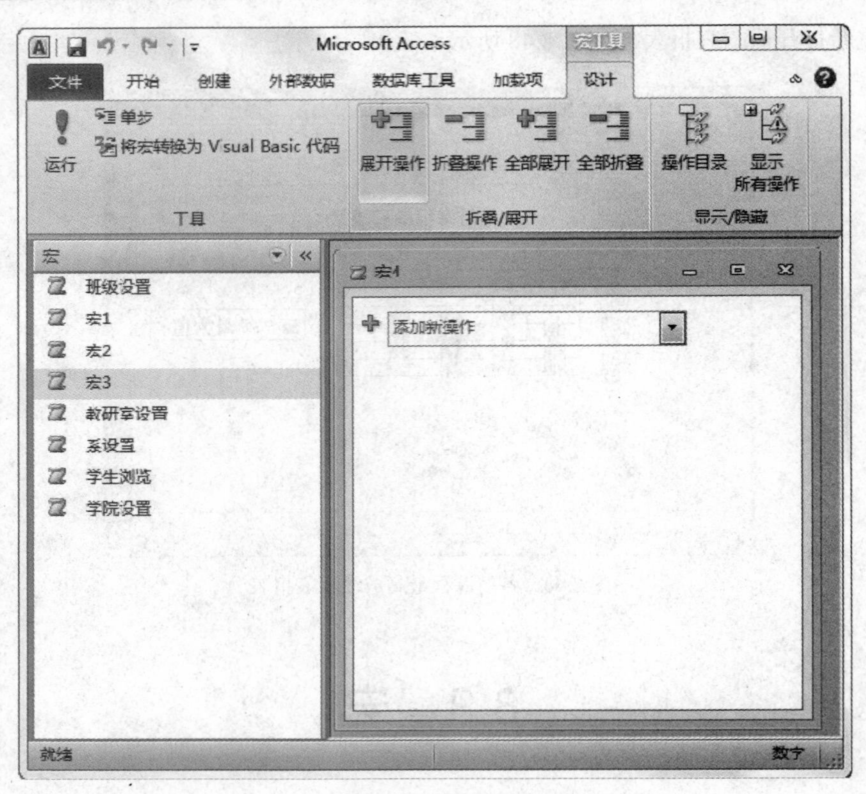

图 8.49　宏设计器窗口

图 8.50　“操作目录”面板

下面以创建用于打开登录窗体的宏来说明宏的创建步骤。

（1）启动 Access 2010 应用程序，打开学生管理信息系统数据库。

（2）单击“创建”选项卡中“宏与代码”组中的“宏”，打开宏设计器。

（3）在“添加新操作”下拉框选择或输入 OpenForm 命令，系统显示如图 8.51 所示。

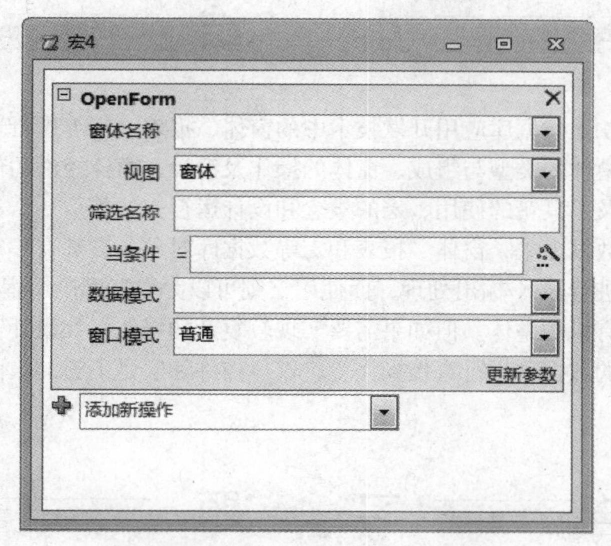

图 8.51　添加宏命令“OpenForm”

（4）选择或录入窗体名称为“登录”

（5）保存宏，单击快速访问工具上的“保存”按钮，在弹出的“另存为”对话框中输入宏的名字然后单击“确定”按钮即可。

（6）单击“宏工具/设计”选项卡“工具”组中的“运行”按钮，可运行并查看运行结果。

Access 允许一个宏中包含多个宏命令，在图 8.51 中单击“添加新操作”下拉框，可添加新的操作。在宏设计器中还可修改宏命令参数、删除某个宏命令或改换宏命令的顺序。

在宏设计器中还可完成对宏操作添加注释、添加宏命令执行条件或创建嵌入式宏等操作。

8.3.3　宏的运行

当宏创建完成后，只有运行宏才能实现宏操作。使用宏有多种方法，常用的方法有以下几种。

1. 直接运行宏

（1）打开数据库，在导航窗格中选择“宏”类别，双击某个宏，可直接运行该宏。

（2）打开数据库，从导航窗格的“宏”类别中选中某个宏，从右键菜单中选择“运行”命令也可直接运行宏。

（3）在宏设计器中单击“宏工具\设计”，单击“工具”组中的“运行”按钮可直接运行宏。

（4）在“数据库工具”选项卡“宏”组中单击“运行宏”，然后在“执行宏”对话框中选择相应宏，也可直接运行宏。

2. 通过窗体或报表中控件的响应事件运行宏

在 Access 中，可将宏赋给某个窗体或报表控件的事件属性值，通过触发事件，可运行相应的宏。操作方法是打开一个窗体可报表，选中某个控件，在控件的“属性”面板中选择“事件”选项卡，选择触发动作属性，再运行要运行的宏。在该窗体或报表运行时，该控件的对应事件发生，则该宏执行。

3. 在 VBA 中运行宏

在 VBA 程序中，使用 DoCmd 对象中的 RunMacro 方法可调用宏。

小　结

本章对 Access 2010 数据库应用开发技术中的窗体、报表、宏等进行环境介绍和使用示范。本章的内容要点包括窗体的类型与组成、窗体的操作及设计、窗体控件的使用、报表的类型及数据源、报表的设计以及工具箱的使用、宏的概念和设计运行方法等。

在 Access 2010 数据库中，窗体、报表和宏等数据库对象各自都有一定的数据操纵能力，能够对数据库中的数据进行输入/输出处理，而使用宏则可以为数据库应用程序添加自动化的功能，并将各种对象连接成有机的整体。但如果需要实现较复杂的操作，如设计窗体、查询的数据控制与处理、对数据库中的数据项进行直接操作等，仅靠控件和宏是不够的，而是需要编制一些程序配合共同实现。

习　题

1. 什么是窗体？窗体有什么作用？数据窗体的数据来源有哪些？
2. 什么是报表？报表有什么作用？报表的数据来源有几种？
3. 创建报表的方法有几种？各有什么特点？
4. 简述图表报表的创建步骤。
5. 简述宏的概念和作用。

第9章 VBA程序设计

使用Access 2010窗体、查询等对象可以完成数据的显示、编辑或查询等数据处理过程。利用控件可以建立特定功能的命令按钮，系统自动创建其事件的代码处理方法。借助宏对象也可以完成事件的响应处理。例如，打开和关闭窗体、报表等。但对Access 2010数据库实际应用系统开发而言，设计窗体、查询等数据的控制与处理复杂条件下的对象操作仅靠控件向导和宏是不够的。

9.1 VBA概述

在Access 2010提供的“模块”数据库对象中，使用VBA（Visual Basic for Application）程序设计语言在不同的模块中实现VBA代码设计，可以解决实际开发中的复杂应用。

Visual Basic是Microsoft公司推出的可视化Basic语言，是一种编程简单、功能强大的面向对象开发工具。VBA是Microsoft公司Office系列软件中内置的用来开发应用系统的编程语言，它与Visual Basic开发工具很相似，包括各种主要的语法结构、函数命令等，但二者又有本质区别。VBA主要是面向Office办公软件进行的系统开发工具（增强Word、Excel等软件的自动化能力），提供了很多Visual Basic中没有的函数和对象，这些函数、对象都是针对Office应用的。

用VBA语言编写的代码保存在Access 2010中的一个模块里，并通过类似在窗体中激发宏的操作来启动这个模块，从而实现相应的功能。

模块是存储代码的容器，模块是将VBA声明和过程作为一个单元进行保存的集合。模块中的代码以过程的形成加以组织，每一个过程都可以是一个函数过程（Function过程）或一个子过程（Sub过程）。

Access 2010数据库中包含的程序模块可以分为两种类型，即类模块和标准模块。

1. 类模块

类模块（又称绑定型程序模块）是指包含在窗体、报表等数据库基本对象之中的实际处理过程，这样的程序模块仅在所属对象处于活动状态下有效。窗体和报表模块都是类模块，它们通常都含有事件过程，该过程用于响应窗体或报表中的事件。可以使用事件过程来控制窗体和报表的行为，以及它们对用户操作的响应。例如，单击某个命令按钮。

为窗体或报表创建第一个事件过程时，Access将自动创建与之关联的窗体或报表模块。在窗体或报表的设计视图下，单击“窗体设计工具”中“工具”组的“查看代码”按钮可打开该窗体或报表模块。

以窗体为例，首先进入窗体设计视图，选定需要编写事件代码的对象。例如，选定某个命令按钮控件，单击工具栏上的“属性”按钮，随之出现该控件的属性设置对话框，如图 9.1 所示。

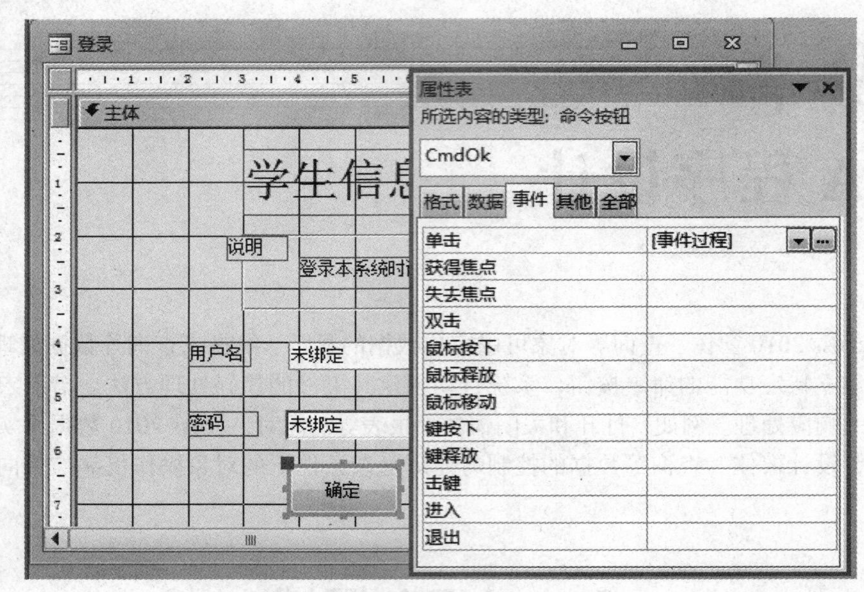

图 9.1　控件的属性设置对话框

为了编写该命令按钮（“确定”按钮）的“单击”（Click）事件代码，应该单击控件的“单击”事件行“事件过程”右侧[…]按钮，打开窗体的代码编辑器窗口，如图 9.2 所示。

图 9.2　窗体代码编辑器

2. 标准模块

标准模块（又称独立程序模块）是指 Access 2010 数据库中的“模块”对象。这些模块对象可以在数据库中被任意一个对象所调用。标准模块是独立于窗体与报表的模块，通常为整个应用系统设置全局变量或通用过程，供其他窗体或报表等数据库对象在类模块中使用或调用。不与其他任何 Access 对象相关联。标准模块中的公共变量和公共过程具有全局性，其作用范围为整个应用系统。

在 Access 2010 系统中，通过模块对象创建的代码过程就是标准模块。

在创建选项卡中选择“宏与代码”工具组中的“模块”按钮，可打开“模块的代码编辑器”窗口，如图 9.3 所示。

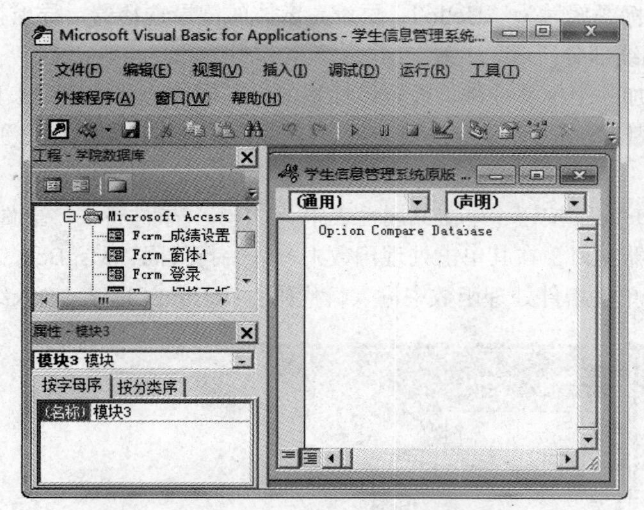

图 9.3 模块代码编辑器

9.2 VBA 编程

Access 2010 内嵌的 VBA 功能强大，采用目前主流的面向对象程序设计机制和可视化编程环境，其核心由对象及响应各种事件的代码组成。在 Access 2010 中，不仅提供了大量的控件对象，还提供了向导创建对象的机制，能处理基本的数据库操作，但要设计功能更灵活、更强大的数据库应用系统，还是应该使用 VBA。以下将以一个常用的系统登录窗体的设计与实现过程，来展现 VBA 程序设计在 Access 2010 数据库应用系统中的重要作用。

为了对 VBA 有一个初步的认识，现在来创建一个简单的 VBA 程序，以便对 VBA 编程有一个直观的认识。

例 9.1 设计一个启动后显示一个带有按钮的窗体，单击按钮后，显示一个带有“Hello world!”字样的对话框，如图 9.4 所示。

图 9.4 Hello world 程序

主要设计步骤如下。

（1）利用“创建”选项卡中的“空白窗体”命令按钮创建一个空白窗体，并切换到设计视图。

（2）设置窗体的标题属性为“Hello”，再设置窗体的记录选择器、导航按钮和分隔线属性均为“否”，如图9.5画线部分所示。

（3）在窗体上添加一个标签控件，设置该标签的标题属性为“欢迎到来！”。

（4）在标签控件下添加两个命令按钮，设置这两个按钮的标题属性分别为“Say Hello”和“Exit”。

（5）单击“Say Hello”按钮，单击其属性表中“单击”事件行中“事件过程”右侧…按钮，打开窗体的代码编辑器窗口，在其单击处理函数中输入一行代码：MsgBox "Hello world!"。同样方法，在Exit按钮的单击事件处理函数中输入行代码：DoCmd.Close，输入结果如图9.6所示。

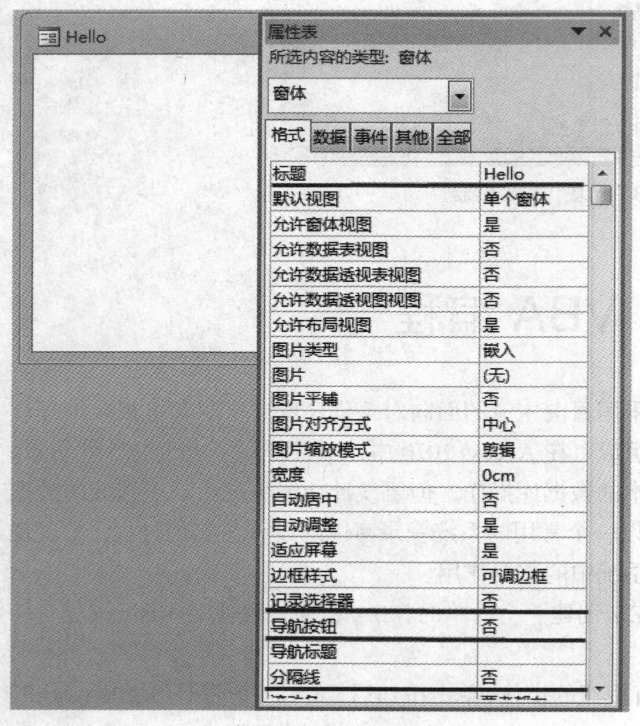

图9.5　窗体属性设置

图9.6　两个按钮的单击事件处理程序

在本例中，分别定义了两个按钮的单击事件过程。程序运行时出现如图9.4所示的窗口，单击“Say Hello”按钮将会打开“Hello world!”对话框；单击“Exit”按钮将关闭“Hello”窗口。定义的过程中使用了VBA程序设计技术中的属性、事件等概念和内容。所以，在开始VBA程序设计之前，还需要了解VBA程序设计的基本知识和应用方法，只有这样才能通过VBA程序设计来达到用户的更高要求。

9.2.1　面向对象程序设计概念

面向对象技术提供了一个具有全新概念的程序开发模式，它将面向对象分析（OOA，Object-Oriented Analysis）、面向对象设计（OOD，Object-Oriented Design）和面向对象程序设计（OOP，Object-Oriented Programming）集成在一起，其核心概念就是“面向对象”。

所谓面向对象（Object-Oriented），即“面向对象=对象+类+属性的继承+对象”的通信。如果一个数据库应用系统是使用这样的概念设计和实现的，则称这个应用系统是面向对象的。一个面向对象的应用系统中的每一个组成部分都是对象，所需实现的操作则通过建立对象与对象之间的通信来完成。

9.2.2　对象和类

1. 对象

客观世界的任何实体都可以被看作是对象。对象可以是具体的物体，也可以指某些概念。例如，一名学生、一个窗体、一个命令按钮都可以称为对象。在采用面向对象程序设计方法的程序中，程序处理的目标被抽象成一个个对象，Access 数据库就是由各种对象组成的，表是对象，窗体和窗体上的各种控件也是对象。每个对象都具有各自的属性、方法和事件。

（1）属性和方法

属性用来表示对象的状态，如窗体的 Name（名称）属性、Caption（标题）属性等。方法用来描述对象的行为，如使用 SetFocus（获得焦点）方法将光标插入点移入某个文本框中。如果说属性是静态成员，那么对象的方法便是动态操作。属性和方法是与对象紧密联系的，对象既可以是一个单一对象，也可以是对象的集合。

属性与方法的引用方式为：对象.属性名或对象.方法名，引用中的“对象”描述一般使用格式：父对象类名!子对象名。

例如，在窗体中，要对名为 Label1 的“标签”控件重新设置显示内容，可使用以下命令格式：

```
Form! Label1.Caption="新显示内容"
```

例如，在窗体中，要让名为 Text1 的“文本框”控件重新获得焦点，可使用以下命令格式：

```
Form!Text1. SetFocus
```

（2）事件和事件过程

事件通常是由系统事先设定的能被对象所识别并响应的动作。如 Click（单击）事件、DblClick（双击）事件等。

尽管系统对每个对象都定义了一系列的事件，但要判定它们是否响应某个具体事件以及如何响应事件，就需要将响应事件所要执行的程序代码添入相应的事件过程中。所以说，事件过程则是响应某一事件时去执行的程序代码。

例 9.2　窗体上有一个命令按钮 Command1 和一个文本框 Text1，将其 Click 事件过程编写代码，使得单击按钮之后 Text1 文本框控件获得焦点并显示“您好!”。

需要编写的代码如下：

```
Private Sub command1_Click()
    Me!Text1.SetFocus
    Me!Text1.Text = "您好!"
End Sub
```

2. 类

类是对一类相似对象的性质描述。这些对象具有相同的性质，相同种类的属性以及方法。类是对象的抽象，而对象是类的具体实例。例如，方法尽管定义在类中，但执行方法的主体是对象而不是类。

在 Access 2010 中，除表、查询、窗体、报表、页、宏和模块等 7 种对象外，还可以在 VBA 中使用一些范围更广泛的对象，例如，记录集对象、DoCmd 对象等。

3. DoCmd 对象

DoCmd 是 Access 2010 数据库中的一个重要对象，它的主要功能是通过调用 Access 2010 内置的方法，在 VBA 中实现某些特定的操作。DoCmd 又可以看作是 Access 2010 的 VBA 中提供的一个命令，在 VBA 中使用时，只要输入“DoCmd.”命令，即显示可用的方法。

例如，利用 DoCmd 对象的 OpenForm 方法打开“登录”窗体，使用的语句格式为：DoCmd.OpenForm"登录"。DoCmd 对象的方法一般需要参数，这主要由调用的方法来决定。

9.2.3 VBA 编程基础

1. VBA 中的基本数据类型

VBA 在数据类型和定义方式上继承了传统的 BASIC 语言的特点。Access 2010 数据表中的字段使用的数据（OLE 对象和备注字段数据类型除外）在 VBA 中都有对应的类型。表 9.1 列出了 VBA 支持的标准数据类型。

表 9.1 VBA 的标准数据类型

数据类型	关键字	符号	存储空间	取值范围
字节型	Byte	无	1 字节	0～255
逻辑型	Boolean	无	2 字节	True/False
整型	Integer	%	2 字节	-32768～32767
长整型	Long	&	4 字节	-2147483648～2147483647
单精度型	Single	!	4 字节	负值范围：-3.402823E38～1.401298E-45 正值范围：1.401298E-45～3.402823E38
双精度型	Double	#	8 字节	负值范围：-1.79769313486232E308～-4.94065645841247E-324 正值范围：4.94065645841247E-324～1.79769313486232E308
货币型	Currency	@	8 字节	-922337203685477～922337203685477
日期型	Date	无	8 字节	1000 年 1 月 1 日～9999 年 12 月 31 日
对象型	Object	无	4 字节	任何引用对象
字符型	String	$	与字符串长度有关	0～65535 个字符
变长字符型	Varient	无	根据定义	根据定义

（1）数值型数据类型

数值型数据类型包括 Byte、Integer、Long、Single、Double 和 Currency。

① Byte

以 1 个字节的无符号二进制数存储，取值范围为 0～255。

② 整数

整数（Integer 和 Long）是不带小数点和指数符号的数，它可以是正整数、负整数和零。

Integer 数据类型以 2 个字节的二进制表示，在 32 位处理器上能提供最佳性能，但当程序需要很大的整数时，例如，记录各国人口数，用 Integer 类型可能就无法表示了，此时需要用 Long 数据类型。

Long 数据类型以 4 个字节的二进制表示和参加运算，存储范围大，因而占用的存储资源也就多一些。

Byte、Integer、Long 均可存放一个整数，它们的取值不同，占有的空间大小也不同。实际编程时可根据需要选用。

③ 浮点数

浮点数（Single 和 Double）也称为实数，是带有小数部分的数值，其表示的数据范围大，但有误差。

单精度浮点数 Single 以 4 个字节存储，用 E 来表示指数。

双精度浮点数 Double 以 8 个字节存储，用 D 来表示指数。

在计算机中，浮点数可以是普通的实数，如 3.1415，也可以是用科学计数法表示的实数。例如，单精度浮点数 0.123E+6 就相当于 0.123×10^6，双精度浮点数 0.876D+8 就相当于 0.876×10^8。

④ 货币型

货币数据类型（Currency）是为表示钱款而设置的。该类型数据以 8 个字节存储，精确到小数点后 4 位，小数点前有 15 位，小数点后 4 位以后的数字将被舍去。

（2）字符型数据类型

字符串是一个字符序列，由 ASCII 字符组成，包括标准的 ASCII 字符和扩展 ASCII 字符及汉字等。字符串是放在双引号内的若干个字符，长度为 0 的字符串称为空字符串。VBA 中的字符串分为两种，即变长字符串和定长字符串。变长字符串的长度是不确定的，最大长度不超过 2^{31}；定长字符串的长度是固定的，最大长度不超过 2^{16}。

例如，“123”“VBA 程序设计”等均表示字符型数据。“”表示空字符串，“ ”表示有一个空格的字符串。

（3）日期型数据类型

日期型数据类型 Date 用来表示日期信息，按 8 个字节的浮点数来存储，日期范围为 1000 年 1 月 1 日至 9999 年 12 月 31 日，而时间范围为 00:00:00～23:59:59。

日期型数据有两种表示方法。一种是在字面上可被认为是日期和时间的字符，表示格式为 mm/dd/yyyy 或 mm-dd-yyyy，日期文字以数字符号#括起来。

例如，#2009-11-25#、#11-11-2011#、#2008-08-18 10:30:00AM#。

另一种是以数字序列表示，当其他的数值类型要转换为 Date 类型时，小数点左边的数字表示日期，而小数点右边的数字表示时间，0 为午夜，0.5 为中午 12 点，负数表示 1899 年 12 月 31 日之前的日期和时间。

（4）变体数据类型

变体数据类型 Variant 是一种可变的数据类型，可以表示任何值，包括数值、字符串及日期等。VBA 规定，如果没有使用 Dim … As [数据类型]显式声明或使用符号来定义变量的数据类型，系统默认为变体类型。

（5）逻辑数据类型

逻辑数据类型 Boolean 用于逻辑判断，也称布尔型。其值为逻辑值，用 2 个字节存储，它只有 True（真）或 False（假）两个值。当逻辑数据转换成整型数据类型时，True 转换为 1，False 转换为 0。当将其他类型数据转换成逻辑数据时，非 0 数据转换为 True，0 转换为 False。

（6）对象数据类型

对象数据类型 Object 用来表示图形、OLE 对象或其他对象，用 4 个字节存储，对象变量可引用应用程序中的对象。

2. 常量、变量和数组

在 VBA 中需要对存放数据的内存单元命名，程序通过该命名的名字来访问其中的数据，被命名的内存单元就是常量或变量。VBA 通过使用变量来临时存储数据，每个变量都有变量名，使用前可以指定数据类型（即采用显式声明），也可以不指定（即采用隐式声明）。

（1）常量

常量是在程序中可直接引用的实际值，其值在程序运行过程中不变。在 VBA 中，一般有以下 3 种常量。

① 直接常量。

直接常量实际上就是常数，数据的类型决定了常量的类型。

例如，456、"VBA"、#2009-8-24#分别为数值型、字符型、日期型常量。

② 符号常量。

如果在程序中经常用到某些常数值，或者为了便于程序的阅读或修改，则有些常量可以由用户定义的符号常量来表示，符号常量使用 Const 语句来创建。

例如，Const PI=3.1415

定义符号常量 PI，其值为 3.1415，在以后的程序中，可以使用 PI 来代替常用的 π 值参加运算。

③ 固有常量。

除了用 Const 语句声明常量之外，系统还预先定义了许多固有常量，编程者只要直接使用固有常量即可。

例如，vbOK、vbYes、vbNo、vbRed、vbBlue 分别代表"确认""是""否""红色""蓝色"。

（2）变量

变量是指在程序运行过程中值会发生变化的量。计算机处理变化的数据方法是将数据存储在内存的一块临时存储空间，所以变量实际代表的就是内存中的这块被命名的临时存储空间。

变量的三个要素，即变量名、变量类型、变量的值。

变量的命名规则：

① 变量名只能由字母、数字、汉字和下划线组成，不能含有空格和除下划线"_"之外的其他任何标点符号，长度不能超过 255。

② 必须以字母开头，不区分变量名的大小写。例如，若以 Abc 命名一个变量，则 abc、ABC、aBc 等都认为是同一个变量。

③ 不能和 VBA 的关键字重名。例如，不能以 if、Dim、double 等命名变量。

④ 类型说明符只能出现在名称的后面。

⑤ 为了增加程序的可读性，通常在变量名前加一个缩写的前缀来表明该变量的类型。例如，用 strA 来命名一个字符串变量。

在程序中使用变量就要给变量定义名称和类型，这就是对变量进行声明。一般变量在使用前应先声明。对变量进行声明可以使用类型说明符号、Dim 语句等方法。

① 使用类型说明符号声明变量。

允许使用类型说明符号来声明常量和变量的数据类型，VBA 中的类型说明符号如表 9.1 中的符号列所示。

例如：

```
intX1%=123                           '声明 intX1 为一个整型变量
douX2#=123.456                       '声明 douX2 为一个双精度变量
strX3$= "Access2003 "                '声明 strX3 为一个字符串变量
```

② 使用 Dim 语句声明变量。

Dim 语句使用格式为：Dim 变量名 As [数据类型]

如果不使用“数据类型”可选项，默认定义的变量为变体数据类型（Variant）。可以使用 Dim 语句在一行中声明多个变量。

例如：

```
Dim strX As String                   '声明 strX 为一个字符串变量
Dim intX As Integer, strZ As String  '声明 intX 为整型、strZ 为字符串变量
Dim x                                '声明 x 为变体型变量
Dim i, j, k As Interger              '只有 k 是 Integer 类型，i 和 j 都是 Variant 类型
```

声明变量数据类型可以使用以上两种方法，VBA 在判断一个变量的数据类型时，按以下先后顺序进行：是否使用 Dim 语句；是否使用数据类型说明符。没有使用上述两种方法声明数据类型的变量默认为变体类型（Variant）。

显式声明变量有三个作用，一是指定变量的数据类型，二是指定变量的使用范围（应用程序中可以引用变量的作用域），三是可以预先排除一些因为变量名书写不正确造成的错误。变量声明后，在以后的程序中可以对变量进行赋值和运算等操作。例如：

```
Dim StrA As String
Dim BlnB As Boolean
Dim IntX As Integer
```

对其进行赋值或进行相应运算：

```
StrA = "Microsoft"
BlnB = False
IntX = 12345
StrA = "Microsoft" + "Access2003"
IntX= IntX + 1
```

可以在模块设计窗口的说明区域内加入 Option Explicit 语句，强制要求所有变量必须显式声明后才能使用。

VBA 允许用户在编写应用程序时，不声明变量而直接使用，系统会临时为新变量分配存储空间并使用，这就是隐式声明。所有隐式声明的变量都是变体数据类型。

例如，NewVar = 123。该语句定义了一个隐含型变量，名字为 NewVar，数据类型为 Variant，值为 123。

在 VBA 编程中应尽量减少隐含型变量的使用，大量使用隐含型变量对调试程序和识别变量等都会带来困难。

（3）数组

数组是由一组具有相同数据类型的变量（称为数组元素）构成的集合。数组变量由变量名和

数组下标组成，在VBA中不允许隐式说明数组，可用Dim语句来声明数组。数组声明格式如下：

```
Dim 数组名（[下标下界 to ] 下标上界） As 数据类型
```

下标下界的缺省值为0，数组元素为：数组名（0）至数组名（下标上界）；如果设置下标下界非0，要使用to选项。

在使用数组时，可以在模块的通用声明部分指定数组的默认下标下界是0或1，方法是：

```
Option Base 1          '设置数组的默认下标下界为1
Option Base 0          '语句的默认形式
```

例如：

```
Dim IntArray(10 ) As Integer
```

这条语句声明了一个有11个整型数组元素的数组，数组元素从IntArray(0)至IntArray(10)，每个数组元素为一个整型变量，这里只指定数组元素下标上界来定义数组。VBA中允许指定数组下标范围时使用To，例如下面的语句：

```
Dim IntArray1(-2 to 3) As Integer
```

该语句定义一个有6个整型数组元素的数组，数组元素下标从−2～3。

如果定义多维数组，声明方式为：

```
Dim 数组名（数组第1维下标上界，数组第2维下标上界…）As 数据类型
Dim IntArray2(3, 5 ) As Integer
```

该语句定义了一个二维数组，第一维有4个元素，第二维有6个元素。

类似的声明方法也可以用在二维以上的数组中。如：

```
Dim IntArray3(3, 1 to 5, 0 to 5 ) As Integer
```

该语句定义了一个三维数组，第一维有4个元素，第二维有5个元素，第三维有6个元素，其中数组共有4×5×6=120个元素。

数组可以看做是程序中对成组数据的组织方法，使用数组可以提高数据的处理效率。数组有两种类型，即固定大小的数组和动态数组。前者总保持同样的大小，而后者在程序中可根据需要动态改变数组的大小。前面介绍的都是固定大小的数组，关于动态数组可参考其他有关书籍。

数组声明后，数组中的每个元素都可以当作单个的变量来使用，其使用方法同相同类型的普通变量。数组元素的引用格式如下：

```
数组名（下标值）
```

其中，如果该数组为一维数组，则下标值为一个范围为[数组下标下界，数组下标上界]的整数；如果该数组为多维数组，则下标值为多个（不大于数组维数）用逗号分开的整数序列，每个整数（范围为[数组该维下标下界，数组该维下标上界]）表示对应的下标值。

例如，可以如下引用前面定义的数组，设默认下界为1。

```
IntArray(2)            '引用一维数组 IntArray 的第2个元素
```

```
IntArray(2, 2)          '引用二维数组 IntArray 的第 2 行第 2 个元素
```

9.2.4 运算符与表达式及函数

和其他程序设计语言一样，VBA 也提供了丰富的运算符，通过运算符与操作数组合成表达式，完成各种形式的运算和处理。

1. 运算符

运算符是表示实现某种运算的符号，根据运算的不同，VBA 中的运算符可分为算术运算符、字符串运算符、关系运算符、逻辑运算符和对象运算符。

（1）算术运算符

算术运算符用来执行简单的算术运算。VBA 提供了 8 个算术运算符，如表 9.2 所示。在这 8 个运算符中，除负（–）既可以作为二目运算符（两个操作数），也可以作为单目运算符（单个操作符）外，其他均为双目运算符，如加（+）、乘（*）等。

表 9.2　　　　　　　　　　　　算术运算符

运 算 符	含 义	优 先 级	实 例	结 果
^	指数运算	1	27^(1/3)	3
–	取负运算	2	-ia	–3
*	乘法运算	3	ia*ia*ia	27
/	除法运算	3	10/ia	3.33333333333333
\	整除运算	4	10\ia	3
Mod	取模运算	5	10 Mod ia	1
+	加法运算	6	10+ia	13
–	减法运算	6	ia-10	–7

算术运算符两边的操作数应是数值型，若操作数是字符型或逻辑型，系统将自动转换成数值型后再运算。运算优先级指的是当表达式中含有多个运算符时，各运算符执行的优先顺序。现以优先级为序列表介绍各运算符（设 ia 变量为整型，值为 3），如表 9.2 所示。

（2）字符串运算符

字符串运算就是将两个字符串连接起来生成一个新的字符串。字符串运算符包括&和+。

① &运算符：用来强制两个表达式作字符串连接。

需要注意的是，由于符号“&”还是长整型的类型定义符，在字符串变量后使用运算符“&”时，变量与运算符“&”之间还应加一个空格。

运算符“&”两边的操作数可以是字符型，也可以是数值型。不管是字符型还是数值型，进行连接操作前，系统先进行操作数类型的转换，将数值型转换成字符型，然后再做连接运算。

例 9.3　“&”运算符应用。

```
StrX = "ABC"
StrX& "是大写英文字母"                '出错
StrX & "是大写英文字母"               '结果为"ABC 是大写英文字母"
"abc " & "123 "                       '结果为"abc123"
"abc " & 123                          '结果为"abc123"
```

```
123 & 456                        '结果为"123456"
"2+3 " & "= " & (2+3)            '结果为"2+3=5"
```

② +运算符：用来连接两个字符串表达式，形成一个新的字符串。

需要注意的是，“+”运算符要求两边的操作数都是字符串。如果两边都是数值表达式时，就做普通的算术加法运算；若一个操作数是数字型字符串，另一个操作数是数值型，则系统自动将数字型字符串转化为数值型，然后进行算术加法运算；若一个操作数是非数字型字符串，另一个操作数是数值型，则出错。

例 9.4 “+”运算符应用。

```
"1111 "+2222                     '结果为 3333
"1111 "+ "2222 "                 '结果为“11112222”
"abcd "+1212                     '出错
4321+ "1234 " & 100              '结果为“5555100”
```

在 VBA 中，“+”既可用作加法运算符，还可以用作字符串连接符，但“&”专门用作字符串连接运算符，在有些情况下，用“&”比用“+”更安全。

（3）关系运算符

关系运算符也叫比较运算符，用来对两个表达式的值进行比较，比较的结果是一个逻辑值，即真（True）或假（False）。用关系运算符连接两个算术表达式所组成的表达式叫做关系表达式，VBA 提供了 9 个关系运算符，如表 9.3 所示。

表 9.3 关系运算符列表

运算符	含义	实例	结果
=	等于	"abcd"="abc"	False
>	大于	"abcd">"abc"	True
>=	大于等于	"bacd">="abce"	True
<	小于	"41"<"5"	True
<=	小于等于	41<=5	False
<>	不等于	"abc"<>"ABC"	True
Like	字符串匹配	"abc" Like "*c*"	True

在使用关系运算符进行比较时，应注意以下规则。

① 数值型数据按其大小进行比较。

② 字符型数据按其 ASCII 码值进行比较。

③ 汉字字符大于西文字符。

④ 汉字按区位码顺序进行比较。

例 9.5 关系运算符应用

```
Dim S                            '定义变量 S
S=(5>2)                          '结果为 True
S=(2>=5)                         '结果为 False
S=("abcd">"abc")                 '结果为 True
```

```
S=("王丽">"刘艺")                         '结果为True
S=(#2008/10/12#>#2006/11/12#)             '结果为True
```

（4）逻辑运算符

逻辑运算也称布尔运算，除 Not 是单目运算符外，其余均是双目运算符。由逻辑运算符连接两个或多个关系式，对操作数进行逻辑运算，结果是逻辑值 True 或 False。

VBA 的逻辑运算符如表 9.4 所示。表 9.5 列出了逻辑运算真值表。

例 9.6 逻辑运算符应用。

```
Dim V                                     '定义变量V
V=(5>2 And 3>=4)                          '结果为False
V=(5>2 Or 3>=4)                           '结果为True
V=("abcd">"abc" And 3>=4)                 '结果为False
V=Not(3>=4)                               '结果为True
```

表 9.4 逻辑运算符列表

运 算 符	优 先 级	含 义
Not	1	非，由真变假或由假变真
And	2	与，两个表达式同时为真则结果为真，否则为假
Or	3	或，两个表达式有一个为真则结果为真，否则为假

表 9.5 逻辑运算真值表

A	B	Not A	A And B	A Or B
T	T	F	T	T
T	F	F	F	T
F	T	T	F	T
F	F	T	F	F

（5）对象运算符

如果在表达式中用到对象，则要构造对象引用表达式，结果为被引用的对象或被引用对象的属性值。对象运算符有“!”和“.”两种。

① “!”运算符。

“!”运算符的作用是引用某个对象，该对象通常由用户定义。使用“!”运算符可以引用一个开启的窗体、报表或开启窗体或报表上的控件。表 9.6 列出了 3 种引用方式。

表 9.6 “!”运算符的引用实例

对象运算符	含 义
Forms![学生设置]	引用 Forms 集合中的“学生设置”窗体
Forms![学生设置]![Label1]	引用 Forms 集合中的“学生设置”窗体中的“Label1”控件
Reports![学生名单]	引用 Reports 集合中的“学生名单”报表

② “.”运算符。

“.”运算符通常用于引用窗体、报表或控件等对象的属性。引用格式为[控件对象名].[属性名]。

在实际应用中，“.”运算符与“!”运算符配合使用，用于标识引用的一个对象或对象的属性。

例如，引用或设置一个打开窗体的某个控件的属性，语句如下：

```
Forms![学生信息]![Command2].Enabled = False
```

该语句用于引用 Forms 集合中“学生设置”窗体上的“Command2”控件的“Enabled”属性并设置其值为“False”。需要注意的是，如“学生设置”窗体为当前操作对象，Forms![学生设置]可以用“Me”或“Form”来代替。

例如：`Me. Command2.Enabled = False` 或 `Me!Command2.Enabled = False`

`Form. Command2.Enabled = False` 或 `Form!Command2.Enabled = False`

2. 表达式

（1）表达式的组成

表达式由常量、变量、运算符、函数和括号等按一定的规则组成，表达式通过运算得出结果，运算结果的类型由操作数的数据和运算符共同决定。

在 VBA 中，逻辑值在表达式中进行算术运算时，True 值被当成−1，False 值被当成 0 来处理。

（2）表达式的书写规则

① 只能使用圆括号且必须成对出现。

② 乘号不能省略。A 乘以 B 应写成 A*B，而不是 AB。

③ 表达式从左至右书在同一基准上书写，无高低、大小写区分。

例如，已知数学公式 $\frac{\sqrt{(3x+y)-z}}{(xy)^3}$ 写成 VBA 表达式为

```
sqr((3*x+y)-z)/(x*y)^3
```

（3）算术运算表达式的结果类型

在算术运算表达式中，参与运算的操作数可能具有不同的数据精度，VBA 规定运算结果的数据类型采用精度高的数据类型。

如 Integer<Long<single<Double

（4）运算优先级

如果一个表达式中含有多种不同类型的运算符，运算进行的先后顺序由运算符的优先级决定。不同类型运算符的优先级如下：

算术运算符>字符运算符>关系运算符>逻辑运算符

对于多种运算符并存的表达式，可增加圆括号改变优先级，使表达式更清晰。

3. 函数

在 VBA 中，除模块创建过程中可以定义子过程和函数过程完成特定功能外，又提供了近百个内置的标准函数，在设计数据库时可以直接引用这些函数。

函数的主要特点是具有参数（也有少量函数不需要参数）并返回值。其使用形式如下：

```
函数名(<参数 1>[,参数 2][,参数 3]…)
```

其中，参数可以是常量、变量或表达式，可以有一个或多个。每个函数被调用时，都会有一个返回值，需特别说明的是，根据函数的不同，参数与返回值都有特定的数据类型与之对应。

内置函数按其功能可分为数学函数、转换函数、字符串函数、日期/时间函数和格式输出函数，以下将分类介绍一些常用标准函数的使用方法。在叙述中，用 N 表示数值表达式，C 表示字符表达式。

（1）数学函数

数学函数与数学中的定义一致，完成数学计算功能，表 9.7 列出了常用的数学函数。

表 9.7　常用的数学函数

函　　数	函 数 说 明	应 用 实 例	返 回 结 果
Abs(N)	取绝对值	Abs(-2.8)	2.8
Int(N)	返回数值表达式的整数部分，若参数为负值，返回小于等于参数的第一个负数	Int(2.8) Int(-2.8)	2 −3
Exp(N)	以 e 为底数的指数函数，即 e^x	Exp(3)	20.086
Log(N)	以 e 为底的自然对数	Log(10)	2.3
Sqr(N)	计算数值表达式的平方根	Sqr(25)	5
Sin(N)	正弦函数	Sin(0)	0
Cos(N)	余弦函数	Cos(0)	1
Round(N)	对操作数四舍五入取整	Round(-4.2) Round(7.8)	−4 8
Rnd[(N)]	产生随机数	Rnd	0～1 之间的数

（2）转换函数

转换函数主要用于实现数据类型的转换，有些转换函数能得到特定的值，如 Asc()和 Space()，表 9.8 列出了常用的转换函数。

表 9.8　常用的转换函数

函　　数	函 数 说 明	应 用 实 例	返 回 结 果
Asc(C)	返回字符串首字符的 ASCII 值	Asc("abcd")	97
Chr(N)	ASCII 值转换为字符串	Chr(97)	"a"
Ucase(C)	将字符串中的小写字母转换为大写字母	Lcase("ABcd")	"ABCD"
Lcase(C)	将字符串中的大写字母转换为小写字母	Lcase("ABcd")	"abcd"
Str(N)	将数值表达式值转换成字符串	Str(-88)	"-88"
Val(C)	将数字字符串转换成数值型数据	Val("11　　22") Val("45edc6")	1122 45
DateValue(C)	将字符串转换成日期值	DateValue("2008-08-08")	#2008-08-08#
Hex(N)	十进制数转换成十六进制数	Hex(120)	78
Space(N)	返回个数为数值表达式值的空格字符	Space(4)	"　　" （4 个空格）

- Str()函数将非负数值转换成字符类型后，会在转换后的字符串左边增加一个空格，表示有一个正号。
- Val()函数将数字字符串转换为数值类型，在转换时会自动将字符串中的空格、制表符和换行符去掉，当遇到系统不能识别为数字的第一字符时，系统停止转换，返回已转换的结果。
- Asc()函数返回字符串首字符的 ASCII 值。
- 在 VBA 中，还有一些以“C”开头的类型转换函数，如 CInt()，CSng()，CStr()等，其含义可查阅帮助信息。

（3）字符串函数

字符串函数用来处理字符型变量或字符串表达式。要注意的是，在VBA中，字符串长度以字为单位，即每个西文字符或每个汉字都作为一个字，占2个字节。这与传统的概念有所不同，这是因为VBA采用Unicode（国际标准化组织字符标准）编码方式来存储和操作字符串。表9.9列出了常用的字符串函数。

表9.9　常用的字符串函数

函　数	函数说明	应用实例	返回结果
InStr([N1,]C1,C2[,M])	在C1中从N1开始找C2，省略N1从头开始找，找不到为0	Instr(1, "信息系统","信")	1
Len(C)	字符串长度	Len("信息系统")	4
LenB(C)	字符串所占的字节数	LenB("信息系统")	8
Left(C, N)	取字符串左边N个字符	Left("信息系统",2)	"信息"
Right (C, N)	取字符串右边N个字符	Right ("信息系统",2)	"系统"
Mid(C, N1[,N2])	取子字符串，在C中从N1位开始向右取N2个字符	Mid("信息系统",1,3)	"信息系"
Ltrim(C)	去掉字符串左边空格	Ltrim("信息系统")	"信息系统"
Rtrim(C)	去掉字符串右边空格	Rtrim("信息系统")	"信息系统"
Trim(V)	去掉字符串两边空格	Trim("信息系统")	"信息系统"

（4）日期/时间函数

日期/时间函数用于处理日期和时间型表达式或变量，表9.10列出了常用的日期/时间函数。

表9.10　常用的日期/时间函数

函　数	函数说明	应用实例	返回结果
Date()或Date	系统当前日期	Date	2009-8-23
Time()或Time	系统当前时间	Time()	12:36:08
Now	系统当前日期和时间	Now	2009-8-23 12:37:23
Year(日期表达式)	返回日期表达式的年份	Year("2009,08,23")	2009
Month(日期表达式)	返回日期表达式的月份	Month ("2009-08-23")	8
Day(日期表达式)	返回日期表达式的天数	Day("2009-08-23")	23

（5）格式输出函数

格式输出函数使数值、日期或字符串按指定的格式输出（显示或打印），一般用于Print方法中，这里主要介绍Format()函数。

格式：Format(表达式[, 格式符])

其中表达式为要格式化的数值、日期或字符串表达式。格式符指定格式的符号代码，在使用时要加引号。格式符分为3类，即数值格式符、日期/时间格式符和字符串格式符。

① 数值格式符。

常用的数值格式符如表9.11所示。

- 格式符“0”

数值表达式的整数部分位数多于格式符“0”规定的整数位数，按实际数值显示；否则，整数前补 0。小数部分位数多于格式符“0”规定的小数位数，多余部分四舍五入处理，否则，小数后补 0。

- 格式符“#”

与格式符“0”的不同之处是，对于数值表达式的整数部分位数少于格式符“#”规定的整数位数或小数部分位数少于格式符“#”规定的小数位数，前后不作补 0 处理。

表 9.11　常用的数值格式符

格式符	格式作用	示例
0	格式定位符	Format(123.456, "0000.0000")，结果为 0123.4560 Format(123.456, "00.00")，结果为 123.46
#	格式定位符	Format(123.456, "####.####")，结果为 123.456 Format(123.456, "##.##")，结果为 123.46
.	与格式定位符配合使用，加小数点	Format(1234, "0000.00")，结果为 1234.00
,	与格式定位符配合使用，加千分位	Format(1234.456, "##,###.##")，结果为 1,234.46
%	数值先乘 100，再加百分号	Format(1234.567, "####.##%")，结果为 123456.7%
$	在数字前加$	Format(1234.567, "$###.##")，结果为$1234.57
+	在数字前加+	Format(1234.567, "+###.##")，结果为+1234.57
-	在数字前加-	Format(1234.567, "-###.##")，结果为-1234.57
E+	用指数表示	Format(0.1234, "0.00E+00")，结果为 1.23E-01
E-	用指数表示	Format(1234.567, ".00E-00")，结果为.12E04

② 日期/时间格式符。

常用的日期/时间格式符如表 9.12 所示。

表 9.12　常用的日期/时间格式符

格式符	格式作用	示例
y yy yyyy	用 1～366 指示一年中的某一天 用 2 位数显示年份：00-99 用 4 位数显示年份：0100-9999	Format(#2005-2-8#, "y")，结果为 39，一年中的第 39 天 Format(#2008-8-8#, "yy/m/dd")，结果为#08-8-08# Format(#2008-8-8#, "yyyy/m/dd")，结果为#2008-8-08#
m mm mmm mmmm	显示月份，个位前不加 0 显示月份，个位前加 0 显示月份缩写，如 Jan 显示月份全名，如 January	Format(#2008-8-8#, "yy/m/d")，结果为#08-8-8# Format(#2008-8-8#, "yy/mm/dd")，结果为#08-08-08# Format(#2008-8-8#, "yy/mmm/d")，结果为#08-Aug-8# Format(#2008-5-8#, "yy/mmmm/d")，结果为#08-May-8#
d dd ddd dddd ddddd dddddd	显示日数，个位前不加 0 显示日数，个位前加 0 显示星期缩写，如 Mon 显示星期全名，如 Monday 显示完整日期：yy/mm/dd 显示长日期：yyyy 年 m 月 d 日	Format(#2008-8-8#, "yy/m/d")，结果为#08-8-8# Format(#2008-8-8#, "yy/m/dd")，结果为#08-8-08# Format(#2008-8-8#, "ddd")，结果为 Fri Format(#2008-8-8#, "dddd")，结果为 Friday Format(#2008-8-8#, "ddddd")，结果为#2008-8-8# Format(#2008-8-8#, "dddddd")，结果为 2008 年 8 月 8 日
q	用 1～4 指示季度数	Format(#2008-8-8#, "q")，结果为 3

续表

格 式 符	格 式 作 用	示 例
w ww	用 1～7 指示星期，1 是星期日 用 1～53 指示一年中的星期数	Format(#2008-8-8#, "w")，结果为 6，星期五 Format(#2005-5-8#, "ww")，结果为 20，一年的第 20 周
h	显示小时，个位前不加 0	Format(#1:10:39#, "h")，结果为 1
hh	显示小时，个位前加 0	Format(#1:10:39#, "hh")，结果为 01
n nn	显示分钟，个位前不加 0 显示分钟，个位前加 0	Format(#1:03:39#, "n")，结果为 3 Format(#1:03:39#, "nn")，结果为 03
s ss	显示秒数，个位前不加 0 显示秒数，个位前加 0	Format(#1:03:09#, "s")，结果为 9 Format(#1:03:09#, "ss")，结果为 09
tttt	显示完整时间：hh:mm:ss	Format(#1:03:09#, "tttt")，结果为 01:03:09
AM/PM am/pm A/P a/p	12 小时时钟，上/下午为 AM/PM 12 小时时钟，上/下午为 am/pm 12 小时时钟，上/下午为 A/P 12 小时时钟，上/下午为 a/p	Format(#8:8:8 PM#, "h:m:s AM/PM")，结果为：8:8:8 PM Format(#8:8:8 PM#, "hh:mm:ss a/p")，结果为：08:08:08 p

- 时间分钟的格式符 m，mm 与月份的格式符相同，在 h，hh 后为分钟格式符，否则为月份格式符。
- 在格式字符串中出现的非格式符符号，如“–”“/”和“:”等原样显示。

③ 字符串格式化。

字符串格式化主要是字符串的大小写与位数格式化。常用的字符串格式符如表 9.13 所示。

表 9.13　常用的字符串格式符

格 式 符	格 式 作 用	示 例
<	指定字符串以小写显示	Format("ABCD","<")，结果为"abcd"
>	指定字符串以大写显示	Format("abcd", ">")，结果为"ABCD"
@	字符串位数少于格式符位数，字符前加空格	Format("abcd", "@@@@@@")，结果为"abcd"
&	字符串位数少于格式符位数，字符前不加空格	Format("abcd", "&&&&&&")，结果为"abcd"

（6）测试函数

常用的测试函数如表 9.14 所示。表中的 E 为各种类型的表达式，测试函数的结果为布尔型数据。

表 9.14　常用的测试函数

函 数	作 用
IsArray(E)	测试 E 是否为数组。是，返回 True，否则返回 False
IsDate(E)	测试 E 是否为日期类型。是，返回 True，否则返回 False
IsNumeric(E)	测试 E 是否为数值类型。是，返回 True，否则返回 False
IsEmpty(E)	测试 E 是否已经初始化。是，返回 False，否则返回 True

续表

函数	作用
IsNull(E)	测试E是否为一个无效值（Null）。是，返回True，否则返回False
IsError(E)	测试E是否为一个程序错误数据。是，返回True，否则返回False
Eof()	测试文件指针是否到了文件尾。是，返回True，否则返回False

（7）颜色函数

① QBColor函数。

QBColor函数格式：QBColor(n)

其功能是通过n（颜色代码）的值产生一种颜色。颜色代码与颜色的对应关系如表9.15所示。

表9.15 颜色代码与颜色对应关系

颜色代码	颜色	颜色代码	颜色
0	黑	8	灰
1	蓝	9	亮蓝
2	绿	10	亮绿
3	青	11	亮青
4	红	12	亮红
5	洋红	13	亮洋红
6	黄	14	亮黄
7	白	15	亮白

② RGB函数。

RGB函数格式为：RGB(N1, N2, N3)

其功能是通过N1，N2，N3（红，绿，蓝）三种基本颜色代码产生一种颜色，其中N1，N2，N3的取值范围为0～255之间的整数。

例如：

RGB（255, 0, 0）对应“红”色。

RGB（100, 100, 100）对应“深灰”色。

（8）对话框输入/输出函数

① InputBox函数。

InputBox函数是一个用来输入数据的系统函数。调用该函数后，出现一个对话框，等待用户输入内容，当用户单击“确定”按钮或按Enter键时，函数返回输入的值。

格式如下：

```
InputBox(提示[,标题][,默认])
```

例如，语句strName= InputBox("请输入您的姓名","输入","李军")

② MsgBox函数和过程。

MsgBox 函数是一个用来显示提示信息的系统函数，会弹出一个对话框。在对话框中显示消息，等待用户单击按钮，并返回一个整数值，以告诉用户单击哪一个按钮。若不需返回值，MsgBox还可以作为一个过程来使用。

MsgBox 函数格式如下：

```
MsgBox （提示[,按钮][,标题]）
```

例如，I= MsgBox （"真的要退出吗？",vbYesNoCancel,"提示"）

MsgBox 过程格式如下：

```
MsgBox 提示[,按钮][,标题]
```

例如，MsgBox "您好"

MsgBox 中的参数“按钮”设置值的含义如表 9.16 所示。MsgBox 函数返回所选按钮的值的含义如表 9.17 所示。

表 9.16　MsgBox“按钮”值及含义

分　组	内部常数	按钮值	描　述
按钮数目	VbOkOnly	0	只显示“确定”按钮
	VbOkCancel	1	显示“确定”“取消”按钮
	VbAboutRetryIgnore	2	显示“终止”“重试”“忽略”按钮
	VbYesNoCancel	3	显示“是”“否”“取消”按钮
	VbYesNo	4	显示“是”“否”按钮
	VbRetryCancel	5	显示“重试”“取消”按钮
图标类型	VbCritical	16	关键信息图标红色 STOP 标志
	VbQuestion	32	询问信息图标?
	VbExclamation	48	警告信息图标!
	VbInformation	64	信息图标 i

表 9.17　MsgBox 函数返回所选按钮值的含义

内部常数	返回值	被单击的按钮
vbOk	1	确定
vbCancel	2	取消
vbAbort	3	终止
vbRetry	4	重试
vbIgnore	5	忽略
vbYes	6	是
vbNo	7	否

9.2.5　程序语句

VBA 中的语句是能够完成某项操作的一条完整命令，程序由大量的命令语句构成。命令语句可以包含关键字、函数、运算符、变量、常量以及表达式等。

VBA 中的语句一般分为 3 种类型。

- 声明语句：用来为变量、常量、程序或过程命名，指定数据类型。
- 赋值语句：用来为变量指定一个值或表达式。
- 执行语句：用来调用过程、执行一个方法或函数，可以循环或从代码块中分支执行，实现各种流程控制。

1. 程序语句书写规则

同任何程序设计语言一样，VBA 代码语句也有一定的书写规则。

（1）不区分字母的大小写

① 在 VBA 语句中，不区分字母大小写，但要求标点符号和括号等用英文格式。

② 对用户自定义的变量和过程名，VBA 以第一次定义的格式为准，以后引用输入时自动向首次定义的格式转换。

③ 语句中的关键字首字母总被转换成大写，其余字母转换成小写。

（2）语句书写规则

① 通常将一条语句写在一行，若语句较长，可在要续行的行尾加上续行符（空格加上下划线），在下一行续写语句代码。

② 在同一行上可以书写多条语句，语句间用冒号“:”分隔，一行允许多达 255 个字符。

输入一行语句并按 Enter 键，VBA 会自动进行语法检查，如果语句存在错误，该行代码将以红色显示（或伴有错误信息提示）。

（3）注释语句

在应用系统开发中，为便于程序的阅读与维护，应使用注释语句。

① 使用 Rem 语句。

Rem 语句在程序中作为单独一行语句，使用格式为：Rem 注释内容

Rem 语句多用于注释其后的一段程序。

② 使用英文单引号“'”。

可使用单引号“'”引导注释内容，使用格式为：'注释内容

用单引号引导的注释可以直接出现在一行语句的后面。单引号引导的注释多用于一条语句。

例如：

```
Rem 定义 2 个变量
Dim a, b
a="数据库应用"                    '该变量用于表明课程名称
b="Access2003"                   'Rem 该变量用于指定课程使用的数据库
```

添加到程序中的注释语句，系统默认以绿色文本显示，在 VBA 运行代码时，将自动忽略掉注释。

2. 声明语句

通过声明语句可以命名和定义过程、变量、数组或常量。当声明一个过程、变量或数组时，也同时定义了它们的作用范围，此范围取决于声明位置（子过程、模块或全局）和使用什么关键字（Private、Dim、Public、Static 等）来声明它。

例如，如下程序段：

```
Private Sub Proc()
     Dim S as Single, T as Single
     Const PI=3.14
     …
End Sub
```

上述语句声明定义了一个名为 Proc 的局部子过程，Dim 语句定义了 2 个名称分别为 S 和 T 的单精度变量，Const 语句定义了 1 个名为 PI 的符号常量。当这个子过程被调用或运行时，所有包含在 Sub 和 End Sub 之间的语句都会被执行。

3. 赋值语句

赋值语句用于指定一个值或表达式给变量。使用格式为：变量名=值或表达式

例如：

```
Dim S as Single, T as Single
S=1.23
T=5.678
```

使用赋值语句时要注意以下几个方面。

（1）当数值表达式与变量精度不同时，系统强制转换成变量的精度。

例如：

```
Dim N as Integer
N=3.6      'N 为整型变量，3.6 经四舍五入转换后赋值,N 为 4
```

（2）当表达式是数值字符串，变量为数值型时，系统自动转换成数值类型再赋值，若表达式含有非数值字符时，赋值出错。

例如：

```
N%="123"      'N 值为 123
N%="1b234"    '出错,类型不匹配
```

（3）不能在一个赋值语句中同时给多个变量赋值。

以下语句语法没有错误，但是结果不正确：

```
X=Y=Z=11
```

（4）赋值号左边只能是变量语句，不能是常量、常量符号或表达式。

下面均为错误的赋值语句：

```
x+y=3          '左边是表达式
5=sin(x)       '左边是常量
```

（5）实现累加作用的赋值语句。

例如：

```
N=N+1     '取变量 N 的值加 1 后再赋给 N,与循环语句结合,可实现计数
```

9.2.6 程序基本结构

执行语句是程序的主体，程序功能靠执行语句来实现。语句的执行方式按流程可以分为顺序结构、选择结构和循环结构 3 种。

1. 顺序结构

顺序结构是在程序执行时，根据程序中语句的书写顺序依次执行的语句序列。在程序中经常使用顺序结构的语句有赋值语句、输入输出语句、注释语句、终止程序等。

例 9.7 窗体上有一个命令按钮 Command1，在其 Click 事件过程编写代码。根据输入的半径计算球体的表面积。要求用 InputBox 函数输入半径值，用 MsgBox 函数显示计算结果。

```
Private Sub Command1_Click()
    Dim r As Single, area As Single
    Const PI = 3.1415
    r = Val(InputBox("输入半径"))
    area = 4 * PI * r ^ 2
    MsgBox "球体表面积=" & area
End Sub
```

2. 选择结构

选择结构是在程序执行时，根据不同的条件选择执行不同的程序语句，用来解决有选择和转移的诸多问题。

选择结构是程序的基本结构之一，选择语句是非常重要的语句，其基本形式有以下几种。

（1）If 语句

If 语句又称为分支语句，它有单路分支和双路分支两种形式。

① 单路分支。

单路分支的语句格式如下：

格式一：

```
If <条件表达式> Then
    <语句块>
End If
```

格式二：

```
If <条件表达式> Then <语句>
```

功能：先计算<条件表达式>的值，当<条件表达式>的值为 True 时，执行<语句块>/<语句>中的语句，执行完<语句块>/<语句>后，将执行 If 语句的下一条语句；否则，直接执行 If 语句的下一条语句。单路分支结构如图 9.7 所示。

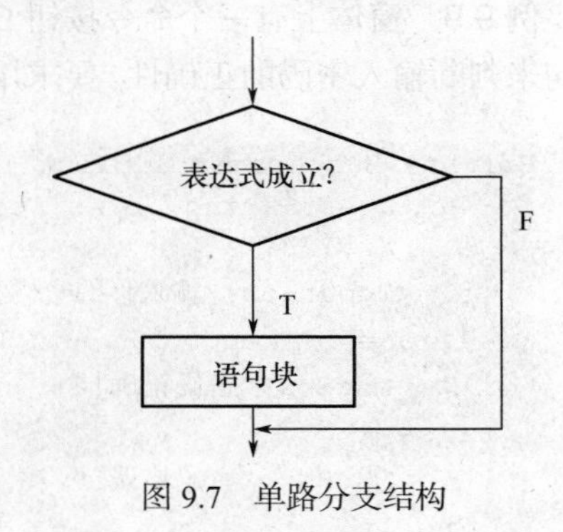

图 9.7 单路分支结构

例 9.8 窗体上有一个命令按钮 Command1，为其 Click 事件过程编写代码，设口令。用 If 语句来判断输入密码的正确性。要求用 InputBox 函数输入密码值，用 MsgBox 函数显示判断结果。

```
Private Sub Command1_Click()
    Dim a As String, b As String
    a = "xy123"
    b = InputBox("输入你的密码:")
    If a = b Then
        MsgBox "密码正确!"
    End If
End Sub
```

② 双路分支。

双路分支的语句格式如下：

格式一：

```
If <条件表达式> Then
     <语句块 1>
Else
     <语句块 2>
End If
```

格式二：

```
If <条件表达式> Then <语句 1> Else <语句 2>
```

功能：先计算<条件表达式>的值，当<条件表达式>的值为 True 时，执行<语句块 1>/<语句 1>中的语句；否则，执行<语句块列 2>/<语句 2>的语句；执行完<语句块 1>/<语句 1>或<语句块 2>/<语句 2>后都将执行 If 语句的下一条语句。双路分支结构如图 9.8 所示。

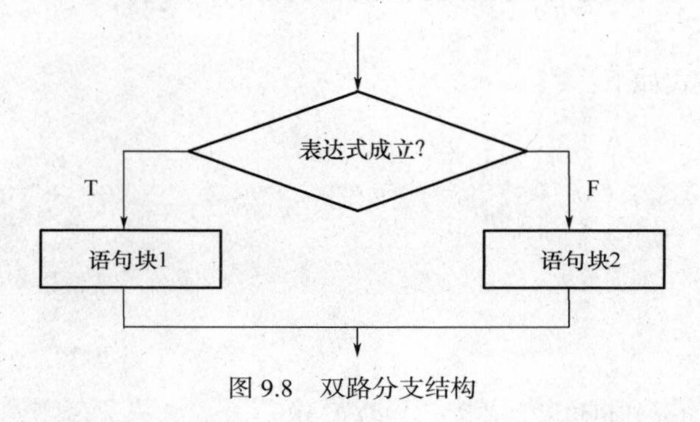

图 9.8　双路分支结构

例 9.9　窗体上有一个命令按钮 Command1，在其 Click 事件过程编写代码，设置口令。用 If 语句来判断输入密码的正确性。要求用 InputBox 函数输入密码值，用 MsgBox 函数显示判断结果。

```
Private Sub Command1_Click()
    Dim a As String, b As String
    a = "xy123"
    b = InputBox("输入你的密码:")
    If a = b Then
        MsgBox "密码正确!"
    Else
        MsgBox "密码错误!"
    End If
End Sub
```

（2）Select Case 语句

Select Case 语句又称多路分支语句，它是根据多个表达式列表的值选择多个操作中的一个对应执行。多路分支的语句格式如下：

```
Select Case <变量或表达式>
    Case <表达式列表 1>
```

```
        <语句块 1>
    Case <表达式列表 2>
        <语句块 2>
    …
    Case <表达式列表 n>
        <语句块 n>
    [Case Else
        <语句块 n+1>]
End Select
```

说明：

① Select Case 后面的变量或表达式只能是数值型或字符型表达式。

② 语句中的各个表达式列表应与 Select Case 后面的变量或表达式同类型。各个表达式列表可以采用下面的形式。

- 表达式：a+10
- 用逗号分隔一组枚举表达式：1,3,5,7
- 表达式 1 To 表达式 2：10 to 100
- Is 关系运算符表达式：Is>50

功能：该语句执行时，根据 Select Case <变量或表达式>中的结果与各 Case 子句中表达式列表的值进行比较，决定执行哪一组语句块。如果有多个 Case 子句中的值与测试值匹配，则根据自上而下判断原则，只执行第一个与之匹配的语句块，然后再执行 End Select 后面的下一条语句；否则，直接执行 End Select 后面的下一条语句。多路分支语句结构如图 9.9 所示。

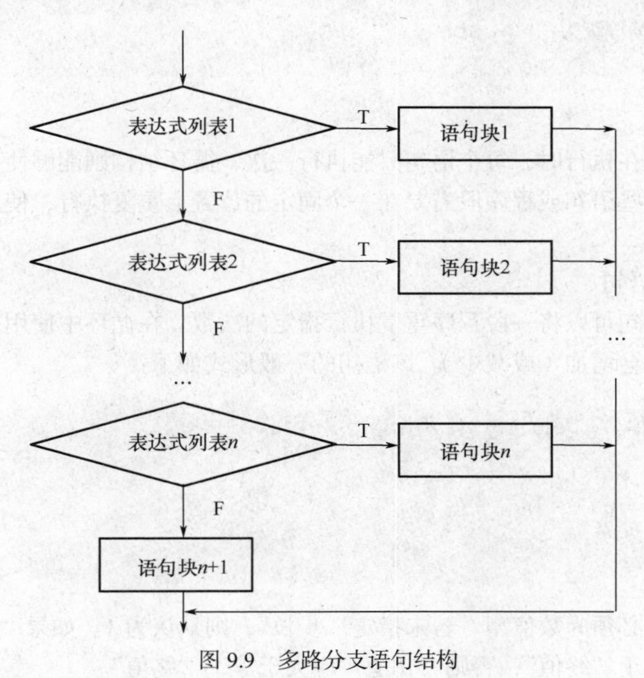

图 9.9 多路分支语句结构

例 9.10 窗体上有一个命令按钮 Command1，在其 Click 事件过程编写代码。根据输入的学生成绩判定学生处于哪个等级，评定条件如下：

$$\text{等级}=\begin{cases}\text{优，} & mark\geqslant 90\\ \text{良好，} & 80\leqslant mark<90\\ \text{中，} & 70\leqslant mark<80\\ \text{及格，} & 60\leqslant mark<70\\ \text{不及格，} & mark<60\end{cases}$$

要求用 InputBox 函数输入成绩值，用 MsgBox 函数显示判断结果，用 Select Case 语句实现。

```
Private Sub Command1_Click()
    Dim mark As Integer, StrB As String
    mark = Val(InputBox("请输入一个整数："))
    Select Case mark
        Case 0 To 59
            StrB = "不及格"
        Case 60 To 69
            StrB = "及格"
        Case 70 To 79
            StrB = "中"
        Case 80 To 89
            StrB = "良好"
        Case Is >= 90
            StrB = "优秀"
        Case Else
            StrB = "输入成绩错误!"
    End Select
    MsgBox "成绩等级为：" + StrB
End Sub
```

3. 循环结构

顺序、选择结构在执行时，每个语句只能执行一次，循环结构则能够使某些语句或程序段重复执行多次。如果某些语句或程序段需要在一个固定的位置上重复执行，使用循环语句是最好的选择。

（1）For...Next 语句

用 For...Next 语句可以将一段程序重复执行指定的次数。在循环中使用一个计数变量，每执行一次循环，其值都会增加（或减少）。该语句的一般形式如下：

```
For 循环变量=初值 To 终值 [Step 步长]
    [<语句块>]
    Exit For
    [<语句块>]
Next [循环变量]
```

其中，循环变量必须为数值型。若未指定“步长”，则默认为 1。如果“步长”是正数或 0，则“初值”应小于等于“终值”，否则“初值”应大于等于“终值”。

该语句开始执行时，将循环变量的值设为“初值”；执行到相应的 Next 语句时，就把步长加（减）到循环变量上。初值、终值和步长 3 个参数决定了语句的执行次数，该次数=Int((终值-初值)/步长)+1。Exit For 语句用来直接退出 For 循环，执行 Next 之后的语句。For 循环语句结构如图 9.10

所示。

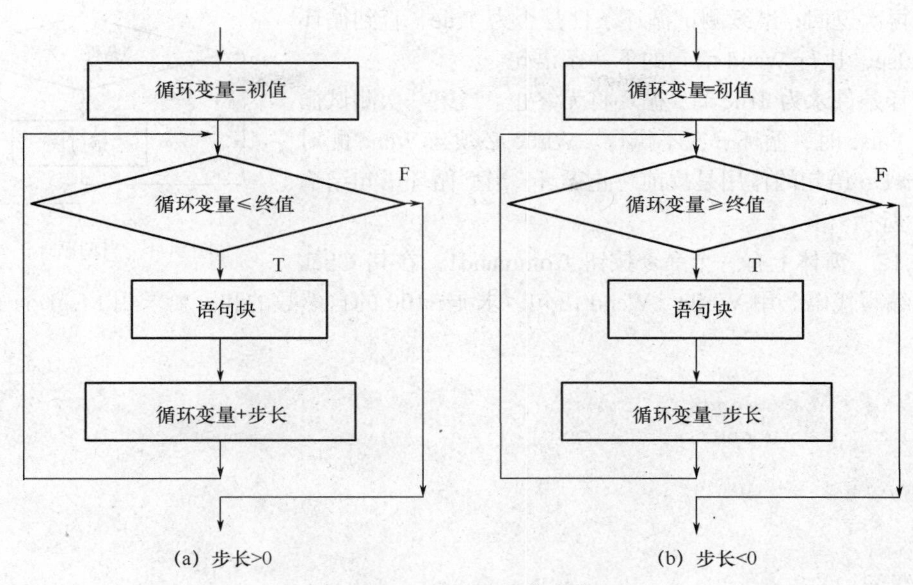

图 9.10 For 循环语句结构

例 9.11 窗体上有一个命令按钮 Command1，在其 Click 事件过程编写代码。用 For…Next 语句，求 1～100 的自然数的和。要求用 MsgBox 函数输出计算结果。

```
Private Sub Command1_Click()
    Dim i As Integer, Sum As Long
    For i = 1 To 100
        Sum = Sum + i
    Next i
    MsgBox "1 到 100 的自然数的和为:" & Sum
End Sub
```

（2）While 语句

While 语句又称“当型”循环语句，它通过循环条件控制重复执行一组语句。While 语句的一般形式如下：

```
While <循环条件>
   [<语句块>]
   Exit Do
   [<语句块>]
Wend
```

或写成以下形式：

```
Do While <循环条件>
   [<语句块>]
   Exit Do
   [<语句块>]
Loop
```

当<循环条件>为 True 时，执行循环体内的语句，遇到 Wend 语句后，再次返回，继续测试循环条件是否为 True，直到循环条件为 False，执行 Wend 语句的下一条语句。

当循环条件永为 True 时，循环将无终止。当第一次测试循环条件为 False 时，循环一次不执行。While 必须与 Wend 配对使用。Exit Do 语句的作用是提前终止循环。当型循环语句结构如图 9.11 所示。

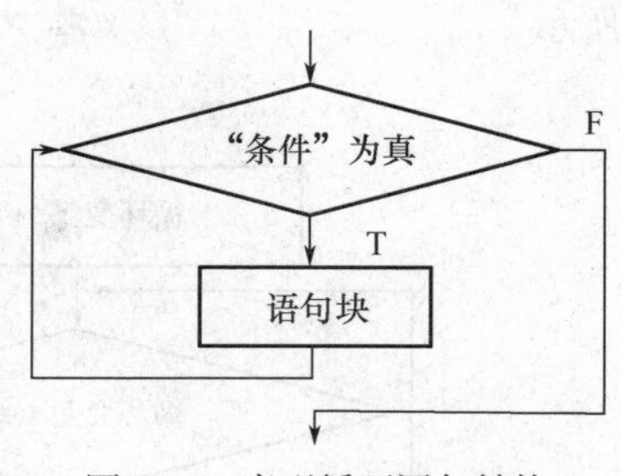

图 9.11　当型循环语句结构

例 9.12　窗体上有一个命令按钮 Command1，在其 Click 事件过程编写代码。用 While…Wend 语句，求 1～100 的自然数的和。要求用 MsgBox 函数输出计算结果。

```
Private Sub Command1_Click()
    Dim i As Integer, S As Long
    i = 1
    While i <= 100
       S = S + i
       i = i + 1
    Wend
    MsgBox "1到100的自然数的和为: " & S
End Sub
```

例 9.13　窗体上有一个命令按钮 Command1，在其 Click 事件过程编写代码。分别用 For…Next 语句输入数组，用 Do While…Loop 输出数组。要求用 InputBox 函数输入数组元素的每个值，用 MsgBox 函数分别显示每个输入的数组元素。

```
Private Sub Command1_Click()
    Dim i As Integer , j As Integer
    Dim n(1 To 4) As String
    For i = 1 To 4
       n(i) = InputBox("请输入第" & i & "位同学的姓名:")
    Next i
    j = 1
    Do While j <= 4
       MsgBox n(j)
       j = j + 1
    Loop
End Sub
```

9.2.7　过程创建和调用

过程是将 VBA 语言的声明和语句集合在一起，并具有一个过程名的程序单位。过程有子过程、函数过程等类型。每种过程都有专门的用途，但在有些情况下，不同的过程也可以完成相同的任务。

1. 创建子过程与函数

在 Access2010“创建”选项卡中选择“宏与代码”中的“模块”按钮，则创建一个新的模块。在 VBA 的插入菜单中选择过程命令，则可打开添加过程对话框如图 9.12 所示。在图 9.13 中可以选择在模块中添加子程序、函数或属性，并设置其范围是公共的或私有的。

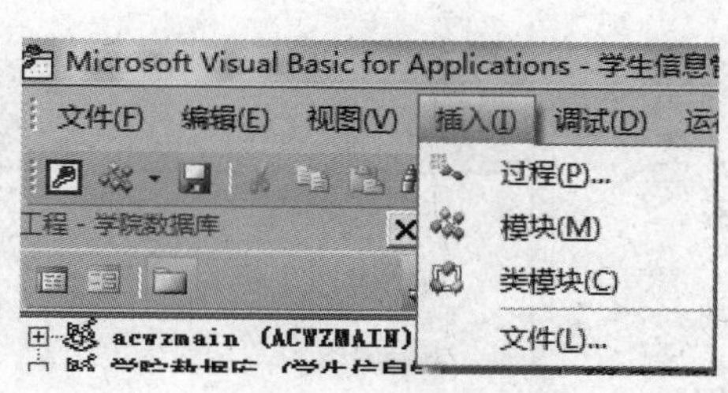

图 9.12　插入过程菜单项

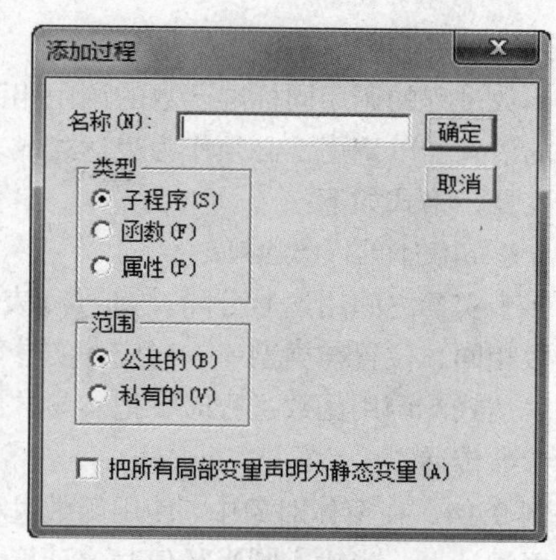

图 9.13　添加过程对话框

在代码窗口直接输入函数或属性的定义语句也可添加函数或属性。

（1）子过程

在程序中，往往有一些程序段落要反复使用，通常将这些程序段落定义成子过程。在程序中引用子过程，可以有效地改善程序的结构，从而把复杂的问题分解成若干个简单问题进行设计，即化全局为局部；还可以使同一程序段落重复使用，即“程序重用”。

Sub 过程（又称子过程）以关键词 Sub 开始，以 End Sub 结束，其定义语句语法格式如下：

```
[Public|Private] [Static] Sub 子过程名([<形参>]) [As 数据类型]
    [<子过程语句>]
    [Exit Sub]
    [<子过程语句>]
End Sub
```

对于子过程，可以传送参数和使用参数来调用它，但不返回任何值。

选用关键字 Public 可使该过程能被所有模块的所有其他过程调用。选用关键字 Private 可使该过程只能被同一模块的其他过程调用。

（2）函数

函数也是一种过程，它和 Sub 过程类似，不过它是一种特殊的、能够返回值的过程。在代码中可以一次或多次为函数名赋一个值来作为函数的返回值。能否返回值，是过程和函数之间的最大区别。

函数过程以关键字 Function 开始，以 End Function 结束，其定义语句语法格式如下：

```
[Public|Private] [Static] Function 函数过程名([<形参>]) [As 数据类型]
    [<函数过程语句>]
    [函数过程名=<表达式>]
    [Exit Function]
    [<函数过程语句>]
    [函数过程名=<表达式>]
End Function
```

选用关键字 Static，只要含有这个过程的模块是打开的，则在这个过程中无论是显式或隐式说明的变量值都将被保留。

2. 函数过程的调用

函数过程的调用同标准函数的调用相同，由于函数过程会返回一个值，所以函数过程不作为单独的语句加以调用，必须作为表达式或表达式中的一部分使用。例如，将函数过程返回值赋给某个变量，格式如下：

变量=函数过程名([实参列表])

多个实参之间用逗号分隔。“实参列表”必须与形参保持个数相同，位置与类型一一对应，实参可以是常量、变量或表达式。调用函数过程时，把实参的值传递给形参，称为参数传递。

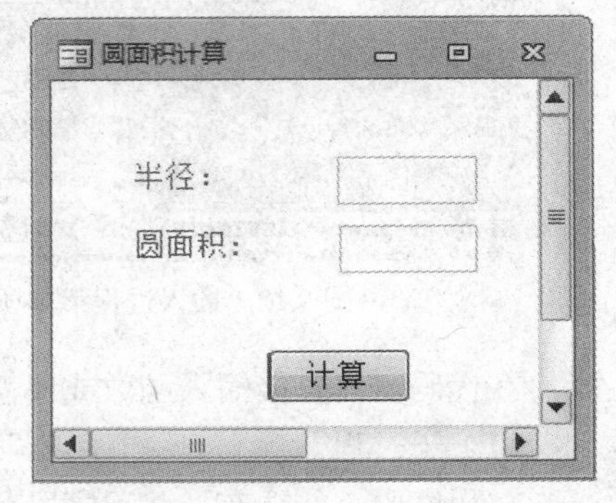

图 9.14 圆面积计算

例 9.14 在窗体对象中，使用函数过程实现任意半径的圆面积计算，当输入圆半径值时，计算并显示圆面积。

在窗体中添加以下控件。

创建2个标签控件，其标题分别设为：半径、圆面积。创建2个文本框控件，其名字分别设为：SR、SS。创建一个命令按钮，其标题设为“计算”，如图 9.14 所示。在其 Click 事件过程中，加入如下代码：

```
Private Sub command1_Click()
   me!SS=Area(me!SR)
End Sub
```

在窗体模块中，建立求解圆面积的函数过程 Area()。代码如下：

```
Public Function Area(r As Single) As Single
   If  r <= 0 Then
       MsgBox "圆面积必须为正值", vbCritical, "警告"
       Area = 0
       Exit Function
   End If
   Area = 3.14 * r * r
End Function
```

运行结果：当在半径文本框中输入数值数据时，单击“计算”按钮，将在圆面积文本框中显示计算的圆面积值。

3. 子过程的调用

函数过程的特点是具有返回值，但有时编写一个过程不是为了获得某个函数值，而仅是处理某种功能的操作，例如，对一组数据进行排序等，VBA 提供的子过程可以更灵活地完成这一类操作。

子过程的调用有两种方法，格式如下：

```
Call 子过程名[(实参列表)]
```

和

```
子过程名[实参列表]
```

用 Call 关键字调用子过程时，若有实参，则必须把实参用圆括号括起来，无实参时可省略圆括号；不使用 Call 关键字，若有实参，也不需要用圆括号括起来。若实参要获得子过程的返回值，则实参只能是变量，不能是常量、表达式或控件名。

例 9.15　在窗体对象中，使用子过程实现数据的排序操作，当输入 2 个数值时，从大到小排列并显示结果。

在窗体中添加以下控件。

创建 2 个标签控件，其标题分别设为：x 值、y 值。创建 2 个文本框控件，其名字分别设为：Sx 和 Sy。创建一个命令按钮，其标题设为“排序”，如图 9.15 所示。

在按钮的单击事件中键入下列代码，且增加子程序 Swap 如图 9.16 所示。

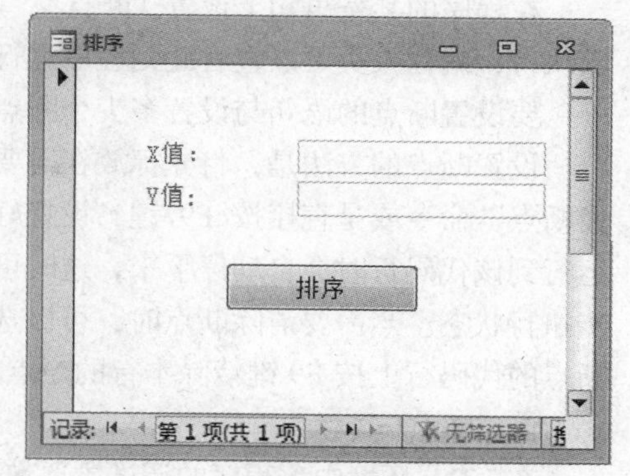

图 9.15　排序

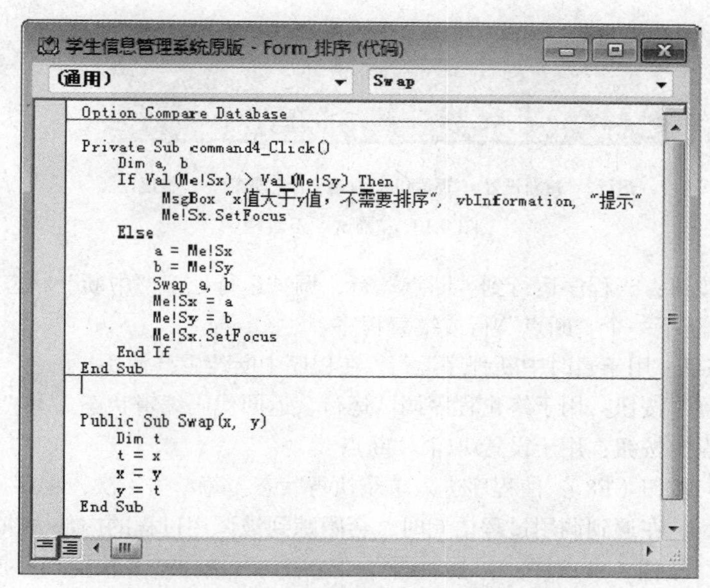

图 9.16　按钮代码的子程序

运行窗体，可实现输入数据的排序。

在上述示例中，Swap(x, y)子过程定义了 2 个形参 x 和 y，主要任务是从主调程序中获得实参（初值），又将结果返回给主调程序，而子过程名 Swap 是无值的。

要正确理解子过程与函数过程的区别，便于在程序开发中充分发挥子过程与函数过程的作用。

9.3　程序调试

为避免程序运行错误的发生，在编码阶段要对程序的可靠性和正确性进行测试与调试。VBA 编程环境提供了一套完整的调试工具与调试方法，利用这些工具与方法，可以在程序编码调试阶段快速准确地找到问题所在，使编程人员及时修改与完善程序。

VBA 提供的调试技术有设置断点、单步跟踪和设置监视窗口。

1. 设置断点

在程序的某条语句上设置“断点”，其作用是：在程序运行中，遇到“断点”设置，程序将中断执行，编程人员可以查看此刻程序运行的状态信息。例如，变量的值是否是此刻所需要的值。

要设置断点的语句与设置多少个断点，由编程人员根据程序的处理流程确定。

设置断点的方法是，将光标放在需要设置断点的代码行上，然后选择“调试”菜单中的“切换断点”命令或是直接按 F9 键，设置好的断点行将以“酱色”亮条显示。设置断点后，当程序运行到该代码行时会自动停下来，这时可以选择“调试”菜单中的“逐语句”命令进入程序的单步执行状态。当需要清除断点时，可以选择“调试”菜单中的“清除所有断点”命令，或在设置断点的代码行上按 F9 键清除本行的断点。、

2. 调试工具栏

在 VBA 环境中，程序的调试主要使用“调试”工具栏或“调试”菜单中的命令选项来完成，两者功能相同。VBA 的调试工具栏如图 9.17 所示。

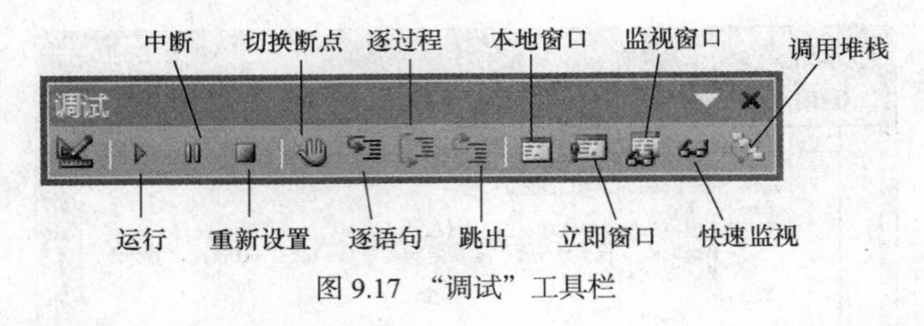

图 9.17 “调试”工具栏

（1）“运行”按钮：当程序运行到“断点”行，调试运行处于“中断”状态时，单击该按钮，程序可以继续运行至下一个“断点”行或结束程序。

（2）“中断”按钮：用于暂时中断程序运行。在程序中断位置会使用“黄色”亮条显示代码行。

（3）“重新设置”按钮：用于终止程序调试运行，返回代码编辑状态。

（4）“切换断点”按钮：用于设置/取消“断点”。

（5）“逐语句”按钮（F8）：使程序进入单步执行状态。每单击一次，程序执行一步（用“黄色”亮条移动提示）。在遇到调用过程语句时，会跟踪到被调用过程的内部去执行。

（6）“逐过程”按钮（Shift+F8）：其功能与“逐语句”按钮基本相同。只是在遇到调用过程语句时，不会跟踪到被调用过程的内部去执行，而是在本过程中继续单步执行。

（7）“跳出”按钮（Ctrl+Shift+F8）：当程序在被调用过程的内部调试运行时，按“跳出”按钮可以提前结束在被调用过程中的内部测试，返回调用过程，转到调用语句的下一行。

（8）“本地窗口”按钮：用于打开“本地窗口”，如图 9.18 所示。在其内部显示当前过程的所有变量声明和变量值，可以看到一些有用的数据信息。其中，第一行是过程的对象标识，“表达式”列的第一项内容是一个特殊的模块变量，对于类模块，定义为“模块 2”。“模块 2”是对当前模块定义的类实例的引用，可以展开以显示当前实例的全部属性和数据成员。

（9）“立即窗口”按钮：用于打开“立即窗口”。在中断模式下，“立即窗口”中可以使用调试语句，用于分析与查看此时程序运行的状态。例如，可以使用“Print 变量名”语句来显示某个变量此刻的值，如图 9.19 所示。

（10）“监视窗口”按钮：用于打开“监视窗口”，如图 9.20 所示。

在中断模式下，在监视窗口区域单击鼠标右键，系统将弹出含有“添加监视”的快捷菜单，

选择“添加监视”命令，系统打开如图 9.21 所示的“添加监视”对话框。

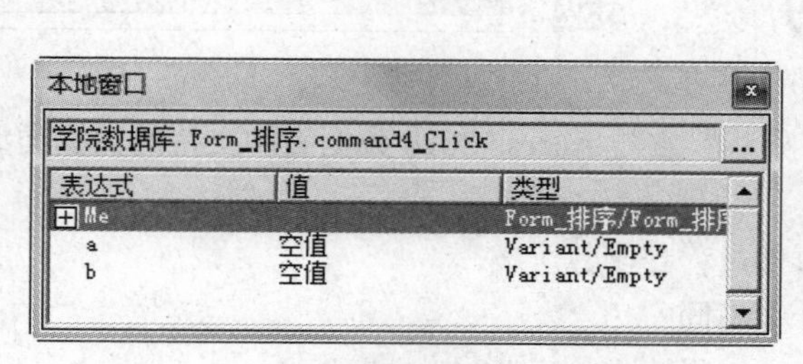

图 9.18 本地窗口

图 9.19 立即窗口

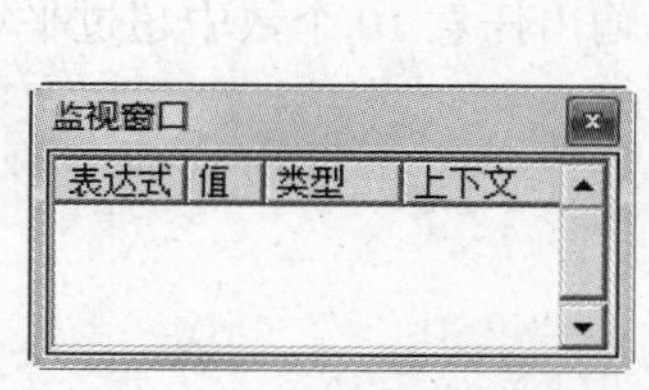

图 9.20 监视窗口

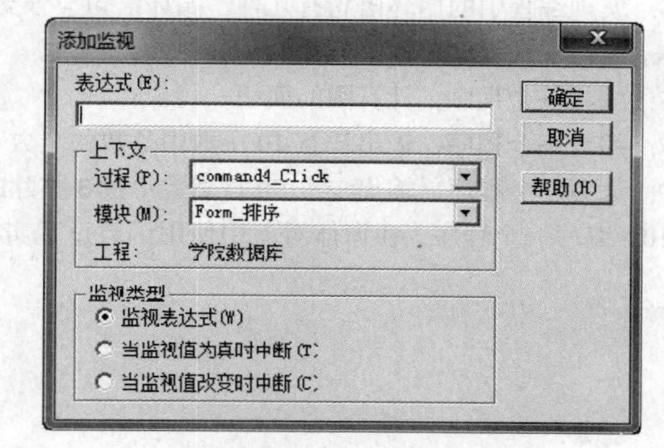

图 9.21 “添加监视”对话框

在窗口的“表达式”文本框中，可以输入监视的变量或表达式，输入变量或表达式的状态信息将显示在监视窗口中。若需要修改监视变量或表达式，可以利用“监视窗口”右键快捷菜单中的“编辑监视”、“添加监视”和“删除监视”等命令。使用“监视窗口”，可以动态了解一些关键变量或表达式值的变化情况，进而检查和判断代码执行是否正确。

（11）“快速监视”按钮：在中断模式下，可以先在程序代码中选定某个变量或表达式，然后单击“快速监视”按钮，系统将打开“快速监视”窗口，在窗口中，将显示选中变量或表达式的当前值，用于对程序的数据处理情况进行分析。如果需要，还可以单击“添加”按钮，将选定的变量或表达式添加到随后打开的“监视窗口”中。

掌握上述调试工具与方法的使用，对于大程序的调试是非常有用的。这里的“调试”是对程序运行中数据处理异常的调试，而不是语句语法的调试。

小 结

本章主要介绍 Access 2010 中支持的 VBA 编程相关的基础知识和应用示例。在实际应用中，有些操作一般不用模块设计，在设计复杂的应用时才会涉及编程问题。

本章的内容要点包括 VBA 编程环境，VBA 模块和过程的创建，模块和过程的整体结构以及使用方式，VBA 程序的流程、结构以及编写方法等。掌握了以上内容，从简单的程序入手，逐步深入，就可以更好地利用 VBA 程序设计出功能更加强大的数据库应用系统。

习　题

1. Access 2010 VBA 中的数据类型有哪些？它与 Access 2010 数据表中支持的数据类型以及 SQL 语言中支持的数据类型有何区别？

2. 解释概念：模块、对象、事件、事件过程、函数。

3. 变量定义语句有哪几个？功能有什么不同？

4. 结构化程序设计有哪几种结构？

5. 实现编程中的循环语句有几种？循环语句与分支语句有何区别？

6. 编写一个程序，输出任意两个数中最大的数。

7. 编写一个程序，计算圆的面积。

8. 编写一个程序，输出任意 10 个数中负数的个数、偶数的个数、奇数的和。

9. 编写一个程序，输出 1～100 自然数中被 3 整除的数据的个数及它们的和。

10. 编写一个程序，在窗体对象中使用函数过程实现计算输出任意 10 个数中超过平均值的个数。

第10章 网上书城信息管理系统综合实例

本书前9章介绍了数据库技术知识和Access数据库管理系统的应用，使读者对数据库技术和Access系统有了比较全面的了解，但是这些内容比较零散、抽象。本章在第5章网上书城数据库基础上介绍一个完整的“网上书城信息管理系统”，从而将Access数据库管理系统的各个对象进行综合应用。

要完成“网上书城信息管理系统”的设计，可按照第5章中讲解的数据库设计方法和步骤进行。

10.1 网上书城信息管理系统数据库的设计过程

本章将从完成一个“网上书城信息管理系统”出发，把Access数据库管理系统的各个对象作为工具，实现该系统的设计、实现与应用等过程。

10.1.1 需求分析

“网上书城信息管理系统”一般是为书店的管理使用，用来对图书的基本信息、图书的采购销售信息、会员信息以及供货商信息等进行管理，所以应当收集系统所涉及的所有需求，才能明确系统要达到的要求和目标。

（1）信息需求

使用Access 2010数据库管理系统设计“网上书城信息管理系统”，首先要考虑其需要管理的信息有哪些，例如图书信息、会中信息、供货信息等。要给出信息之间的联系，例如对每本图书，系统需要存储其ISBN号、书名、作者、版次、价格、出版社、出版日期等方面的信息；每张订单都是由会员来购买图书的，每张订单是都可有多本、多种图书按不同折扣卖出。

（2）处理需求

该系统需要对图书信息进行存储，实现书店对图书的基本信息、图书的采购销售信息、会员描述信息以及供货商信息等处理，将系统中的各个功能进行统一控制。例如，采购合同签定成功，采购完成后相应的图书库存量会增加，而卖出图书时，图书订单完成会导致相应图书库存量减少。

另外，该系统无实时需求，对数据处理的响应时间、处理频率和处理方式等没有限制。

（3）安全性和完整性需求

图书的日常管理应考虑不同用户具有不同的权限，只有采购人员可输入采购单。销售人员可输入订单信息等。另外，采购单和订单输入后图书库存量应自动增加或减少，不能由人工来计算并填写图书的库存量。

10.1.2 概念结构设计

概念结构设计是整个数据库设计的关键，是对系统需求的抽象与模拟，从而最终设计出描述该系统的概念模型。考虑该系统需要操作方便，便于修改和功能扩充，这里采用自顶向下的方法进行分析，然后采用自底向上的方法进行设计。

采用自顶向下的方法，对网上书城信息管理系统的各个功能模块进行分析。在该系统中，对图书基本信息、图书采购销售信息、会员描述信息、供货商描述信息以及系统用户信息等进行管理，从而可以形成该系统的总体功能框图，如图10.1所示。

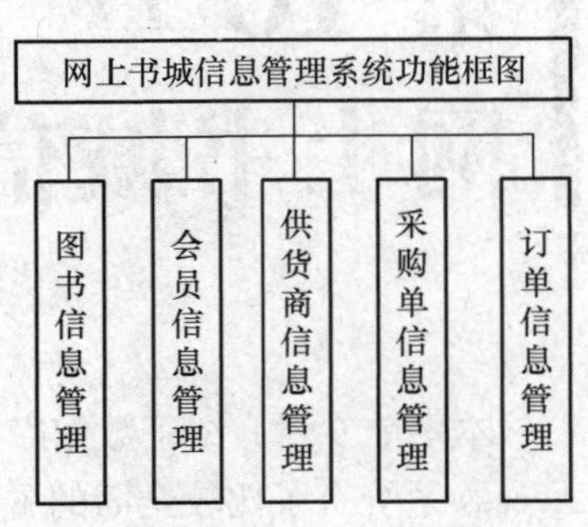

图10.1 系统总体功能框图

根据“网上书城信息管理系统”总体功能框图，可以建立系统的ER模型，如图10.2所示。

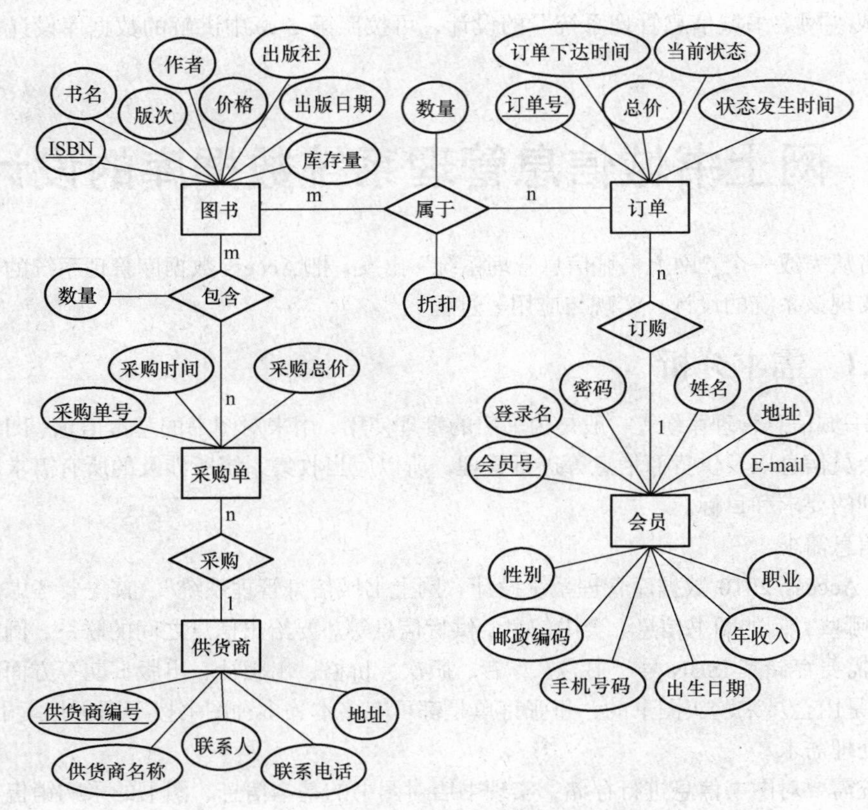

图10.2 系统ER模型

10.1.3 逻辑结构设计

根据系统总体功能框图和ER模型，将概念结构转换为逻辑结构，这里将其转换为关系模型。以下为系统的全局关系模式（带下画线的属性为关系模式的主键）。

图书（ISBN、书名、作者、版次、价格、出版社、出版日期、库存量）

会员（会员号、姓名、登录名、密码、性别、出生日期、E-mail、地址、邮政编码、手机号码、职业、年收入）

供货商（供货商编号、供货商名称、联系人、联系电话、地址）

订单（订单号、订单下达时间、总价、当前状态、状态发生时间、会员号）

订单明细（ISBN、订单号、数量、折扣）

采购单（采购单号、采购时间、采购总价、供货商编号）

采购单明细（ISBN、采购单号、数量）

根据系统关系模式以及各个关系模式之间的关联关系，设计该系统中各个表结构如表 10.1～表 10.7 所示。

表 10.1　图书

字段名	字段类型	字段长度	小数位数	是否主键	是否外键
ISBN	文本	20		Y	
书名	文本	50			
作者	文本	20			
版次	数字	2			
价格	数字	10	2		
出版社	文本	50			
出版日期	日期/时间				
库存量	数字	10			

表 10.2　会员

字段名	字段类型	字段长度	小数点	是否主键	是否外键
会员号	文本	20		Y	
姓名	文本	20			
登录名	文本	20			
密码	文本	20			
性别	文本	2			
出生日期	日期/时间				
E-mail	文本	30			
地址	文本	50			
邮政编码	文本	6			
手机号码	文本	11			
职业	文本	20			
年收入	数字	10	2		

表 10.3　　供货商

字段名	字段类型	字段长度	小数点	是否主键	是否外键
供货商编号	文本	10		Y	
供货商名称	文本	50			
联系人	文本	20			
联系电话	文本	15			
地址	文本	50			

表 10.4　　订单

字段名	字段类型	字段长度	小数点	是否主键	是否外键
订单号	文本	20		Y	
订单下达时间	日期/时间				
总价	数字	10	2		
当前状态	文本	20			
状态发生时间	日期/时间				
会员号	文本	20			Y

表 10.5　　订单明细

<table>
<tr><th>字段名</th><th>字段类型</th><th>字段长度</th><th>小数点</th><th>是否主键</th><th>是否外键</th></tr>
<tr><td>ISBN</td><td>文本</td><td>20</td><td></td><td rowspan="2">Y</td><td>Y</td></tr>
<tr><td>订单号</td><td>文本</td><td>20</td><td></td><td>Y</td></tr>
<tr><td>数量</td><td>数字</td><td>10</td><td></td><td></td><td></td></tr>
<tr><td>折扣</td><td>数字</td><td>10</td><td>2</td><td></td><td></td></tr>
</table>

表 10.6　　采购单

字段名	字段类型	字段长度	小数点	是否主键	是否外键
采购单号	文本	20		Y	
采购时间	日期/时间				
采购总价	数字	10			
供货商编号	文本	10			Y

表 10.7　　采购单明细

<table>
<tr><th>字段名</th><th>字段类型</th><th>字段长度</th><th>小数点</th><th>是否主键</th><th>是否外键</th></tr>
<tr><td>ISBN</td><td>文本</td><td>20</td><td></td><td rowspan="2">Y</td><td>Y</td></tr>
<tr><td>采购单号</td><td>文本</td><td>20</td><td></td><td>Y</td></tr>
<tr><td>数量</td><td>数字</td><td>10</td><td></td><td></td><td></td></tr>
</table>

10.1.4　物理结构设计

数据库的物理结构设计主要针对数据库相关文件的存储结构、存储方式等内容的操作。这里只列出数据库中的各个表，用来说明数据在数据库中的存储方式和关联关系等。该数据库需要占用较大的存储空间，可以对数据进行备份。例如，在硬盘上单独建立一个文件夹，用来保存数据，还可以在移动存储设备（如 U 盘/移动硬盘等）上保留一个副本，也可以使用 Access 2010 的“压缩”工具将数据库压缩之后保存。

进行压缩操作有两种方法，一种是在 Access 的主窗口下，单击“数据库工具”选项卡，选择“压缩和修改数据库工具”选项，如图 10.3 所示。另一种是在 Access 的主窗口下，单击“文件”选项卡，此时系统显示数据库的信息，从中选择“压缩并修改”按钮，可压缩并修复数据库，如图 10.4 所示。

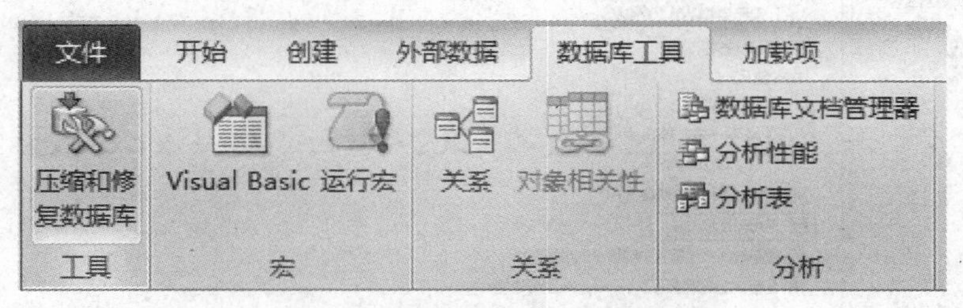

图 10.3　使用压缩和修复数据库工具

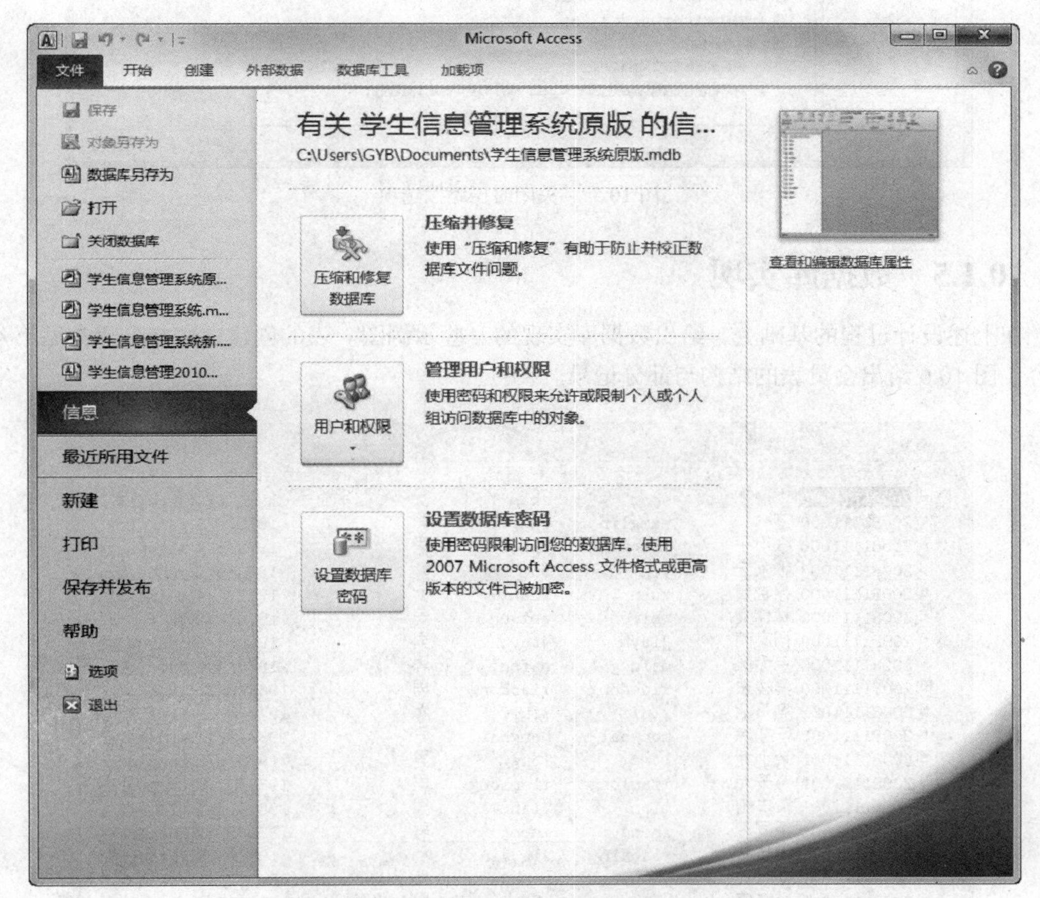

图 10.4　“压缩并修复”数据库

另外，还可设置数据库在关闭时自动“压缩和修复”。具体做法是在“文件”选项卡中单击“选项”，在“Access 选项”对话框中，单击“当前数据库”选项，如图 10.5 所示。然后在“应用程序选项”下，选中“关闭时压缩”复选框。

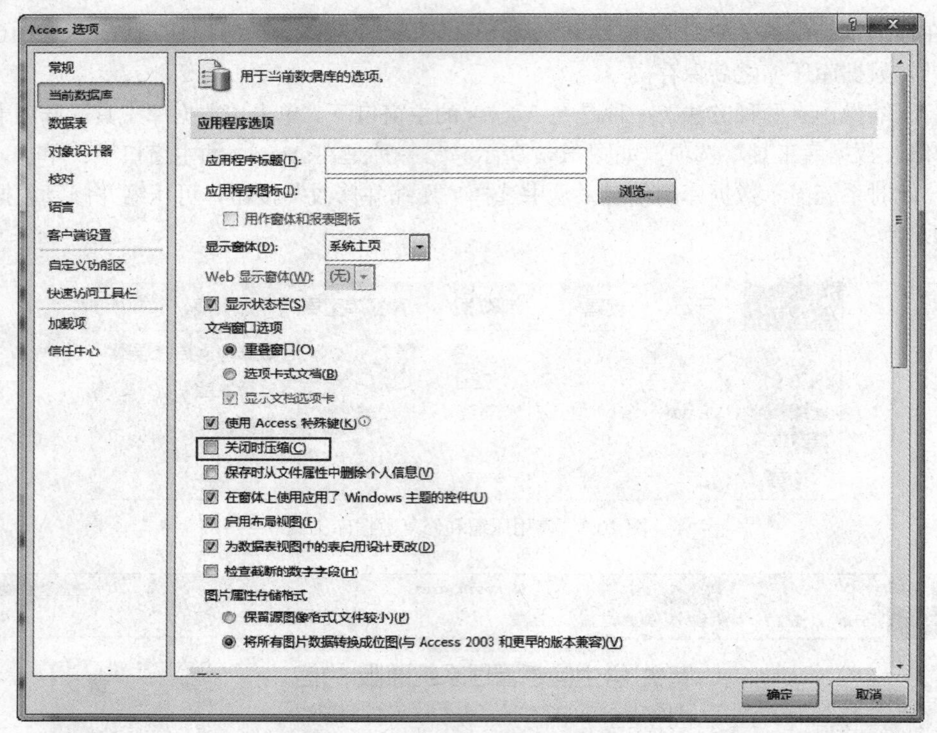

图 10.5 “关闭时压缩”选项

10.1.5 数据库实现

在上述设计过程的基础上，给出数据库实现的一些示例图。表的创建方法与步骤参见第 4 章内容。图 10.6 给出会员表的结构与部分记录。

会员

会员号	姓名	登录名	密码	性别	出生日期	EMAIL
20081111000	李珊珊	shan	shan	女	1980/8/6	shan@163.
20081111000	王林	wanglin	wanglin	男	1975/6/2	wanglin@e
20081111000	张小平	xiaoping	xiaoping	男	1972/8/4	xiaoping@
20081111000	张永云	yun	yun	女	1976/9/2	yun@dsh.c
20081111000	徐若萱	xuan	xuan	女	1982/1/4	xuan@shik
20081111000	林伟文	weiwen	weiwen	男	1976/8/9	weiwen@sh
20081111000	杨家雨	jiayu	jiayu	男	1980/4/6	jiayu@jdj
20081111000	王大风	dafeng	dafeng	男	1970/8/2	dafeng@dd
20081111000	吴晓东	xiaodong	xiaodong	男	1968/9/11	xiaodong@
20081111001	冯秀丽	xiuli	xiuli	女	1972/8/26	xiuli@hke
20081111001	于红海	honghai	honghai	男	1980/8/11	honghai@d
20081111001	余小龙	long	long	男	1983/6/5	long@dd.c
20081111001	孙天龙	tianlong	tianlong	男	1986/6/23	tianl@cc.
20081111001	黄丰田	tian	tian	男	1982/12/2	tian@cc.c
20081111001	周同正	zheng	zheng	男	1979/5/12	zheng@rrt
20081111001	张晓敏	xiaomin	xiaomin	女	1982/9/4	xiaomin@c
20081111001	胡有花	youhua	youhua	女	1986/12/11	youhua@yy
20081111001	肖鹏程	cheng	cheng	男	1986/5/5	cheng@zhs

记录: 第 1 项(共 18 项 无筛选器 搜索

图 10.6 会员表结构与部分记录

订单表的结构与部分记录如图 10.7 所示。

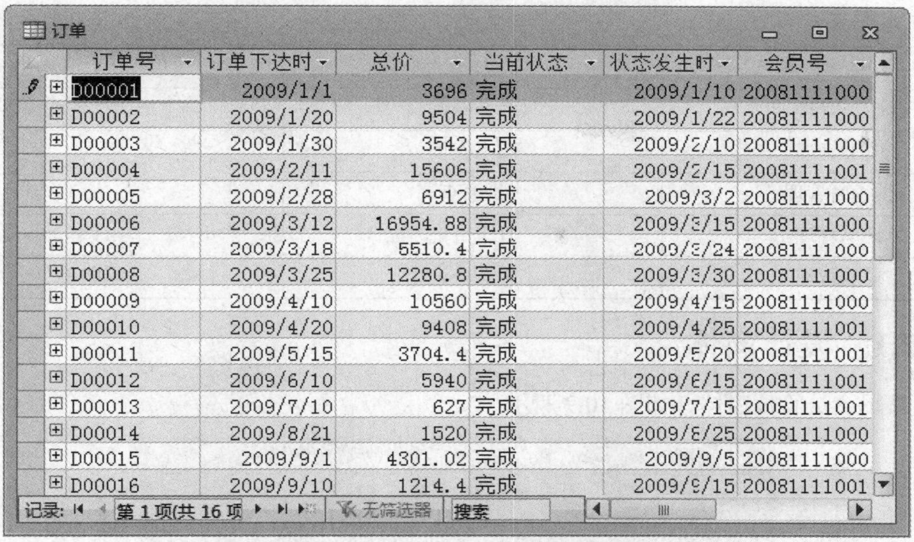

订单

订单号	订单下达时	总价	当前状态	状态发生时	会员号
D00001	2009/1/1	3696	完成	2009/1/10	20081111000
D00002	2009/1/20	9504	完成	2009/1/22	20081111000
D00003	2009/1/30	3542	完成	2009/2/10	20081111000
D00004	2009/2/11	15606	完成	2009/2/15	20081111001
D00005	2009/2/28	6912	完成	2009/3/2	20081111000
D00006	2009/3/12	16954.88	完成	2009/3/15	20081111000
D00007	2009/3/18	5510.4	完成	2009/3/24	20081111000
D00008	2009/3/25	12280.8	完成	2009/3/30	20081111000
D00009	2009/4/10	10560	完成	2009/4/15	20081111000
D00010	2009/4/20	9408	完成	2009/4/25	20081111001
D00011	2009/5/15	3704.4	完成	2009/5/20	20081111001
D00012	2009/6/10	5940	完成	2009/6/15	20081111001
D00013	2009/7/10	627	完成	2009/7/15	20081111001
D00014	2009/8/21	1520	完成	2009/8/25	20081111000
D00015	2009/9/1	4301.02	完成	2009/9/5	20081111000
D00016	2009/9/10	1214.4	完成	2009/9/15	20081111001

记录: 第 1 项(共 16 项　无筛选器　搜索

图 10.7　订单表的结构与部分记录

数据库中设计的其他表就不再一一列举，下面给出数据库中表的关系图，如图 10.8 所示。

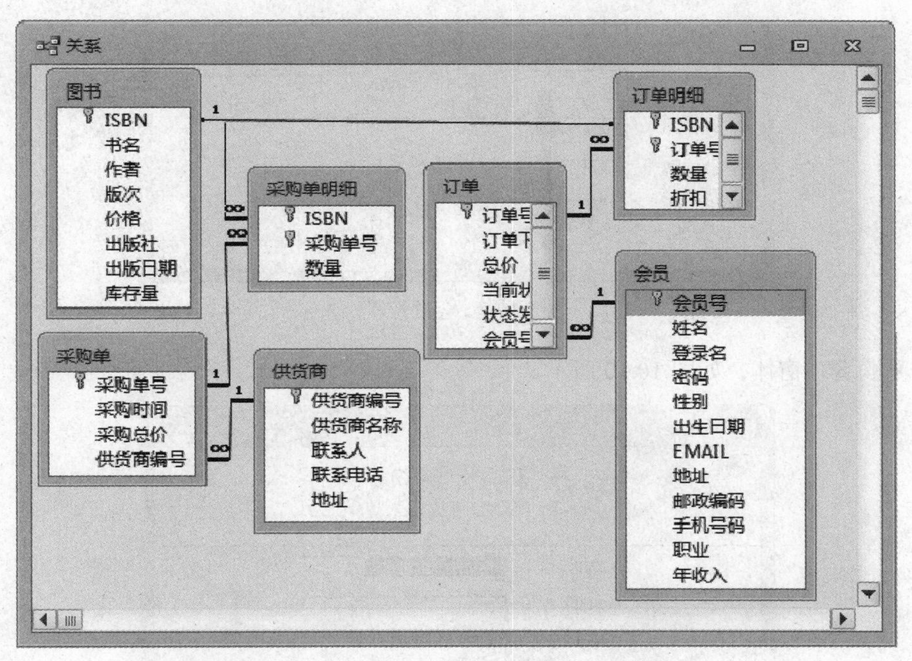

图 10.8　数据库关系图

10.2　系统功能模块细化

为了明确设计目标，系统各个功能模块介绍如表 10.8 所示。在系统设计中，信息设置和信息查询等功能可以在同一窗体中实现，具体实现可以由用户自行决定。

表 10.8　　　　系统功能模块列表

信 息 管 理	信 息 查 询	信息统计和输出
会员管理	会员查询	会员名单
图书管理	图书查询	
供货商管理	供货商查询	
订单管理	订单查询	订单
采购管理	采购查询	采购单

10.2.1　设计窗体

（1）编辑会员管理窗体，如图 10.9 所示。

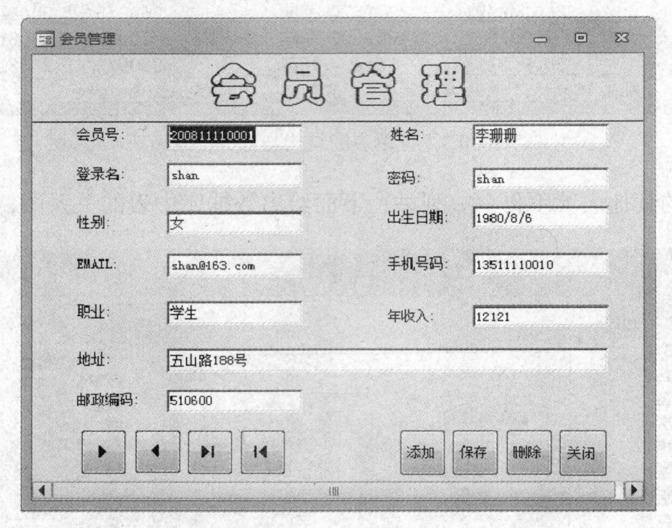

图 10.9　会员管理

（2）采购管理窗体，如图 10.10 所示。

图 10.10　采购管理窗体

窗体设计的具体方法和过程参见第 8 章相关内容。系统中其他的窗体在这里不一一列举，读者可以自行设计窗体，以满足各自需要，基本的设计过程大致相同。

10.2.2　设计查询

（1）设计如图 10.11 所示的系统主查询窗体，用来对系统所管理的基本信息进行查询和显示，读者可以自行设计满足需要的查询窗体。

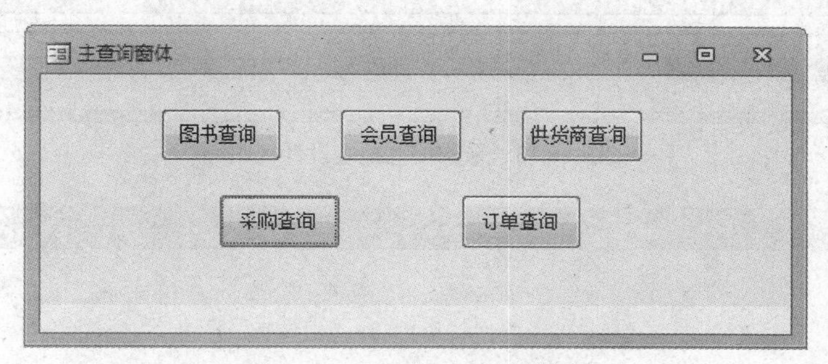

图 10.11　系统主查询窗体

（2）设计满足需要的对各种基本信息进行查询的窗体，如订单信息浏览窗体，如图 10.12 所示。

图 10.12　订单信息浏览窗体

10.2.3　设计报表

根据系统需要，对采购信息和订单信息进行报表设计，以便打印输出。

（1）采购报表

采购报表设计图和运行结果分别如图 10.13 和图 10.14 所示。

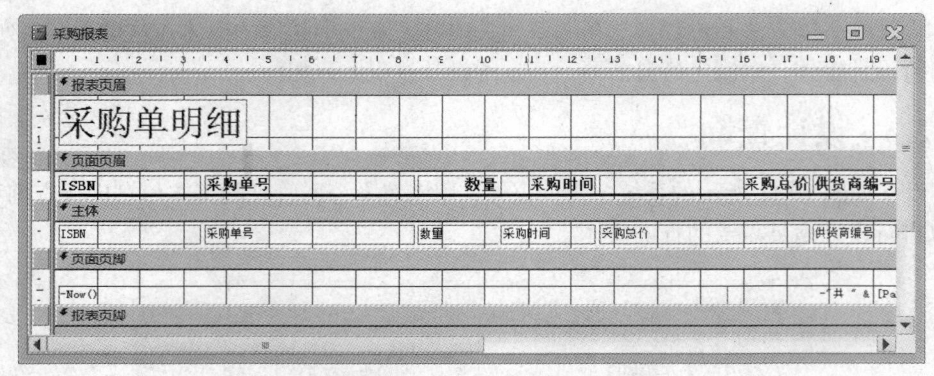

图 10.13　采购信息报表设计视图

采购单明细

ISBN	采购单号	数量	采购时间	采购总价	供货商编号
978-7-03-017276-0	C00001	100	2010/1/2	5550	G00003
978-7-04-017237-2	C00001	50	2010/1/2	5550	G00003
978-7-115-10355-0	C00002	60	2010/1/12	46540	G00001
978-7-115-11261-3	C00003	120	2010/1/18	41210	G00001
978-7-115-11261-3	C00004	80	2010/1/18	24566	G00001
978-7-115-11261-3	C00005	90	2010/1/18	24565	G00001
978-7-115-14952-7	C00006	100	2010/2/1	45131	G00006
978-7-115-16170-3	C00006	50	2010/2/1	45131	G00006
978-7-115-16444-5	C00007	90	2010/2/2	67522	G00001
978-7-115-18970-7	C00008	200	2010/2/16	45562	G00001
978-7-121-09178-0	C00009	150	2010/2/24	6534	G00013
978-7-301-08144-0	C00010	160	2010/2/25	45470	G00006

图 10.14　采购信息报表运行结果图

（2）订单报表

订单报表的设计视图及其运行结果如图 10.15 和图 10.16 所示。

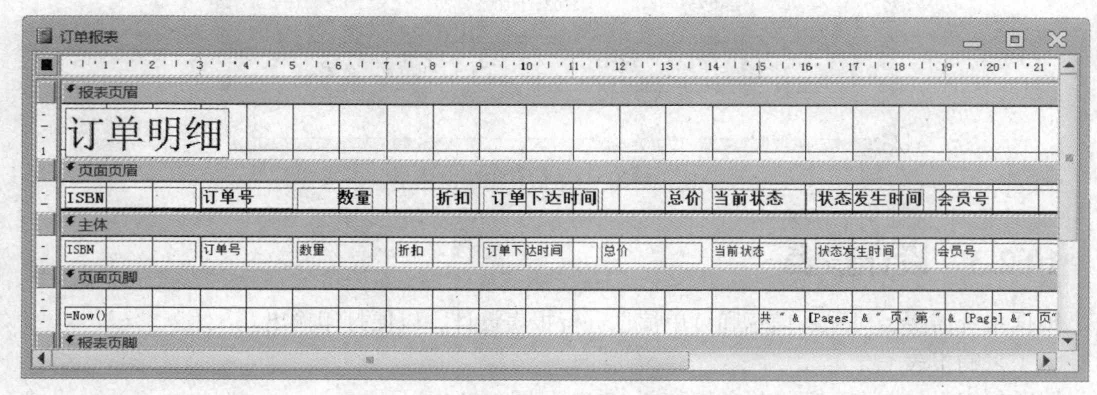

图 10.15　订单报表设计视图

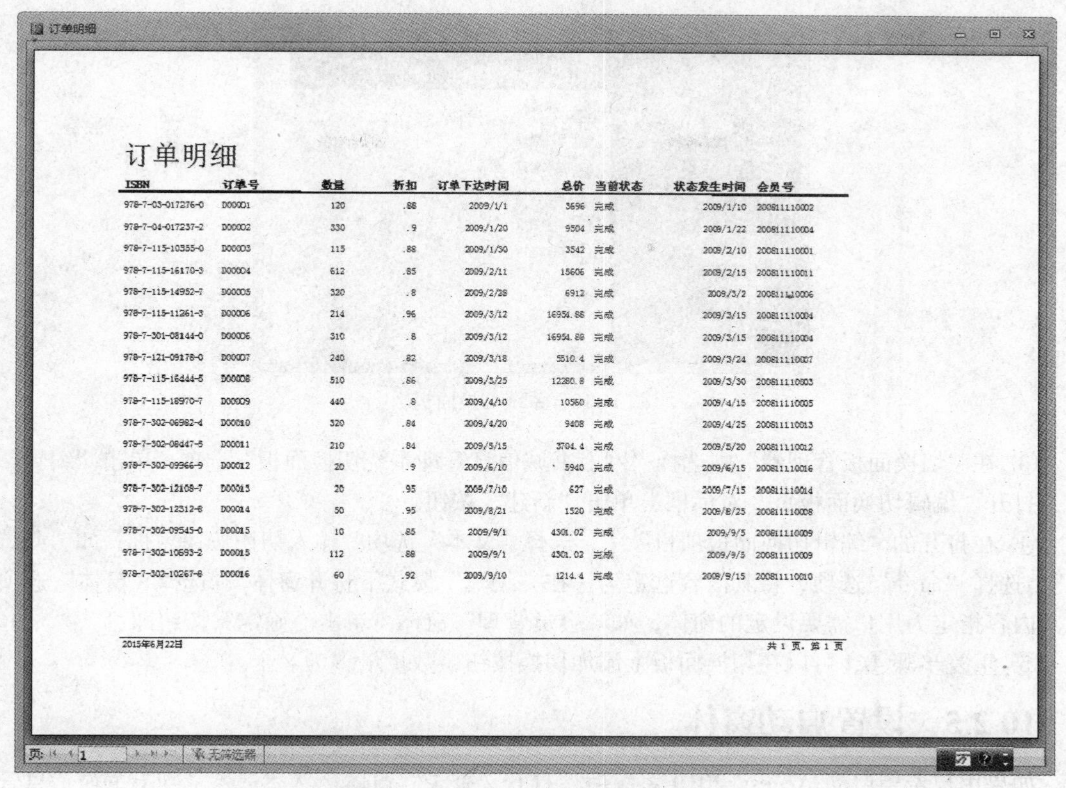

订单明细

ISBN	订单号	数量	折扣	订单下达时间	总价	当前状态	状态发生时间	会员号
978-7-03-017276-0	D00001	120	.88	2009/1/1	3696	完成	2009/1/10	200811110002
978-7-04-017237-2	D00002	330	.9	2009/1/20	9504	完成	2009/1/22	200811110004
978-7-115-10355-0	D00003	115	.88	2009/1/30	3542	完成	2009/2/10	200811110001
978-7-115-16170-3	D00004	612	.85	2009/2/11	15606	完成	2009/2/15	200811110011
978-7-115-14952-7	D00005	320	.8	2009/2/28	6912	完成	2009/3/2	200811110006
978-7-115-11261-3	D00006	214	.96	2009/3/12	16954.88	完成	2009/3/15	200811110004
978-7-301-08144-0	D00006	310	.8	2009/3/12	16954.88	完成	2009/3/15	200811110004
978-7-121-09178-0	D00007	240	.82	2009/3/18	5510.4	完成	2009/3/24	200811110007
978-7-115-16444-5	D00008	510	.86	2009/3/25	12280.8	完成	2009/3/30	200811110003
978-7-115-18970-7	D00009	440	.8	2009/4/10	10560	完成	2009/4/15	200811110005
978-7-302-06982-4	D00010	320	.84	2009/4/20	9408	完成	2009/4/25	200811110013
978-7-302-08447-5	D00011	210	.84	2009/5/15	3704.4	完成	2009/5/20	200811110012
978-7-302-09966-9	D00012	20	.9	2009/6/10	5940	完成	2009/6/15	200811110016
978-7-302-12108-7	D00013	20	.95	2009/7/10	627	完成	2009/7/15	200811110014
978-7-302-12312-6	D00014	50	.95	2009/8/21	1520	完成	2009/8/25	200811110008
978-7-302-09545-0	D00015	10	.85	2009/9/1	4301.02	完成	2009/9/5	200811110009
978-7-302-10693-2	D00015	112	.88	2009/9/1	4301.02	完成	2009/9/5	200811110009
978-7-302-10267-8	D00016	60	.92	2009/9/10	1214.4	完成	2009/9/15	200811110010

2015年6月22日　　共 1 页，第 1 页

图 10.16　订单报表运行结果图

10.2.4　网上书城信息管理系统主窗体

（1）使用主窗体可以调用其他窗体进行相应的操作，这里给出简单设计的系统主窗体，如图 10.17 所示。

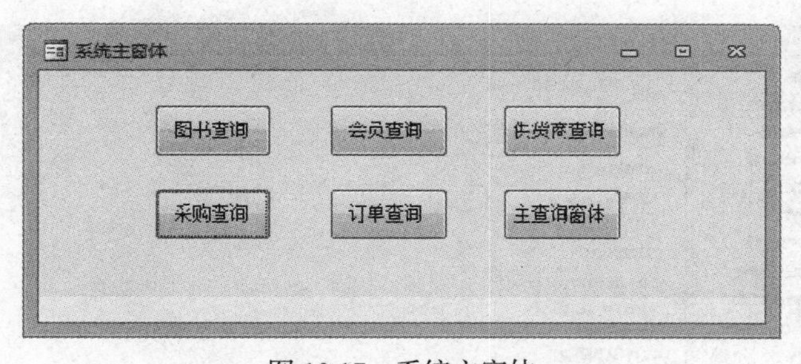

图 10.17　系统主窗体

（2）使用切换面板可以实现系统功能的层层调用，这里给出设计的切换面板，如图 10.18 所示。

切换面板的制作步骤如下。

① 打开数据库，在“数据库工具”选项卡中，选择“切换面板管理器”按钮，弹出“切换面板管理器”提示框，单击“是”按钮，打开“切换面板管理器”对话框。

② 单击“新建”按钮，输入“切换面板页名”，如“网上书城信息管理系统切换面板”，单击“确定”按钮。

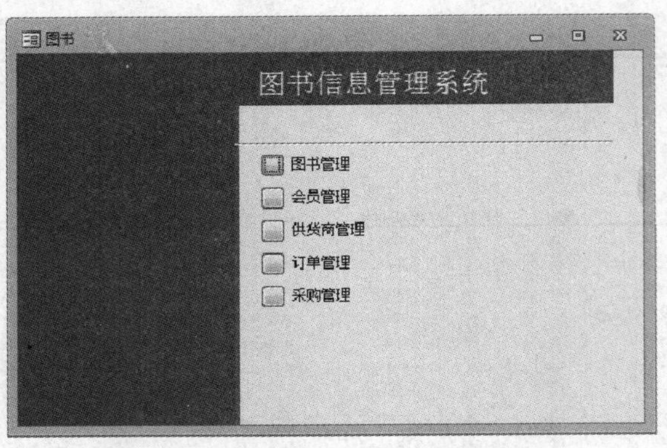

图 10.18　系统切换面板

③ 在“切换面板管理器”中选择“网上书城信息管理系统切换面板”选项，单击“编辑”按钮，打开“编辑切换面板页”对话框，单击“新建”按钮。

④ 在打开的“编辑切换面板项目”中，选择“文本”选项，输入切换按钮名称，如“会员管理”；选择“命令”选项，将其内容选定为“在“编辑”模式下打开窗体”；选择“窗体”选项，将其内容指定为用户需要设定的窗体，如“会员管理”窗体。单击“确定”按钮即可。

⑤ 重复步骤④，可以在切换面板上添加切换按钮，数量最多为 8 个。

10.2.5　设置启动窗体

如果用户希望启动 Access 2010 系统后，打开“登录”窗体，然后进入“网上书城信息管理系统”，可将该窗体设置为启动窗体。其步骤具体操作如下。

（1）打开“网上书城信息管理系统”数据库，在“文件”选项卡中的“选项”按钮，打开 Access 选项对话框。

（2）在“Access 选项”对话框中选择“当前数据库”，可看到“应用程序选项”，如图 10.19 所示。

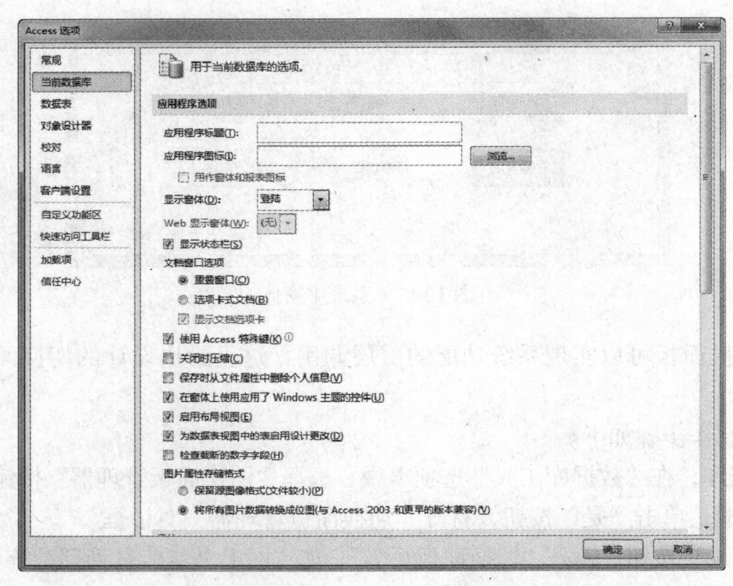

图 10.19　“启动”对话框

（3）在图 10.19 中选择“显示窗体(D)”对应的下拉框，选择“登录”选项，然后单击“确定”按钮，则设置此数据库启动后首先显示登录窗体。

（4）如果要去掉“启动”窗体的设置，则重复以上操作，在“显示窗体(D)”第一栏的下拉框中选择“无”选项，然后单击“确定”按钮即可。

10.2.6　设置登录窗体

出于系统登录安全、数据库数据安全性和完整性的需要，可以为系统设置登录窗体，对用户访问的合法性进行检查。登录窗体中需要检查用户的用户名和密码，如果用户名和密码正确，用户可以登录系统，否则用户将登录失败。

按照窗体的创建方法，可以创建图 10.20 所示的“登录”窗体。在该窗体中，包含一个用于输入或选择用户名的组合框、一个用于输入密码的文本框、一个“确定”命令按钮和一个“退出”命令按钮。用户的用户名可以自行输入或单击下拉按钮进行选择，然后输入正确的密码，单击“确定”按钮后进入系统。如果登录用的用户名或密码不正确，系统将会弹出图 10.21 所示的错误提示框，单击“确定”按钮后可以重新输入用户名和密码。

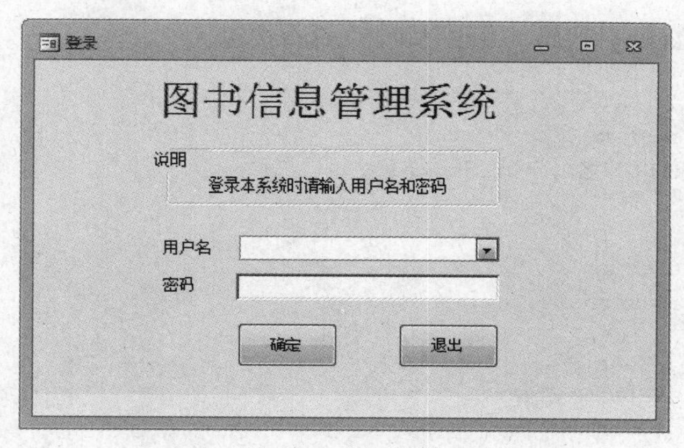

图 10.20　登录窗体

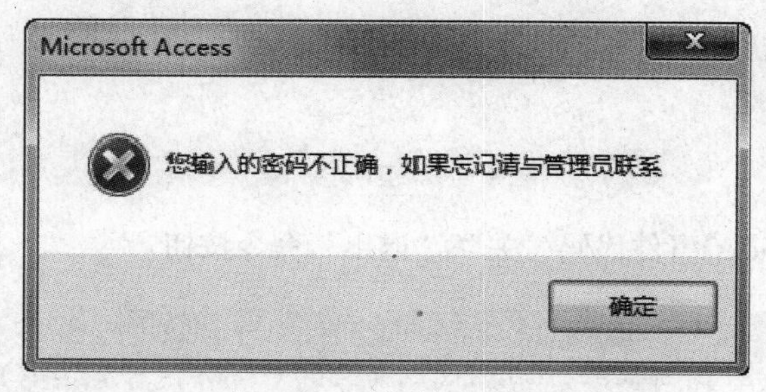

图 10.21　错误提示框

按照 VBA 程序模块的设计过程，在“登录”窗体的设计视图窗口中打开“视图”菜单，选择“代码”选项，单击打开“代码”窗口，设计“登录”窗体中各个对象的事件代码。具体代码设计过程请参见第 9 章，这里给出“登录”窗体中包含的代码。设计完成后进行保存，打开图 10.20 所示的“登录”窗体，就可以进行登录操作。

（1）login()函数事件代码，用来判断用户输入的用户名和密码是否正确。

```
Public Function login() As Boolean
Dim rs As New ADODB.Recordset
Dim StrSql As String
StrSql = "select * from 会员 where 登录名='" & Me.username & "'"
rs.Open StrSql, CurrentProject.Connection, adOpenStatic, adLockReadOnly
If rs.RecordCount > 0 Then
If rs!密码 = Me.TxtPwd Then
 login = True
 End If
  End If
 rs.Close
 Set rs = Nothing
End Function
```

（2）username_NotInList()事件代码，要求用户从组合框中选择用户名。

```
Private Sub username_NotInList(NewData As String, Response As Integer)
   Response = acDataErrContinue
End Sub
```

（3）CmdOk_Click()事件代码，关联“确定”命令按钮。

```
Private Sub CmdOk_Click()
If IsNull(Me.username) Then
MsgBox "请输入您的用户名", vbCritical
Exit Sub
Else
Me.username.SetFocus
P_usernmae = Me.username.Text
End If
If login = True Then
username = Me.username.Text
DoCmd.Close
DoCmd.OpenForm "切换面板"
Else
MsgBox "您输入的密码不正确，如果忘记请与管理员联系", vbCritical
Exit Sub
End If
End Sub
```

（4）CmdCancel_Click()事件代码，关联“退出”命令按钮。

```
Private Sub CmdCancel_Click()
   On Error GoTo Err_CmdCancel_Click
     DoCmd.Close
   Exit_CmdCancel_Click:
     Exit Sub
   Err_CmdCancel_Click:
     MsgBox Err.Description
     Resume Exit_CmdCancel_Click
End Sub
```

10.2.7　其他设置和功能

从 Access 2007 开始，利用功能区的概念取代了原始的菜单概念。Access 2010 程序窗口顶部的区域就是功能区，用户可以在这一区域中选择命令。“功能区”中的“开始”“创建”“外部数据”和“数据库工具”4 项，合称为 Access 2010 的命令选项卡。每个选项卡都包含若干个工具组，每个工具组中的按钮可完成一项对数据库对象的设置。例如，Access 2010“开始”选项卡下，有“视图”“字体”“剪贴板”“排序和筛选”“记录”“查找”“文本格式”“中文繁简转换”等工具组。利用 Access 2010“开始”选项卡下的工具，可以完成的功能主要包括：选择不同的视图；从剪贴板复制和粘贴；设置当前的字体格式；设置当前的字体对齐方式；对备注字段应用 RTF 格式；对数据进行刷新、新建、保存、删除、汇总、拼写检查等操作；对记录进行排序和筛选和查找记录。

Access 2010 允许在数据库中定义自己的个性化功能区，并在打开数据库时按这一设置来打开数据库。建立自定义功能区的方法是打开数据库后，选择“文件”选项卡中的“选项”按钮，在打开的“Access 选项”中选择“自定义功能区”按钮进行操作。读者可尝试建立自定义功能区，并设置启动数据库时启动对应的功能区（在“Access 选项”中选择“当前数据库”设置其“功能区和工具栏选项”）。

与原来的版本一样，Access 2010 支持“自定义快速访问工具栏”的功能，并允许将自定义工具栏挂载到某个窗体上或数据库对象的右键菜单上。具体操作是在 Access 选项对话框中选择“自定义快速访问工具栏”选项，进行相应设置。

一个数据库系统设计完成后，可通过设置密码来对数据采取安全措施，防止非法用户使用，避免数据混乱修改，给合法用户维护系统带来困扰。

10.2.8　编写系统任务说明书

“网上书城信息管理系统”设计完成后，要经过编码、测试，测试成功后，试运行一段时间。一旦投入使用，设计者应编写系统任务说明书，以使其成为以后维护修改、功能扩充的重要依据。

任务说明书的主要应包括以下内容：

（1）任务名称；

（2）设计者；

（3）设计时间、地点；

（4）总体功能框架；

（5）各功能模块示意图；

（6）表间关系图；

（7）各功能窗体示意图；

（8）各模块功能使用示意图；

（9）系统操作说明和使用注意事项；

（10）修改入口，即可能需要经常修改的位置，如何修改等。

小　结

本章介绍了“网上书城信息管理系统”的设计与实现过程。为了能够顺利地完成系统设计，需要注意以下几个问题。

（1）设计一个系统之前，要详细了解用户的需求，为了避免在设计完成后反复修改，尽量在最初设计时考虑全面。

（2）各个数据表之间的关系非常重要，这不仅能保证数据的完整性，也便于查询和报表等设计。

（3）使用窗体或切换面板能将整个系统的各个部分连在一起，达到主程序调用子程序的目的。所以要学会创建各类窗体，能在窗体上设计和使用各种按钮。

（4）完成一个系统设计后，一定要进行测试，要检查它的正确性和运行的稳定性，如果发现错误和问题，应当立即修改。

（5）在应用系统投入使用前写出“任务说明书”，将有利于系统的优化修改和功能扩充，方便系统设计者、维护者和操作者的使用。

习　题

1. 数据库应用系统开发的一般过程是什么？

2. 数据库应用系统的主要功能模块一般有哪些？

3. 根据第5.2节例5.1中的要求，参照第5章相关内容，在本章内容的基础上，设计一个完整的学生信息管理系统。

第 11 章 数据库安全与管理

计算机安全是指计算机系统中采用具有一定安全性的硬件、软件来实现对计算机系统及其数据的安全保护，当计算机系统受到无意或恶意的攻击时仍能保证系统正常运行，保证系统内的信息安全。信息安全是计算机安全的重要组成部分，它研究信息的安全存储、安全传递与安全读取，保证在存在自然、人为破坏的情况下，信息不增加、不丢失且不泄露。

数据库系统作为信息的聚集体，是计算机信息系统的核心部件，所以做好对数据库的管理和安全保护工作非常重要，特别是在当前数据库和网络应用日益普及的趋势下。

数据库的安全性是指保护数据库以防止不合法的使用所造成的数据泄密、更改或破坏。本章首先介绍数据库系统的安全策略，然后详细讲述 Access 所提供的数据库安全保护策略等。

11.1 数据库的安全策略

11.1.1 信息安全

随着网络、数据库等计算机技术的发展，人类社会已进入信息时代。信息时代以信息化为基本特征，信息化在带来巨大的社会进步和经济发展的同时，信息系统的一些重大隐患和困难也正逐步形成。信息系统的不安全因素主要包括由自然或人为事故所造成的系统破坏，如战争、地震、水灾、火灾等；因操作人员、用户、系统管理人员等错误操作及应用程序漏洞等；大量来自网络或其他系统的恶意攻击，如病毒、木马、黑客攻击等。

信息系统的安全措施，一般分以下 3 类。

（1）政策安全，即由政府及相关部门制定信息系统安全的相关政策、法律和法规，以保证信息系统安全。

（2）管理安全，即从管理角度加强信息系统的安全管理，包括进行网络与计算机系统的安全监控，制定相应的规章制度以约束系统管理人员保管好自己的账号信息、不泄密等。

（3）技术安全，即使用计算机安全技术，从技术上保证信息系统安全。

11.1.2 数据库安全

数据库安全是计算机信息系统安全的重要组成部分。数据库的安全措施同样也包括政策安全、管理安全和技术安全 3 个方面。从技术上讲，数据库的安全策略包括以下 3 种。

1. 身份标识与鉴别

身份标识与鉴别（Identification And Authentication）是数据库系统提供的最外层安全保护措施。其方法是每个用户在系统中必须有一个唯一地标识自己身份的标识符。当用户进入系统时，由系统将用户提供的身份标识与系统内部记录的合法用户标识进行核对，通过鉴别后方可提供数据库的使用权。

身份标识与鉴别是一种最简单、常用的数据库安全措施。其优点是容易实现，数据库系统只要保存用户身份识别码和密码就可以识别用户的身份；其缺点是单纯的用户名和密码较容易被人窃取，带来不安全因素。目前身份标识方面的研究十分活跃，如基于指纹、虹膜等生物特征的身份标识等。

2. 存取控制

存取控制是数据库系统中一个专门对用户存取进行控制与管理的子系统。系统由主体和客体组成，主体是数据库中实施各种操作的对象，包括实际用户和应用程序等；客体则是系统中的被动实体，它是受主体操纵的，包括文件、基本表、索引和视图等。在数据库系统中事先定义主体对客体的访问权限，并将其写入数据库系统的数据字典。在用户发出存取数据库的请求时，系统依据数据字典进行合法权限检查，若其操作超出权限规定，则请求被拒绝。由此，可保证数据库系统只能由合法的用户执行合法的操作，从而保证数据库系统的安全。

数据库中常用的存取控制方法包括主动存取和强制存取两种。主动存取控制一般容易实现，控制灵活，但这种存取方式可能存在数据的“无意泄露”。强制存取是一种更严格的存取控制方法，其实现较主动、存取困难，但可靠性更高。

目前一般数据库系统都采用主动存取控制方法，SQL 语言提供专门的语句进行数据库权限管理操作。一般数据库中对数据对象的权限有严格规定，如对基本数据表和视图中的数据，用户的权限分 SELECT（查询）、INSERT（插入）、DELETE（删除）、UPDATE（更新）、REFERENCES（参照）和 ALL PRIVILEGES（所有权限）6 种。用户可以通过 SQL 语言中的 GRANT\REVOKE 语句进行权限的分配和回收。

3. 审计追踪

审计追踪机制是指系统设置相应的日志记录，特别是对数据插入、删除和修改进行记录，以便日后查证。日志记录的内容可以包括操作人员的姓名、密码、用户 IP 地址、登录时间和操作内容等。若发现系统的数据遭到破坏，可以根据日志记录追究责任，或者从日志记录中判断用户账号是否被盗等问题，以便采取措施确保系统的安全。例如，银行发现一个账户的余额不正确，它可以通过跟踪所有对这个账户的更新来找到错误或欺骗性的更新，和找到执行这个操作的人。然而，银行也可以利用审计跟踪这些人所做的其他更新来找到其他错误或欺骗性的更新等。

审计追踪是对数据库用户身份标识与鉴别、存取控制等安全措施的补充，可以提高数据库系统的安全级别。目前大型数据库系统如 Oracle、DB2 等均提供审计追踪功能，但需要 DBA 做专门设置才能使用。审计追踪工作主要也是由 DBA 负责的。

4. 数据加密

对高度敏感的数据，如军事数据、单位财务数据、数据库系统的用户名与密码等需要严格保密的数据，还可采用加密技术来提高其安全性。数据加密是防止数据库中数据存储和传输过程中泄露、丢失的重要手段。加密的基本思想是利用一定算法将原始数据转换成不可直接识别的格式，从而使得不了解解密方法的人即使拿到数据也无法获取数据的内容。

目前一些数据库产品都提供加密例程，用于依据用户要求对存储和传输的数据进行加密处理。

5. **备份与恢复**

计算机同其他设备一样，可能会发生故障。计算机故障多种多样，其包括磁盘故障、电源故障、软件故障、灾害故障以及人为破坏等。一旦发生这种情况，就可能造成数据库的数据丢失。因此，数据库系统必须采取必要的措施，以保证发生故障时可以恢复数据库。数据库管理系统的备份和恢复机制就是保证在数据库系统出现故障时，能够将数据库系统还原到正常状态并且把数据损失降到最低。

一般对大型数据库系统，都需要制订并执行严格的数据备份计划。备份计划也会依据需求变化不断地调整。

6. **事务管理和故障恢复**

事务管理是存在对数据库的并发访问时保证数据一致性和完整性的重要手段。数据库系统通过对数据加锁、信号量等方法来避免数据更新时的异常。

故障恢复是指把事务运行的每一步结果都记录在系统日志文件中，并且对重要数据进行复制。当计算机发生故障时，用户可根据日志文件和数据副本最大限度地恢复数据库中的数据。

7. **定义视图**

为不同的用户定义不同的视图，可以限制用户的访问范围。通过视图机制，可把需要保密的数据对无权存取这些数据的用户隐藏起来，这为数据库提供了一定程度的安全保护。实际应用中，常将视图机制与授权机制结合起来使用，首先用视图机制屏蔽一部分保密数据，然后在视图上进一步进行授权。

11.2　Access 2010 的安全保护策略

为避免数据库及其应用程序遭到破坏，Access 提供了一系列保护措施，包括设置密码、信任中心设置和创建 MDE 文件等多种方法。

对于 Access 2010 以 ACCDB 和 ACCDE 文件创建的数据库，Access 不再提供用户级安全。但是，如果在 Access 2010 中打开由早期版本 Access 创建的数据库，并且该数据库应用了用户级安全，那么这些设置仍然有效。

11.2.1　数据库访问密码与加密

Access 早期版本提供数据库访问密码和加密的功能。访问密码是指为打开数据库而设置密码。设置密码后，打开数据库时将显示要求输入密码的对话框，只有正确输入密码的用户才能打开数据库并使用数据。数据库加密则是对数据库文件进行加密，加密状态下其他工具无法读取其中数据。

Access 2010 中的加密工具将这两个工具进行合并，并加以改进。使用数据库密码来加密数据库时，所有其他工具都无法读取数据，并强制用户必须输入密码才能使用数据库。在 Access 2010 中，应用的加密所使用的算法比早期版本的 Access 使用的算法更强。

1. **设置数据库密码**

设置数据库密码的操作步骤如下。

（1）以独占方式打开数据库，即单击工具栏上的“打开”按钮或单击“文件”选项卡中的“打开”命令，弹出“打开”对话框，在此对话框中选择需要打开的数据库，然后单击“打开”按钮右面的向下按钮，在弹出的菜单中选择“以独占方式打开”选项，如图 11.1 所示。

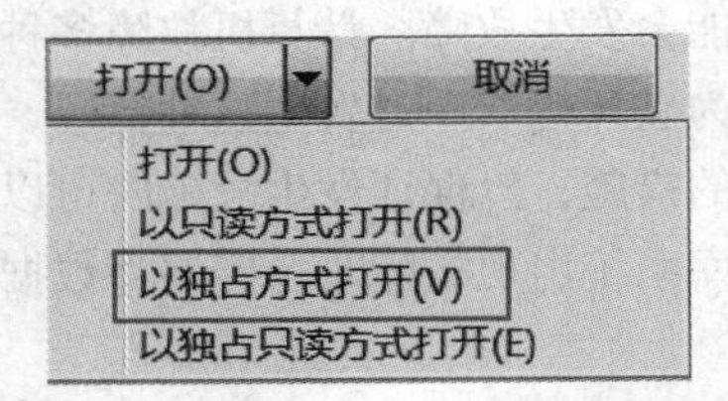

图 11.1　以独占方式打开数据库

（2）打开数据库后，单击“文件”选项卡中的“信息”选项，可看到数据库信息，如图 11.2 所示。单击“用密码进行加密”按钮，弹出“设置数据库密码”对话框，如图 11.3 所示。

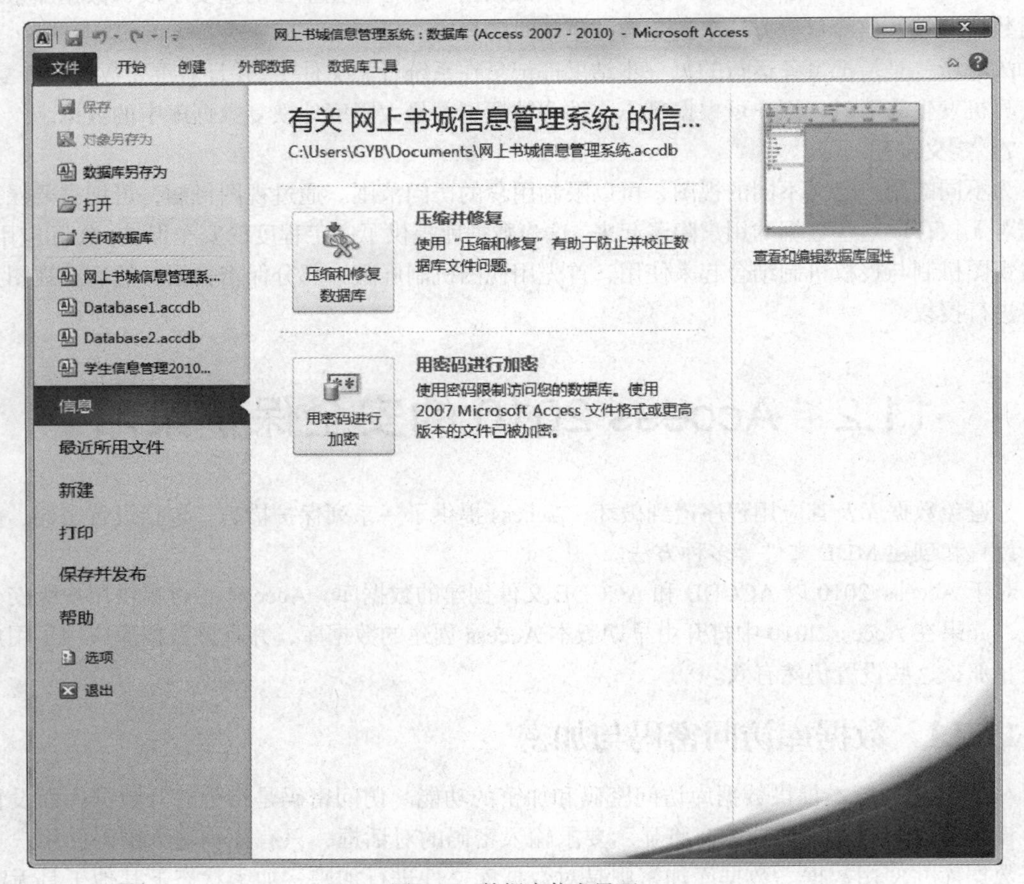

图 11.2　数据库信息界面

（3）在此对话框中输入密码，并在“验证”文本框中再次输入密码，注意两次输入必须相同，以保证密码的正确性。然后单击“确认”按钮，则密码输入成功。

为数据库设置密码后，如果再打开这个数据库，就会发现在打开数据库之前 Access 会要求输入数据库的密码，只有密码输入正确才能正常打开和操作数据库，否则无法访问数据库。

2. 撤销数据库密码

Access 系统撤销密码操作的过程如下：首先以独占方式打开这个数据库，然后单击菜单中“信息”命令，已设置密码的数据库的信息显示界面与图 11.2 类似，只是其中“用密码进行加密”命令位置被替换成“解密数据库”命令。单击此命令，则弹出“撤销数据库密码”对话框，如图 11.4 所示。在此正确输入数据库密码，则撤销成功。对比图 11.3 和图 11.4 可见，撤销密码操作只需输入一遍密码，而设置数据库密码则需要输入两遍。

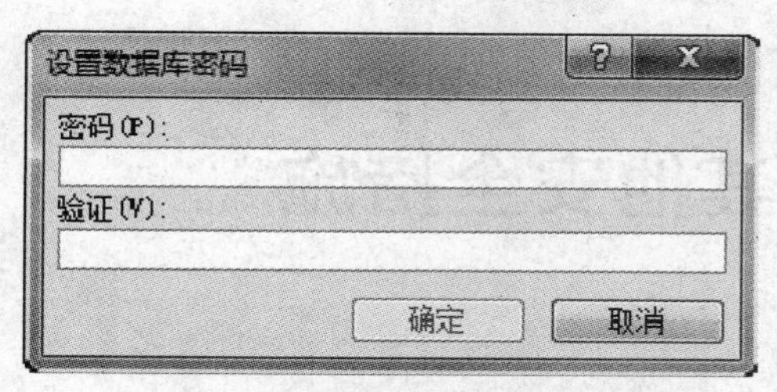

图 11.3　设置数据库密码对话框

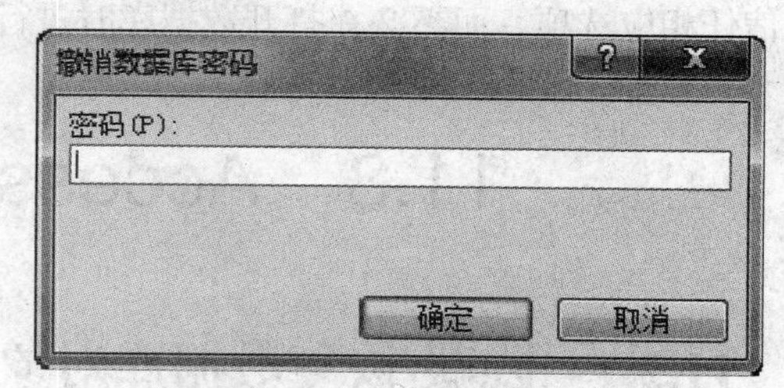

图 11.4　“撤销数据库密码”对话框

11.2.2　信任中心

Access 2010 信任中心可进行 Access 的安全设置，通过“信任中心”，用户可以创建或更改受信任位置，还可以设置 Access 的安全选项。这些设置会影响新数据库和现有数据库在 Access 实例中打开时的行为。此外，“信任中心”中包含的逻辑还可以评估数据库中的组件，并确定该数据库是可以被安全地打开，还是应由“信任中心”禁用该数据库，以便用户决定是否要启用它。

将 Access 数据库放到受信任的位置时，所有 VBA 代码、宏和安全表达式都会在数据库打开时运行，而不必在数据库打开时做出信任决定。使用信任中心查找或创建受信任位置非常方便，即打开数据库后，在“文件”选项卡中单击“选项”按钮，可显示 Access 选项对话框，在“信任中心”选项中单击“信任中心设置”按钮，可显示信任中心对话框，如图 11.5 所示。在“受信任位置”选项中选择“添加新位置”按钮，则系统显示“Microsoft Office 受信任位置”对话框，在此对话框中通过浏览按钮可选择所需要设置的受信任位置。

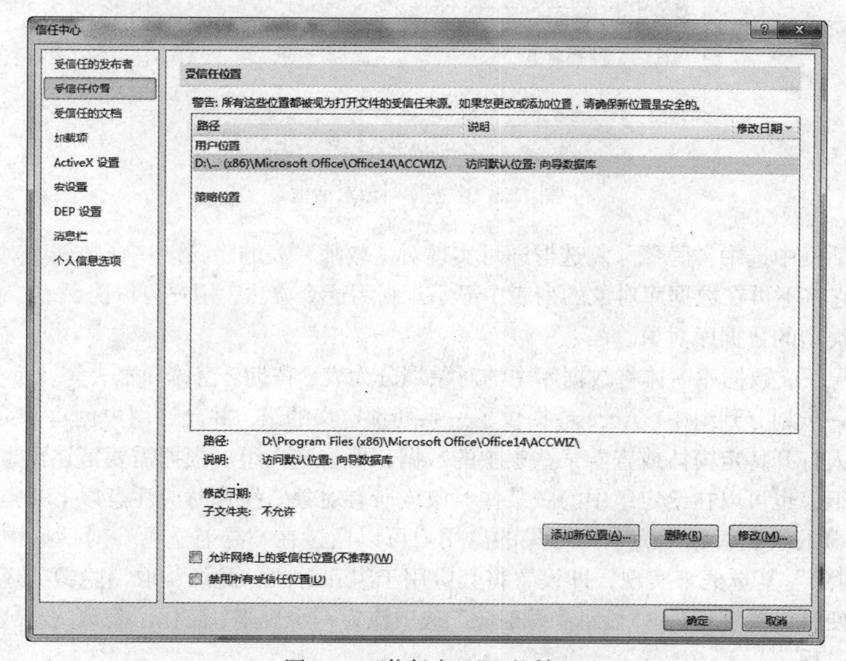

图 11.5　“信任中心”对话框

Windows 资源管理器复制、添加数据库文件到受信任位置，可以直接打开数据库而不需要进行信任选择。

在信任中心还可设置受信任的发布者、受信任的文档、加载项等项目，通过设置，用户可直接信任相应选项，而不必在打开数据库时进行检查。

11.3　Access 的其他安全措施

11.3.1　隐藏/恢复数据库对象

Access 提供对数据库对象的隐藏功能，以保护不想被其他人看到的数据库内容。

1. 隐藏数据库对象

隐藏数据库对象的操作方法如下。

用户在数据库对象窗口中选中某对象，然后按 Alt+Enter 组合键打开数据库对象名属性对话框，图 11.6 所示为选中“教师”表后按 Alt+Enter 组合键打开的对话框。

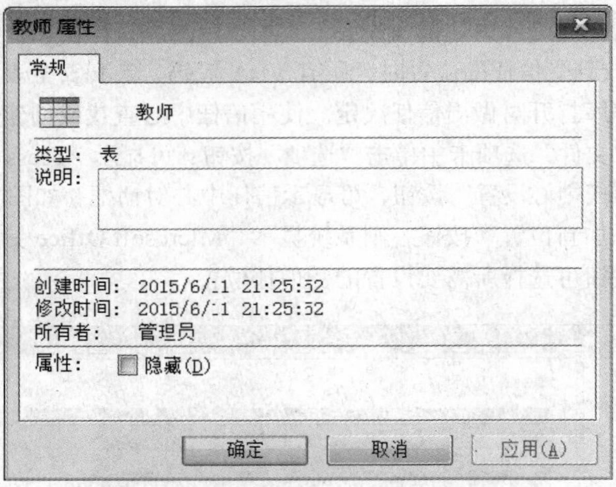

图 11.6　数据库对象对话框

在此对话框中选中“隐藏”复选框即可实现对“教师”表的隐藏。一个数据库对象设置了隐藏属性后，它将不再在数据库对象的列表中显示。利用这个方法，用户可以隐藏表、查询、窗体、报表等任何类型的数据库对象。

默认情况下，数据库窗体将数据库中的对象划分为表、查询、窗体和报表等几个类别，然后，将它们再进一步划分到组中。Access 提供了一系列预定义的组，并允许用户创建自定义组。如果需要防止他人打开特定窗体或查看某些表中的数据，可自定义组。根据需要可在预定义和自定义类别中隐藏组，也可以在给定组中隐藏某些对象或所有对象。操作时应注意以下几点。

（1）隐藏的组和对象是完全不可见的。用户可以通过在“导航选项”对话框中选中或清除“显示隐藏对象”复选框来实现，即设置将其应用于组和对象。此外，取消隐藏或还原隐藏对象的唯一方式便是设置该选项。“显示隐藏对象”选项作为一个规则，简化了隐藏的组或对象的取消隐藏或还原过程。

（2）可使某个对象只在自己的组中隐藏，也可以设置对象的“隐藏”属性，使属性在全局范围（在所有组中）隐藏该对象。

（3）隐藏组和对象不会破坏数据库的功能。

（4）在导航窗口中，右键单击要隐藏的组的标题栏，然后单击“隐藏”命令，可在类别中隐藏组。

以下部分中的步骤解释了如何将隐藏的对象显示为不可用，以及如何隐藏和取消隐藏组和对象。

2. 隐藏的恢复

操作方法：在导航窗口空白处右键单击“导航选项”命令，弹出“选项”对话框，如图 11.7 所示，选择“视图”选项卡，并选中“隐藏对象”复选框，单击“确定”按钮。

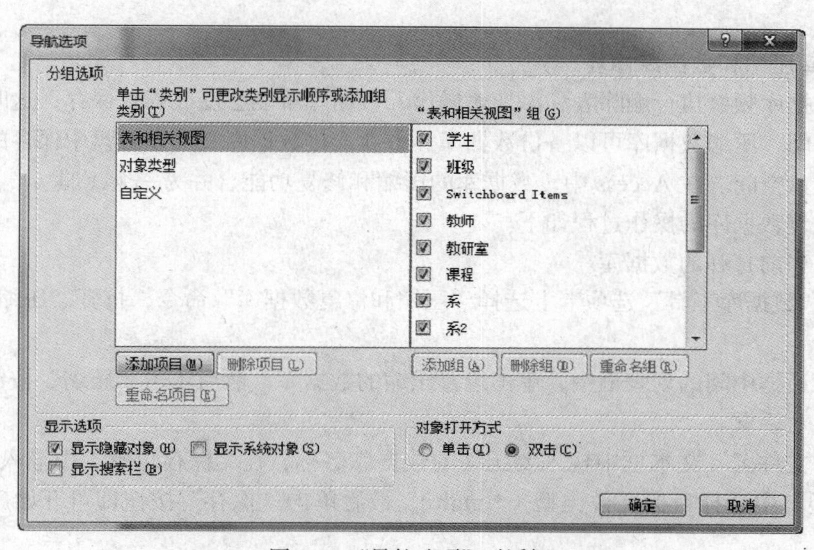

图 11.7 “导航选项”对话框

此时返回隐藏数据库对象所属的组，可看到隐藏的对象组显示为半透明的不可用图标，右键单击隐藏的组，然后单击“取消隐藏”命令。此时选中隐藏对象，按 Alt+Enter 组合键，则再次显示此对象的属性对话框，单击“隐藏”复选框，去掉其前面的对号，则对象恢复。

11.3.2　用 ACCDE 文件保护数据库

ACCDE 是一种经过编译的特殊形式的数据库，在这种格式下，大多数对象只能执行而不能修改，也不能进行对象的导入和导出。

其操作方法是：依次单击“文件”→“保存并发布”→“数据库另存为”→“生成 ACCDE 文件”命令，系统弹出对话框要求输入生成 ACCDE 文件的文件名与保存路径。指定要保存的 ACCDE 文件的位置和名称，保存后即可完成。此时打开 ACCDE 文件，则可看到与原数据库相同的数据库内容，但某些数据库对象的设计、新建操作不可用。

11.3.3　数据库的备份与恢复

数据库的备份与恢复可保护数据库的安全，Access 提供数据库的备份和数据库的自动修复功能。数据库备份后，当数据库损坏时可以用备份的数据库来恢复。自动修复功能则可修复出现错误的数据库。另外，Access 还提供了数据库压缩和修复功能，以降低对存储空间的需求，并修复受损坏的数据库。

1. 备份与恢复数据库

数据库备份有多种方法。一种是首先关闭要备份的数据库，然后将数据库文件（扩展名为.mdb）复制到所选择的备份媒介上。另一种是通过创建空数据库，然后从原始数据库中导入相应的表，实现对特定表的单独备份。

数据库恢复是指当数据库出现损坏或由于人员误操作、操作系统本身故障所造成的数据看不见、无法读取、丢失时，通过技术手段使数据库恢复到正常的运行状态。

备份与恢复功能可保证数据库的安全，但现实中常常出现数据库出错，用户敏感的、关键性的数据无法恢复的问题。因此，需要对数据库备份制订详细计划，并制度化，以保证数据库系统的安全。

2. 数据库压缩和数据库修复

如果对数据库频繁执行删除表和添加表操作，数据库可能会变成碎片保存，这时就不能有效地利用磁盘空间。压缩数据库可以备份数据库、重新安排数据库文件在磁盘中保存的位置，并可以释放部分磁盘空间。在 Access 中，数据库的压缩和修复功能合并为一个工具。

压缩和修复数据库的操作过程如下。

（1）关闭当前打开的数据库。

（2）在 “数据库工具”选项卡上选择“压缩和修复数据库”命令，打开“压缩数据库来源”对话框。

（3）在对话框中间的列表框中，单击想要压缩的数据库，然后单击“压缩”按钮，打开“压缩数据库为”对话框。

（4）在“文件名”文本框中输入要压缩的数据库名称，在“保存位置”中输入目标文件夹，在“文件类型”中选择目标文件类型（*.mdb），最后单击“保存”按钮即可开始压缩和修复数据库。

11.3.4 打包、签名和分发 Access 2010 数据库

使用 Access 可以轻松而快速地对数据库进行签名和分发。在创建 ACCDB 文件或 ACCDE 文件后，可以将该文件打包，对该包应用数字签名，然后将签名包分发给其他用户。“打包并签署”工具会将该数据库放置在 Access 部署（.accdc）文件中，对其进行签名，然后将签名包放在您选定的位置。随后，其他用户可以从该包中提取数据库，并直接在该数据库中工作，而不是在包文件中工作。

在操作过程中，注意以下几个方面的问题。

● 将数据库打包并对包进行签名是一种传达信任的方式。在对数据库打包并签名后，数字签名会确认在创建该包之后数据库未进行过更改。

● 从包中提取数据库后，签名包与提取的数据库之间将不再有关系。

● 仅可以在以 .accdb、.accdc 或 .accde 文件格式保存的数据库中使用“打包并签署”工具。Access 还提供了用于对以早期版本的文件格式创建的数据库进行签名和分发的工具。所使用的数字签名工具必须适合于所使用的数据库文件格式。

● 一个包中只能添加一个数据库。

● 该过程将对包含整个数据库的包（而不仅仅是宏或模块）进行签名。

- 该过程将压缩包文件，以便缩短下载时间。
- 用户可以从 Windows SharePoint Services 3.0 服务器上的数据包文件中提取数据库。

创建签名包文件的过程如下。

（1）打开要打包并签名的数据库。

（2）在“文件”选项卡上，单击“保存并发布”命令，然后在“高级”下单击“打包并签署”选项，如图 11.8 所示。

图 11.8　数据库保存并发布功能

（3）由上步骤，将出现“选择证书”对话框。选择数字证书，然后单击“确定”按钮。将出现“创建 Microsoft Office Access 签名包”对话框。

（4）在“保存位置”列表中，为经过签名的数据库包选择一个位置。在“文件名”框中为签名包输入一个名称，然后单击“创建”按钮。Access 将创建.accdc 文件并将其放置在您选择的位置。

提取并使用签名包的方法很简单，只要在打开数据库时选择“Microsoft Office Access 签名包(*.accdc)”作为文件类型，找到相应的.accdc 文件，然后单击“打开”按钮。此时，如果选择了信任用于对部署包进行签名的安全证书，则会出现“将数据库提取到”对话框。在此对话框中输入提取文件位置和文件名，则可提取签名包。

小　结

本章首先介绍信息安全和数据库系统安全的基本概念与常用技术，然后详细讲述 Access 2010 所提供的数据库安全措施，包括用户级安全、数据库访问密码和数据库加密及创建 MDE 文件等。

通过本章学习，读者可了解基本的数据库安全概念、学会使用 Access 2010 的安全性设置。Access 2010 作为桌面数据库系统其安全性策略已基本完备。对数据库更强的安全策略可参看 Oracle 等大型数据库系统的安全性设置。

习　题

1. 什么是数据库的安全性？Access 2010 提供哪些安全措施？
2. Access 2010 中数据库密码和数据库加密两种安全策略的区别是什么？
3. 在 Access 2010 中，以独占方式打开数据库与以共享方式打开数据库有什么不同？
4. 什么是数据库的恢复？在 Access 2010 中如何实现？
5. 什么是权限？在 Access 2010 中用户访问数据库可以有哪些权限？

第 12 章 数据库技术新进展

数据库技术从诞生到现在，在半个多世纪的时间里，形成了坚实的理论基础、成熟的商业产品和广泛的应用领域，吸引了越来越多的研究者加入。数据库的诞生和发展给计算机信息管理带来了一场巨大的革命，目前它也是计算机科学技术领域发展最快的、应用最广的技术之一。本章将介绍面向对象数据库、空间数据库、数据仓库等几种常见的数据库及其拓展技术。

12.1 数据库技术发展概述

当今数据库技术包罗万象，包括面向对象数据模型、查询优化、数据集成、数据分析与数据挖掘、分布式数据库、并行数据库技术等各方面。图 12.1 所示为从数据模型、与其他计算机技术的相互关系、应用领域 3 个方面描述了数据库系统的发展。

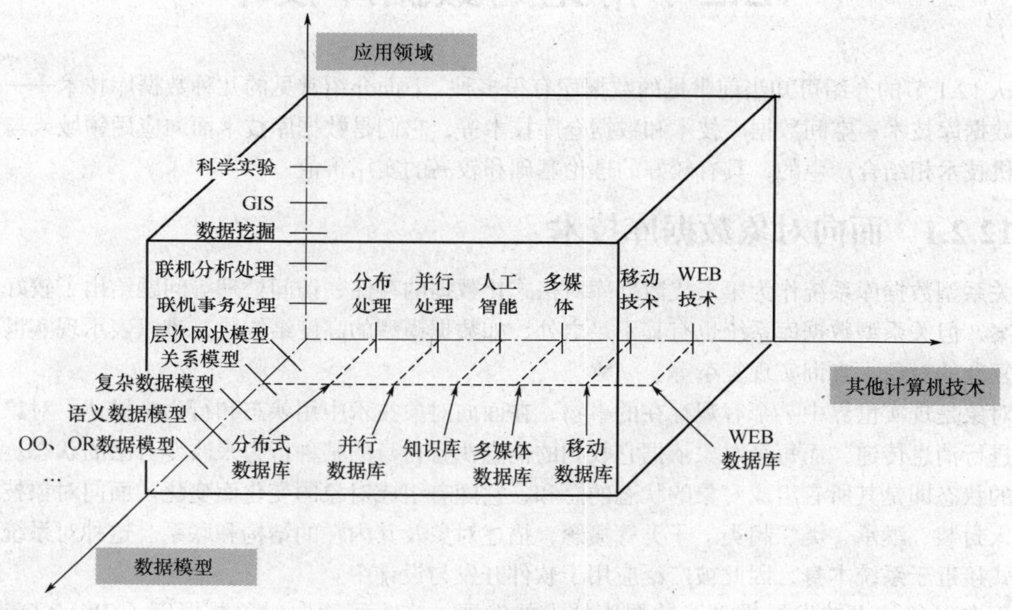

图 12.1　数据库系统发展示意图

数据库是管理数据的技术，而数据模型是信息表示和操作的形式化框架，因此数据模型是数据库系统的核心和基础。数据库系统均是基于某种数据模型的。数据模型的发展经历了 3 个阶段，一般称第一代为网状、层次数据库时代，第二代为关系数据库时代，第三代则称为后关系时代。可见早期数据库系统的发展是以数据模型的发展为核心的，数据库系统发展的前两个阶段也都是以所使用的数据模型来命名的。当今数据库发展阶段被称为后关系时代，这个时代没有以一种数据模型来命名，原因在于这个时代并不像前两个时代一样拥有一个处于绝对主导地位的数据模型，而呈现“百花齐放，百家争鸣”的态势。这个时代的数据库技术以拥有更丰富的数据模型和更强大的数据管理能力为特征，可以满足更广泛和复杂的应用需求。目前已涌现而且还在不断涌现大量的、新的数据模型，如面向对象数据模型、时态数据模型、空间数据模型、语义数据模型和 XML 数据模型等。

数据库与其他计算机新技术互相渗透、互相结合是当前数据库技术发展的新特征。例如，数据库技术与分布式计算、网络通信技术、并行计算技术、人工智能技术等结合，建立了分布式数据库系统、并行数据库系统、知识库系统和主动数据库系统、多媒体数据库系统、模糊数据库系统、移动数据库系统和 Web 数据库等一系列数据库系统。这些数据库系统共同组成数据库大家庭，它们的发展使得数据库领域中新技术层出不穷，新的学科分支不断涌现。

为适应数据库应用多元化的要求，结合各应用领域的特点人们广泛研究了适合于特定应用领域的数据库技术，如数据仓库和联机分析处理（Online Analysis Processing，OLAP）技术、空间数据库技术、主动数据库、工程数据库等。面向领域进行数据库的研究和开发是数据库技术发展的又一重要特征。数据库技术与应用领域的结合拓展了数据库的应用范围，使其渗透到人类社会的各个方面，可以说凡是有数据需要管理的地方，就要用到数据库技术。同时应用领域的拓展也为数据库技术的发展提供了源源不断的动力。

12.2 常见的数据库技术

从 12.1 节的介绍可知当前常见的数据库有很多种，下面介绍常见的几种数据库技术——面向对象数据库技术、空间数据库技术和数据仓库技术等，它们是数据库技术面向应用领域或与其他计算机技术相结合产生的，具有较好的理论基础和较高的实用价值。

12.2.1 面向对象数据库技术

关系型数据库系统作为第二代数据库对格式化数据的存储、访问处理等问题给出了较好的解决方案，但关系型数据库系统也有其不足之处，如数据模型的高度结构化，难以表示现实世界中结构复杂的对象，查询实现复杂等。

对象是现实世界中某个客观存在的事物，在面向对象技术中用状态和行为来描述。对象之间可以进行消息传递，而每个对象依据它收到的消息执行自身的某种行为来改变自己的状态。整个系统的状态即是其所有组成对象的状态的总和，它随着组成对象的变化而变化。面向对象技术通过引入封装、继承、类、超类、子类等概念，描述对象及其内在的结构和联系。这种对系统的描述方式接近于系统本身，因此被广泛应用于软件开发与设计中。

面向对象技术的发展推动了数据库技术的发展，产生了面向对象数据库（Object-Oriented DataBase，OODB）。OODB 管理的数据称为对象。OODB 不仅可以管理对象还可以管理对象的行为，对象的抽象信息被完整地保存。这一特点，使得 OODB 具有演绎和推理的功能，所以 OODB 可以提供决策信息。另外，OODB 语言的基础是面向对象程序设计语言（如 Smalltalk、C++等），所以 OODB 语言编程模式与编程指令语言一致。

近年来随着面向对象技术和数据库技术的发展，面向对象数据库技术也取得了长足的发展，已出现多个纯面向对象的数据库管理系统，和一些以关系数据库和 SQL 为基础、具有面向对象特征的数据库产品。目前来看，面向对象数据库技术的发展趋势不是取代关系数据库，而是与关系数据库技术相融合，形成对象关系数据库或关系对象数据库等既具有面向对象特性又与关系数据库系统兼容的成熟数据库。

现阶段面向对象数据库技术还面临一些问题，如 OODB 的性能问题、视图演绎和语义建模能力的提高、标准化和形式化等。OODB 是一种新兴的数据库技术，虽然面临一些问题，但有一点可以肯定，支持面向对象的特性是数据库未来发展的大势所趋。

12.2.2　数据仓库技术

传统的数据库技术是以单一的数据资源为中心，进行各种操作型处理。操作型处理也称事务处理，是对数据库联机的日常操作，通常是对一个或一组记录的查询或修改，主要为企业的特定应用服务，如火车售票系统、银行通存通兑系统等。人们主要关心其响应时间、数据的安全性和完整性等方面。而一般企业在具有一定数据积累之后，往往希望其能够对已有数据资源进行综合分析，把数据转换成知识或信息，使之成为决策依据。例如，某房地产企业在北京地区有 3 年以上租售业务数据，则很可能企业领导希望从已有数据中获取如下信息：2008 年出租房产业务中城市的哪个地域最受欢迎？与过去的两年相比有何不同？最近一年内哪种类型的房产销售价格高于平均房产销售价格？这与人口统计数据有何联系等。单纯的业务数据无法回答上述问题，因此数据仓库技术应运而生。数据仓库技术的核心技术仍是数据库技术，但它将企业多年业务系统中的数据进行重新规划，并按时间抽取保存，用于专门回答上述类型的问题。

对应业务数据库中的事务型处理，数据仓库中的业务一般称为分析型处理，它主要用于管理人员的决策分析，例如 DSS、EIS 和多维分析等。其数据组织不再是旧的操作型环境，而发展成为一种新的体系化环境，它由操作型环境和分析型环境（数据仓库级、部门级、个人级）构成。

W. H. Inmon 给数据仓库做出如下定义：数据仓库是面向主题的、集成的、稳定的、不同时间的数据集合，用以支持经营管理中的决策制订过程。面向主题、集成、稳定和随时间变化是数据仓库 4 个最主要的特征。

（1）数据仓库是面向主题的。它是与传统数据库的面向应用特征相对应的。主题是一个在较高层次将数据归类的标准，每一个主题对应一个宏观的分析领域。基于主题组织的数据被划分为各自独立的领域，每个领域有自己的逻辑内涵而互不交叉。基于应用的数据组织则完全不同，它的数据只是为处理具体应用而组织在一起的。应用是客观世界既定的，它对于数据内容的划分未必适用于分析所需。

（2）数据仓库是集成的。操作型数据与适合决策支持系统分析的数据之间差别甚大。因此数据在进入数据仓库之前，必然要经过加工与集成。这一步实际是数据仓库建设中最关键、最复杂的一步。首先，要统一原始数据中所有矛盾之处，如字段的同名异义、异名同义，单位不统一，字长不一致等，并且将对原始数据结构作一个从面向应用到面向主题的大转变。

（3）数据仓库是稳定的。它反映的是历史数据的内容，而不是处理联机数据。因而，数据经集成进入数据库后是极少或根本不更新的。

（4）数据仓库是随时间变化的。

首先，数据仓库内的数据时限要远远长于操作环境中的数据时限。前者一般在 5～10 年，而后者只有 60~90 天。数据仓库保存数据时限较长是为了适应 DSS 进行趋势分析的要求。其次，操作环境包含当前数据，即在存取一刹那是正确有效的数据。而数据仓库中的数据都是历史数据。最后，数据仓库数据的码键都包含时间项，从而标明该数据的历史时期。

数据仓库中存储了大量历史性数据，就如同有了矿藏，而要从大量数据中获得决策所需的数据就如同开采矿藏一样，必须要有好的工具。数据仓库中数据分析与处理工具有联机分析处理工具和数据挖掘工具两大类。

联机分析处理技术（OLAP 技术）近年来发展迅速，产品也越来越丰富。它们具有灵活的分析功能，直观的数据操作和可视化的分析结果表示等突出优点，从而使用户对基于大量数据的复杂分析变得轻松而高效。目前 OLAP 工具可分为两大类，一类是基于多维数据库的，一类是基于关系数据库的。两者相同之处是基本数据源仍是数据库和数据仓库，是基于关系数据模型的，向用户呈现的也都是多维数据视图。不同之处是前者把分析所需的数据从数据仓库中抽取出来物理地组织成多维数据库，后者则利用关系表来模拟多维数据，并不物理地生成多维数据库。

数据挖掘（Data Mining，DM）是从大型数据库或数据仓库中发现并提取隐藏信息的一种新技术。目的是帮助决策者寻找数据间潜在的关联，发现被忽略的要素，它们对预测趋势、决策行为也许是十分有用的信息。数据挖掘技术涉及数据库技术、人工智能技术、机器学习和统计分析等多种技术，它使决策支持系统跨入了一个新阶段。传统的决策支持系统通常在某个假设的前提下通过数据查询和分析来验证或否定这个假设，而数据挖掘技术则能够自动分析数据，进行归纳性推理，从中发掘出潜在的模式；或产生联想，建立新的业务模型帮助决策者调整市场策略，找到正确的决策。

12.2.3 空间数据库技术

空间数据库，是以描述空间位置和点、线、面、体特征的拓扑结构的位置数据及描述这些特征的性能的属性数据为对象的数据库。其中的位置数据为空间数据，属性数据为非空间数据。空间数据是用于表示空间物体的位置、形状、大小和分布特征等信息的数据，用于描述所有二维、三维和多维分布的关于区域的信息，它不仅可以表示物体本身的空间位置及状态信息，还可以表示物体的空间关系的信息。非空间信息主要包含表示专题属性和质量描述数据，用于表示物体的本质特征，以区别地理实体，对地理物体进行语义定义。

空间数据库技术是随着地理信息系统（Geographic Information System，GIS）的开发和应用发展起来的，这方面的研究工作开始于 20 世纪 70 年代的地理制图与遥感图像处理领域。目前已发展成为融合计算机科学、地理学、制图学、遥感和图像处理等多学科知识交叉的研究领域。

空间数据库技术的研究主要集中在空间关系与数据结构的形式化定义、空间数据的表示与组织、空间数据查询语言和空间数据库管理系统等方面。其研究成果大多数以地理信息系统的形式出现，主要应用于环境和资源管理、土地利用、城市规划、森林保护、人口调查、交通、税收、商业网络等领域的管理与决策。

12.2.4 其他数据库技术

1. 分布式数据库系统

分布式数据库系统是分布式技术与数据库技术的结合，在数据库研究领域中已有多年的历史，且出现过一批支持分布数据管理的系统，如 SDD1 系统、DINGRES 系统和 POREL 系统等。从概念上讲，分布式数据库是物理上分散的，逻辑上属于同一个系统的数据集合。它具有数据的分布性和数据库间的协调性两大特点。系统强调结点的自治性而不强调系统的集中控制，且系统应保持数据的分布透明性，使编写应用程序时可完全不考虑数据的分布情况。分布式无疑是计算机应用的发展方向，也是数据库技术应用的实际需求，其技术基础除计算机软硬件技术支持外，计算机通信与网络技术当然是其最重要的基础。

2. 多媒体数据库系统

多媒体数据库系统是多媒体技术与数据库技术的结合，它是当前最有吸引力的一种技术之一，其主要特征如下。

（1）表示和处理多种媒体数据。多媒体数据在计算机内的表示方法决定于各种媒体数据所固有的特性和关联。对常规的格式化数据使用常规的数据项表示；对非格式化数据，像图形、图像、声音等，就要根据该媒体的特点来决定表示方法。可见在多媒体数据库中，数据在计算机内的表示方法比传统数据库的表示形式复杂，对非格式化的媒体数据往往要用不同的形式来表示。所以多媒体数据库系统要提供管理这些异构表示形式的技术和处理方法。

（2）反映和管理各种媒体数据的特性，或各种媒体数据之间的空间或时间的关联。在客观世界里，各种媒体信息有其本身的特性或各种媒体信息之间存在一定的自然关联，例如，关于乐器的多媒体数据包括乐器特性的描述、乐器的照片、利用该乐器演奏某段音乐的声音等。这些不同媒体数据之间存在自然的关联，包括时序关系（如多媒体对象在表达时必须保证时间上的同步特性）和空间结构（如必须把相关媒体的信息集成在一个合理布局的表达空间内）。

（3）提供比传统数据库管理系统更强的适合非格式化数据查询的搜索功能，允许对图像等非格式化数据做整体和部分搜索，允许通过范围、知识和其他描述符的确定值和模糊值搜索各种媒体数据，允许同时搜索多个数据库中的数据，允许通过对非格式化数据的分析建立图示等索引来搜索数据，允许通过举例查询（Query by Example）和通过主题描述查询使复杂查询简单化。

3. 并行数据库系统

并行数据库系统是并行技术与数据库技术的结合，这一数据库系统发挥多处理机结构的优势，将数据库在多个磁盘上分布存储，利用多个处理机对磁盘数据进行并行处理，从而解决了磁盘“I/O”瓶颈问题，提高数据存取效率。同时通过采用先进的并行查询技术，开发查询间并行、查询内并行以及操作内并行，大大提高查询效率。其目标是提供一个高性能、高可用性、高扩展性的数据库管理系统，而在性能价格比方面，比相应大型机上的 DBMS 要高。

随着并行计算机技术的飞速发展，特别是如 IBM RoadRunner、曙光等商用并行计算机系统的发展，并行数据库系统已成为数据库领域的一个新兴的发展方向。国内外许多研究机构相继研究出各种并行数据库原型系统，如伯克利大学的 XPRS 系统、科罗拉多大学的 Volcan 系统等。各大数据库厂商与并行计算机系统厂商也纷纷研制并谋略推出自己的并行数据库产品。可以预见，并行数据库系统必将成为并行计算机最重要的支撑软件之一。

4. 知识数据库系统

知识数据库系统的功能是如何把由大量的事实、规则、概念组成的知识存储起来，进行管理，并向用户提供方便快速的检索、查询手段。因此，知识数据库可定义为：知识、经验、规则和事实的集合。知识数据库系统应具备知识表示方法，知识系统化组织管理，知识库操作，知识获取与学习和知识编辑等功能。知识数据库是人工智能技术与数据库技术的结合。

当前数据库技术的发展呈现出与多种学科知识相结合的趋势，凡是有数据（广义的）产生的领域就可能需要数据库技术的支持，它们结合后即刻就会出现一种新的数据库成员而壮大数据库家族，如数据仓库是信息领域近年迅速发展起来的数据库技术，数据仓库的建立能充分利用已有的资源，把数据转换为信息，从中挖掘出知识，提炼出智慧，最终创造出效益；工程数据库系统的功能是用于存储、管理和使用面向工程设计所需要的工程数据；统计数据是来自于国民经济、军事、科学等各种应用领域的一类重要的信息资源，由于对统计数据操作的特殊要求，从而产生了统计学和数据库技术相结合的统计数据库系统等。

12.3 数据库技术的发展趋势

应用领域的不断拓展和硬件平台的不断创新为数据库技术的发展提供了源源不断的动力。数据库技术也正随应用需求的发展而蓬勃发展。对数据库技术的发展趋势，国内外专家、学者与数据库技术的研究、开发、应用人员都十分重视。每年数据库方面的国际会议与讨论组、著名分析公司都会对其做出一些预测。综合近几年相关方面的资料，列出以下几个数据库技术的发展方向与热点问题。

1. NoSQL数据库技术

NoSQL泛指非关系型的数据库。随着互联网Web 2.0网站的兴起，传统的关系数据库在应付Web 2.0网站，特别是超大规模和高并发的SNS类型的Web 2.0纯动态网站已经显得力不从心。NoSQL数据库的产生就是为了解决大规模数据集合多重数据种类带来的挑战，尤其是大数据应用难题。

NoSQL数据库一般采用Key-Value存储模型、列存储模型、文档模型和图形模型4种存储结构。相对于关系数据库，这些都是非常松散的数据结构，在需要高并发处理和大数据存取上具有传统数据库无法比拟的性能优势。一般认为NoSQL数据库适用于具有如下特征的场合：数据模型比较简单；不需要高度的数据一致性；对数据库性能要求较高；需要灵活性更强的IT系统。因此它非常适用于当前流行的云计算环境中海量非结构化数据的存储和处理，且必然会随着云计算、物联网等技术得到更大的发展。

2. 物联网数据库技术

物联网是指通过射频识别（RFID）、红外感应器、全球定位系统、激光扫描器等信息传感设备，按约定的协议，把任何物品与互联网连接起来，进行信息交换和通信，以实现智能化识别、定位、跟踪、监控和管理的一个巨大网络。物联网打破了物理世界和数字世界的界限，将信息技术延伸到了物理世界和人类社会，是促使未来信息技术产业变革的关键性技术。

物联网中传感器采样数据具有海量性、异构性、时空敏感性及动态流式等特性，对这样的数据的存储与查询处理目前尚没有成熟的解决方案。而对这一技术研究会促进物联网技术的发展，最终为人类构造一个更加智慧的生产和生活体系。

3. 大数据技术

随着计算机、网络技术的发展，人类在日常学习、生活、工作中产生的数据量正以指数形式增长，“大数据问题”就是在这样的背景下产生的，成为科研学术界和相关产业界的热门话题，并作为信息技术领域的重要前沿课题之一，吸引着越来越多的科学家研究大数据带来的相关问题。

维基百科将大数据定义为：所涉及的资料量规模巨大到无法透过目前主流软件工具，在合理时间内达到撷取、管理、处理，并整理成为帮助企业经营决策更积极目的的资讯。按流行的说法，大数据具有4 V特征，即Volume（容量大）、Variety（种类多）、Velocity（速度快）和Value（价值密度低）。

目前对于大数据的研究处于起步阶段，还有很多问题亟待解决。大数据技术发展目标就是利用云计算、智能化开源实现平台等技术从海量数据中提取信息、发现知识，寻找隐藏在大数据中的模式、趋势和相关性，揭示社会运行和发展规律，以及可能的科研、商业、工业等应用前景。

应用的推动是数据库技术发展的源动力，当前数据库系统已发展成为一个很庞大的家族。随着新应用领域的不断涌现、数据对象的多样化，数据库技术还会获得更大的发展。

小　结

本章简单介绍面向对象数据库、空间数据库、数据仓库等几种常见的数据库及其拓展技术，并列出几种数据库技术的发展趋势。

通过本章学习可了解数据库发展现状及趋势，了解数据库自身及数据库应用的发展状况。

习　题

查阅资料回答下列问题。

1. 什么是多媒体数据库？主要应用于哪些领域？有什么特点？
2. 什么是时态数据库？主要应用于哪些领域？有什么特点？
3. 什么是工程数据库？主要应用于哪些领域？有什么特点？
4. 什么是商业智能？与数据仓库有什么联系？

参考文献

[1] 孟强，陈林琳. Access 2010 数据库应用实用教程. 清华大学出版社，2013.12

[2] 程晓锦，徐秀花，李业丽. Access 2010 数据库应用实用教程. 清华大学出版社，2015.1

[3] 付兵. 数据库基础与应用——Access 2010. 科学出版社，2012.2 第 1 版，2015.2 第 11 次印刷

[4] 科教工作室编著. Access 2010 数据库应用（第二版）. 清华大学出版社，2011.7 第 2 版，2015.4 第 9 次印刷

[5] 王珊，萨师煊. 数据库系统概论（第四版）. 高等教育出版社, 2006.5

[6] 《Object-Oriented and Classical Software Engineering(英文版.5th Edition)》. 机械工业出版社，中信出版社，Stephen R. Schach，2003

[7] Avi Silberschatz, Henry F. Korth, S. Sudarshan.Database System Concepts(6th Edition). McGraw-Hill, 2010.1

[8] 孟小峰. 数据库技术发展趋势. 软件学报，2004，15(12):1822-1836